现代企业职业卫生技术丛书

工业防尘实用技术

"现代企业职业卫生技术丛书"编委会

主　编　吕　琳
副主编　王　静
审　稿　薄以匀
　　　　陈隆枢

中国劳动社会保障出版社

图书在版编目(CIP)数据

工业防尘实用技术/“现代企业职业卫生技术丛书”编委会编．—北京：中国劳动社会保障出版社，2010

现代企业职业卫生技术丛书

ISBN 978-7-5045-8617-9

Ⅰ.①工… Ⅱ.①现… Ⅲ.①工业尘-除尘 Ⅳ.①X513

中国版本图书馆CIP数据核字(2010)第189695号

中国劳动社会保障出版社出版发行

（北京市惠新东街1号 邮政编码：100029）

出版人：张梦欣

*

中国铁道出版社印刷厂印刷装订 新华书店经销

787毫米×1092毫米 16开本 12.5印张 276千字

2010年10月第1版 2010年10月第1次印刷

定价：32.00元

读者服务部电话：010-64929211/64921644/84643933

发行部电话：010-64961894

出版社网址：http://www.class.com.cn

编 委 会

编 审 人 员

内 容 简 介

《工业防尘实用技术》从企业实用角度出发，全面、系统地介绍了工业防尘技术的基础知识、粉尘危害防护原则、除尘系统的选择以及典型设计简介，不仅包括各类除尘设备，如重力与惯性除尘器、旋风除尘器、袋式除尘器、电除尘器、湿式除尘器等除尘机理、分类、性能评价，还包括部分除尘设备维护管理、常见故障诊断与排除、工业防尘测试技术有关内容，书中反映了国内外工业除尘技术领域内的新成果、新进展。

本书内容丰富，图文并茂，作为“企业职业卫生技术丛书”之一，是从事职业健康与安全、环境保护技术人员的工作用书，也可作为高等院校相关专业师生的教学参考用书，以及相关专业在职人员培训时参考用书。

内容简介

前　言

随着现代工业的高速发展，一些生产性有害物质尤其是带来的健康损害问题和环境问题日益突出，工业防尘技术已成为有效控制粉尘释放，使作业场所空气中粉尘浓度符合国家职业卫生标准限值，同时将含尘气流中的粉尘处理至符合排放标准的重要手段。

本书共分九章，从实用角度系统介绍工业防尘技术的基础知识、粉尘危害防护原则、除尘系统的选择、各类除尘器的理论与应用实践；从企业日常管理和应用出发，突出除尘设备维护管理、常见故障诊断与排除、新技术进展、典型设计实例简介等内容。此外，书末附录典型除尘设备运行操作规程、工业防尘相关标准，便于企业参考。

本书的编写力求将科学性与实用性相结合，使内容具有系统性、实用性和新颖性。希望通过本书的出版，能使读者有所借鉴，有助于企业将职业健康工作提高到新的高度。

本书第一章由李香玲编写；第二章、第七章第一节至第七节由吕琳编写；第三章由李香玲、胡泊编写；第四章、第八章由胡泊编写；第五章由杨虎编写；第六章由吕琳、王静编写；第七章第八节由刘卫平编写；第九章由李香玲、吕琳编写，第十章由王静编写；附录由王静、穆怀明收集整理。全书由吕琳统稿，薄以匀、陈隆枢审定。本书资料收集过程中，得到杨复沫副教授大力支持，在此表示诚挚的谢意！

本书在编写过程中参考了国内一些专家、学者的相关著作和成果，在此致以真诚的感谢！由于编者水平有限，书中疏漏、不妥和错误之处在所难免，欢迎读者批评指正。

编　者

2010 年 10 月

目　录

第一章　粉尘及其理化特性

第一节　粉尘的概念及分类

一、粉尘的概念

粉尘指直径很小的固体颗粒物质，可以是自然环境中天然产生的，也可以是工业生产或日常生活中产生的。生产性粉尘特指在生产过程中形成的，并能长时间漂浮在空气中的固体颗粒。粉尘颗粒的大小一般为若干微米（μm）。粉尘的粒径范围很广，由小于1 μm到数百微米，在本书中如无特殊说明则用粉尘这一名词作为总称，也包括烟尘、烟雾、粉末等。

1. 烟尘

指因物理化学过程而产生的微细固体颗粒。例如，冶炼、燃烧、金属焊接等过程中，由于升华及冷凝而形成的。烟尘的特点是粒度比较细，在1 μm以下。

2. 烟雾

指燃烧草料、木柴、油、煤等生成的黑烟。粒径很小，甚至在0.5 μm以下。

3. 粉末

指工艺生产中的粉料。粉末通常都比较粗，是生产中的原料或成品，回收后可直接利用。

粉尘粒径大于10 μm的颗粒，在静止空气中加速沉降，不扩散；粒径小于10 μm的颗粒悬浮在空气中。粉尘粒径大于0.25 μm的颗粒，在静止空气中符合斯托克斯法则，呈等速降落，不易扩散；粒径小于0.25 μm的颗粒，在静止空气中几乎不降落，很易扩散。

二、粉尘的粒径及粒径分布

1. 粒径的表示方法

球形尘粒用其直径（粒径）来表示大小。对于非球形颗粒，一般也用粒径来衡量其大小，此时的粒径有不同的含义，一般有三种形式的粒径：投影径、几何当量径和物理当量径。

（1）投影径。指在显微镜下所观察到的粒径。有四种粒径表示方法：面积等分径、定向径、长径、短径等。

（2）几何当量径。取粉尘的某一几何量（面积、体积等）相同时的球形颗粒的直径，如等投影面积径、等体积径、等表面积径等。

(3) 物理当量径。取尘粒的某一物理量相同时的球形颗粒的直径，如阻力径、自由沉降径、空气动力径、斯托克斯（stokes）径。其中后两种在除尘技术中应用最多。

1）空气动力学直径（又称空气动力径）。在静止的空气中，若尘粒的沉降速度与密度为 1 g/cm^3 的球形颗粒的沉降速度相同，则球形颗粒的直径就是该尘粒的空气动力学直径。

2）斯托克斯径。在层流区内（对粉尘颗粒的雷诺数 $Re<0.2$）的空气动力径。

不同概念的粒径可用不同的测试方法得出，如用显微镜法测得的是投影径，用移液管法测得的是斯托克斯径，用光散射法测定时为等体积径。

2. 粒径分布

所谓粒径分布，即粉体样品中各种大小的颗粒在颗粒总数中各占的比例。粉尘的粒径分布也称粉尘的分散度，一般是以各粒径区间的粉尘数量或质量所占的百分比表示，其测定方法分为计数法和计重法。计数法中最常用的有显微镜法、散射光法、库尔特法等，计重法有筛分法、沉降法、离心法、惯性冲击法等。

三、粉尘的分类

粉尘可以按照不同的特点进行分类。

1. 按粉尘的成分分类

可分为无机粉尘、有机粉尘和混合性粉尘。

(1) 无机粉尘。包括矿物性粉尘（如石英、石棉、滑石粉、煤、石墨、岩石等）、金属类无机粉尘（如铁、锡、铝、锰、铅、锌、稀土等）、人工无机粉尘（如水泥、人造金刚石、陶瓷、玻璃、合金材料等）。

(2) 有机粉尘。包括植物性粉尘（如棉、亚麻、谷物、烟草等）、动物性粉尘（如毛发、角质、骨质等）和人工有机粉尘（如炸药、有机染料等）。

(3) 混合型粉尘。包括数种粉尘的混合物。此类粉尘是生产环境中最为常见的。要判断混合性粉尘对人体危害的大小，必须了解其化学成分及各成分所占的比例，取其危害程度大的、占比例大的粉尘为主要危害物。

2. 按粉尘颗粒大小及光学特性分类

可分为可见粉尘、显微镜粉尘和超显微镜粉尘。

(1) 可见粉尘。用眼睛可以分辨的粉尘，粒径大于 10 μm。

(2) 显微粉尘。在光学显微镜下可以分辨的粉尘，粒径为 0.25～10 μm。

(3) 超显微粉尘。在超倍显微镜或电子显微镜下才可以分辨的粉尘，粒径小于 0.25 μm。

3. 按粉尘颗粒在空气中停留的状况分类

可分为降尘、飘尘。

(1) 降尘。一般指空气动力学直径大于 10 μm，在重力作用下可以降落的颗粒。

(2) 飘尘。指粒径小于 10 μm 的微小颗粒。

环境保护领域一般将粒径小于 100 μm（PM_{100}）的粉尘称为总粉尘（总悬浮颗粒物）；小于 2.5 μm（$PM_{2.5}$）属于细微颗粒物的范畴，通常称为细颗粒；小于 0.1 μm（$PM_{0.1}$）的为超细颗粒物。

4. 按粉尘颗粒在呼吸道沉积部位不同分类

可分为非吸入性粉尘、可吸入粉尘、呼吸性粉尘。

（1）非吸入性粉尘。一般认为空气动力学直径大于 15 μm 的颗粒被吸入呼吸道的机会非常小，故称为非吸入性粉尘。

（2）可吸入粉尘。空气动力学直径小于 15 μm 的颗粒可以吸入呼吸道，进入胸腔范围，故称为可吸入粉尘或胸腔性粉尘。其中空气动力学直径为 10～15 μm 的颗粒主要沉积在上呼吸道。医学上的可吸入粉尘则具体指可吸入而且不再呼出的粉尘，包括沉积在鼻、咽、喉头、气管和支气管及呼吸道深部的所有粉尘。

（3）呼吸性粉尘。空气动力学直径小于 5 μm 以下的颗粒可以到达呼吸道深部和肺泡区，进入气体交换的区域，称为呼吸性粉尘。呼吸性粉尘在医学上是指能够达到并且沉积在呼吸性细支气管和肺泡的粉尘，不包括可呼出的那一部分。

需要说明的是，环境保护领域与职业卫生领域关于粉尘粒径的划分有所不同。

第二节　粉尘的理化特性

一、粉尘的化学成分

粉尘的化学成分决定其对机体的危害性质，因为化学性质决定它在体内参与和干扰生化过程的程度和速度，从而决定危害的性质和大小。粉尘中的一些重金属元素对人体的危害很大。有些毒性强的金属粉尘（铬、锰、镉、铅、镍等）进入人体后，会引起中毒甚至死亡。例如铅使人贫血，损害大脑；锰、镉损坏人的神经、肾脏；镍可以致癌；铬会引起鼻中隔溃疡和穿孔，以及肺癌发病率增加。此外，它们都能直接对肺部产生危害。如吸入锰尘会引起中毒性肺炎，吸入镉尘会引起心脏机能不全等。有些金属粉尘可导致过敏性哮喘或肺炎，还有一些金属粉尘可引发接触性皮炎。

粉尘中游离二氧化硅的含量也决定其对机体的危害性质。长期大量吸入含结晶型游离二氧化硅的粉尘可引起矽肺病。粉尘中游离二氧化硅的含量越高，引起病变的程度越重，病变的发展速度越快。但是直接引起尘肺的粉尘是指可以吸入到肺泡内的粉尘，因此，可以吸入肺泡内的粉尘中游离二氧化硅含量才更具有实际意义。在生产现场中，单一成分的粉尘是较少的，往往是混合性粉尘，尤其在采矿作业场合，由于各种岩石共生以及围岩成分的不同，所产生粉尘的化学成分也有差异。粉尘中的某些化学元素或物质可使致病作用加强，有些可使致病作用减弱。因此，在评价粉尘的致病作用时，一定要了解粉尘的化学组成。

二、粉尘浓度和接触时间

作业环境空气中同一种粉尘浓度越高，暴露时间越长，对人体危害越严重。机体对侵入体内的粉尘有一定的清除能力。因此，较低浓度的粉尘对机体的损伤相对较小，即使长期接触也可能不引起任何临床症状。但是，高浓度的粉尘作业可能在短时间内即造成明显的伤害。对于能在机体蓄积或者其伤害能蓄积的粉尘，其造成的机体伤害与粉尘累积接触剂量

（粉尘浓度乘以接触时间）密切相关。如游离二氧化硅粉尘所致矽肺，研究发现矽肺的发病危险与粉尘累积接触剂量之间存在明确的接触剂量反应关系，而与作业点的瞬时粉尘浓度或单纯的粉尘接触时间之间的关系不确定。

三、粉尘的分散度

粉尘是由各种不同粒径的颗粒组成的集合体。气溶胶力学中经常采用分散度的概念。分散度指的是不同粒径范围的粉尘颗粒的个数或质量（计数分散度和计重分散度）。

劳动卫生学上粉尘的粒径分布也称粉尘的分散度，用来表示粉尘颗粒大小组成的百分比构成，一般是以各粒径区间的粉尘数量或质量所占的百分比表示。粉尘中较小直径的尘粒所占百分比大时，称其为分散度高；反之，则分散度低。生产过程中产生的危害性较大的粉尘是比较微细，需用显微镜才能观察到的粉尘。粉尘分散度的高低与其在空气中的悬浮性能、被人体吸入的可能性和在肺内的滞留及其溶解度均有密切的关系。

粉尘的分散度与其在空气中的悬浮性有关，与其表面积也有关系，总表面积是指单位体积中所有颗粒表面积的总和。粉尘的分散度越高，粉尘的单位体积总表面积就越大。因而，分散度高的粉尘，由于其表面积大，其化学活性、溶解性和吸附能力明显增加，越容易参加理化过程。如在溶液或液体中的溶解速度增加，从气体中吸附有毒气体，如一氧化碳、氮氧化物等的吸附量加大。

四、粉尘的溶解度

粉尘溶解度的大小，影响其对人体的危害性。随着有毒性粉尘的溶解度的增大，有害作用也增强。有毒性粉尘溶解后可侵入血液而引起中毒，也可与组织接触而引起局部刺激或化学性损伤。反之，溶解度低的粉尘在上呼吸道不能溶解，往往能进入肺泡部位，在体内持续作用。如石英粉尘，由于难于溶解，可在呼吸性细支气管和肺泡聚集，持续产生严重危害。

五、粉尘颗粒的密度、形状和硬度

1. 粉尘的密度

单位体积粉尘的质量称为粉尘的密度。这里的体积指的是粉尘的体积，不包括粉尘之间的空隙。将粉尘颗粒表面及其内部的空气排出后测得的粉尘自身的密度，称为粉尘的真密度 ρ_p。

固体磨碎形成的粉尘，在表面未氧化时，其真密度与母料密度相同。呈堆积状态的粉尘（即粉体），颗粒之间存在空隙，一般将包括粉体颗粒间空隙在内的粉体密度称为堆积密度 ρ_b。

对于同一种粉尘来说，堆积密度小于或等于真密度。如煤粉燃烧产生的飞灰颗粒是含有熔凝物质的空心球，其堆积密度约为 1 070 kg/m^3，真密度为 2 200 kg/m^3。一般情况下，粉尘的真密度与组成此种粉尘物质的密度是不相同的，因为粉尘在形成过程中，粉尘的表面，甚至其内部可能形成某些孔隙，只有表面光滑而又密实的粉尘的真密度才与其物质密度相同。通常物质密度比粉尘真密度大 20%～50%。

粉尘密度的大小影响其沉降速度。当尘粒大小相同时，密度大的粉尘沉降速度快，在空气中的悬浮性小。粉尘的真密度是通风除尘中必须考虑的重要因素。许多除尘设备的选择不仅要考虑粉尘的粒度大小，而且要考虑粉尘的真密度。例如，对于颗粒粗、真密度大的粉尘可以选用沉降室或旋风除尘器，而对于真密度小的粉尘，即使颗粒粗也不宜采用这种类型的除尘设备。在设计储仓或灰斗的容积时需用到粉尘的堆积密度。在粉尘的气力输送中也要考虑粉尘的堆积密度。

2. 粉尘颗粒的形状

粉尘颗粒的形状是多种多样的。常见的形状有球形（如炭黑粉尘）、菱形（如石英粉尘）、叶片形（如云母粉尘）、纤维形（如石棉、棉花、玻璃纤维、矿物纤维等），此外还有凝聚体和聚集体等形状。

对于不同规则形状的尘粒，可以根据其三个方向（长、宽、高）的比例分成三类。

（1）各向同长的颗粒。尘粒在三个方向上的总长度都大致相同。

（2）平板状颗粒。两个方向上的长度比第三个方向上的要长得多。

（3）针状颗粒。一个方向上的长度比另两个方向上的要长得多。

在实际中，大多数粉尘属于第一类。对于不规则粉尘，为了评价其对球形的偏离程度，采用球形系数的概念。所谓球形系数 φ_s 就是指同样体积的球形颗粒的表面积与尘粒实际表面积之比。对于球形颗粒，$\varphi_s=1$；而对于其他形状的尘粒，$\varphi_s<1$。越接近于球形，φ_s 越接近于 1。某些工业粉尘的球形系数实验数据见表 1—1。

表 1—1　某些工业粉尘的球形系数实验数据

物料	φ_s
砂	0.600～0.681
铁催化剂	0.578
烟煤	0.625
碎石	0.63
硅石	0.554～0.628
粉煤	0.696

粉尘的形状在某种程度上也影响粉尘的悬浮性，密度相同的尘粒，其形状越接近球形，沉降时所受到的阻力越小，沉降速度越快。由于粉尘的形状和密度不同，在空气中的沉降速度也不同，很难用一个参数来表示。因此，实际应用中常用空气动力学直径来表征粉尘的粒径和分散度。

3. 粉尘的硬度

粉尘的硬度会影响其对机体的危害程度。滞留在上呼吸道或迷入眼睛内的粉尘，特别是锐利而坚硬的金属性粉尘会引起局部机械性损伤或慢性炎症。而进入肺泡的尘粒，由于质量小，肺泡环境湿润，并受肺泡表面活性物质影响，对肺泡的机械损伤作用可能并不明显。

六、粉尘的附着性及凝聚性、浸润性

1. 粉尘的附着性（又称黏附性）、凝聚性

凝聚是指细小颗粒粉尘互相结合成新的大尘粒的现象，附着是指尘粒与其他物质结合的现象。粉尘相互间的凝聚与粉尘在器壁上的附着都与粉尘的黏附性有关。粉尘的黏附性是粉尘与粉尘之间或粉尘与器壁之间的力的表现。

黏附性与粉尘的形状、大小以及吸湿等状况有关。粒径细、吸湿性大的粉尘，其黏附性也强。

尘粒间的黏附使尘粒增大，这种作用在各种除尘器中都有助于粉尘的捕集。在电除尘器和袋式除尘器中，黏性力的影响更为突出，因为除尘效率在很大程度上取决于除尘器的清灰能力，若收尘极板或滤料上粉尘清除不彻底，则会降低除尘效率。另外，黏性粉尘易使除尘管道或除尘器器壁粘灰，严重的可导致除尘器和管道堵塞，使系统发生故障，增加了操作运行和维护保养的工作量。

尘粒之间的各种黏附力归根结底与电性能有关，但从微观上看可将黏性力分为三种（不包括化学黏合力）：分子力、毛细黏附力及静电力。综合以上三种力的作用形成尘粒之间或尘粒与物体表面之间的黏性力。因此，可以以粉尘层的断裂强度作为评定粉尘黏性的指标。苏联根据垂直拉断法测出的断裂强度将粉尘分为四类（见表1—2）。

表1—2　粉尘黏性评定指标　Pa

分类	粉尘性质	黏性强度
Ⅰ	不黏性	0～60
Ⅱ	微黏性	60～300
Ⅲ	中等黏性	300～600
Ⅳ	强黏性	>600

属于各类的粉尘举例如下：

第Ⅰ类（不黏性）：干矿渣粉、石英粉（干砂）、干黏土。

第Ⅱ类（微黏性）：含有许多未燃烧完全产物的飞灰、焦粉、干镁粉、页岩灰、干滑石粉、高炉灰、炉料粉。

第Ⅲ类（中等黏性）：完全燃烧形成的飞灰、泥煤灰、湿镁粉、金属粉、黄铁矿粉、氧化铝尘、氧化锌尘、干水泥尘、炭黑、干牛奶粉、锯末。

第Ⅳ类（强黏性）：潮湿空气中的水泥尘、石膏尘、雪花石膏尘、面粉、纤维尘（石棉、棉纤维、毛纤维）。

以上分类是有条件的，粉尘的受潮或干燥，都将影响粉尘间各种力的变化，从而使其黏性也发生很大变化。此外，粉尘的形状、分散度等其他性质对黏性也有影响。

2. 粉尘的吸湿性和潮解性

粉尘对于气体中水分的吸收能力称为吸湿性，如以水分为主体，则称水分对粉尘的浸润性。吸湿性、浸润性是通过尘粒间形成的毛细管的作用完成的，与粉尘的原子链、表面状态以及液体的表面张力等因素相关，对之可用湿润角来表征。通常称小于60°者为亲水性，大于90°者为憎水性。

液体对固体表面的浸润程度，取决于液体分子对固体表面作用力的大小，而对同一粉尘尘粒来说，液体分子对尘粒表面的作用力又与液体的力学性质即表面张力的大小有关，表面张力越小的液体，对粉尘颗粒就越容易浸润。例如，酒精、煤油的表面张力小，对粉尘的浸润就比水好。各种不同粉尘对同一液体的亲和程度是不相同的，这种不同的亲和程度，称为粉尘的浸润性。例如，水对锅炉飞灰的浸润性要比对滑石粉大得多。

粉尘的浸润性还与粉尘颗粒的形状和大小有关。球形颗粒的浸润性比不规则颗粒要差。粉尘越细，亲水能力越差。例如，石英的亲水性好，但粉碎成粉末后亲水能力大为降低。

七、粉尘的磨损性

粉尘的磨损性是指粉尘在流动过程中对器壁或管壁的磨损性能。当气流速度、含尘浓度相同时，粉尘的磨损性用材料磨损的程度来表示。

粉尘的磨损性除与其硬度有关外，还与粉尘的形状、大小、密度等因素有关。表面具有尖棱形状的粉尘（如烧结尘）比表面光滑的粉尘磨损性大。微细粉尘比粗粉尘的磨损性小。一般认为粒径小于5 μm的粉尘的磨损性是不严重的，然而随着粉尘颗粒增大，磨损性也会增强，但增加到某一最大值后便开始下降。

粉尘的磨损性与气流速度的2～3次方成正比。在高气流速度下，粉尘对管壁的磨损显得更为严重。气流中粉尘浓度增加，磨损性也增加。但当粉尘浓度达到某一程度时，由于粉尘颗粒之间的碰撞而减轻了与管壁的碰撞摩擦。

为了减轻粉尘的磨损，需要适当地选择除尘管道中的气流速度和壁厚。但是对于易于磨损的部位，例如管道的弯头、旋风除尘器的内壁，最好采用耐磨材料作为内衬，除了一般的耐磨涂料外，还可以采用铸石、铸铁等材料。

八、粉尘的安息角（自然堆积角）和滑动角

粉尘的安息角是指粉尘自然并连续落到水平面上，堆积成圆锥体的锥底角。一般为35°～55°。

粉尘的滑动角是将粉尘置于光滑的平板上，使该板倾斜到粉尘开始滑动的倾斜角。一般为40°～55°。

粉尘的安息角和滑动角是评价粉尘流动性的重要指标，是设计除尘设备灰斗锥度、除尘管路倾斜度的主要依据。

九、粉尘的荷电性和导电性

1. 粉尘的荷电性

粉尘在其产生及运动过程中，由于相互碰撞、摩擦、放射线照射、电晕放电及接触带电体等原因，几乎总是带有一定量的电荷。粉尘荷电后将改变其某些物理性质，如凝聚性、附着性及在气体中的稳定性等。粉尘的荷电量随温度增高、表面积加大和含水率减小而增大，

还与其化学成分等有关。

2. 粉尘的比电阻

粉尘的导电性与金属导线类似，也用电阻率表示。但粉尘层的导电不仅靠粉尘颗粒本体内的电子或离子发生的所谓容积导电，还靠颗粒表面吸附的水分和化学膜发生的所谓表面导电。对于电阻率高的粉尘，温度较低时（100 ℃以下），主要靠表面导电；温度较高时（200 ℃以上），主要靠容积导电。因此，粉尘的电阻率与测定时的条件有关，如气体的温度、湿度和成分、粉尘的粒径、成分和堆积的松散度等。所以粉尘的电阻率仅是一种可以互相比较的表观电阻率，通常简称为比电阻。粉尘的比电阻在数值上等于单位面积粉尘在单位厚度上的电阻值，单位为 Ω·cm。比电阻的倒数为电导率。

在表面导电占优势的低温范围内，粉尘比电阻称为表面比电阻，其值随温度升高而增大，随含水率增大而减小；在容积导电占优势的高温范围内，粉尘比电阻称为容积比电阻，其值随温度升高而减小；在两种导电机制都起作用的中间温度范围内，粉尘比电阻是表面比电阻和容积比电阻的合成，其值最高。工业排气中的粉尘比电阻变化范围很广，低者（炭黑）约为 10^3 Ω·cm，高者（105 ℃石灰石粉）可达 10^{14} Ω·cm。

各种工艺粉尘的平均粒径等性质见表 1—3。

表 1—3　各类工艺过程粉尘的性质

序号	尘　源	平均粒径/μm	真密度/（g/cm³）	比电阻/（Ω·cm）
1	细煤粉锅炉	约 20	2.1	10^{11}（<100℃）
2	重油锅炉	约 10	2.0	10^4～10^6
3	烧结炉	5～10	3～4	10^{10}～10^{12}
4	转炉	约 0.2	5	10^8～10^{11}
5	电炉	0.2～10	4.5	10^9～10^{12}
6	化铁炉	约 15	2.0	10^6～10^{12}
7	水泥（窑、干燥机）	10～20	3	10^{10}～10^{11}
8	骨料干燥器	约 20	2.5	10^{11}～10^{12}
9	黑液回收锅炉	约 0.2	3.1	10^9
10	铜精炼	<0.1	4～5	10^8～10^{11}
11	黄铜熔化炉	0.1～0.15	4～8	—
12	锌精炼	约 3	5	约 10^{13}
13	铅精炼	<1	6	10^{11}～10^{14}
14	铅再精炼	约 0.5	约 5	10^{11}～10^{12}
15	铝二次精炼	0.1～0.2	3.0	10^{11}～10^{12}
16	碳	0.1～10	2	<10^3
17	铸造砂	0.1～15	2.7	—

十、粉尘的自燃性和爆炸性

分散在空气（或可燃气）中的某些粉尘，在一定浓度状态下，如遇火源，就会燃烧、爆炸。

当物料被研磨成粉料时，总表面积增加，系统的自由表面能也增加，从而提高了粉尘的化学活性，特别是提高了氧化产热的能力，这种情况在一定的条件下会转化为燃烧状态。粉尘的自燃是当放热反应的速度提高到超过系统的排热速度时，氧化反应自动加速所造成的。

粉尘爆炸与气体爆炸相似，也是一种连锁反应，即尘云在火源或其他诱发条件作用下，局部化学反应释放能量，迅速诱发较大区域粉尘产生反应并释放能量，这种能量使空气温度升高，急剧膨胀，形成摧毁力很强的冲击波。

1. 粉尘爆炸的特点

与气体爆炸相比，粉尘爆炸有三个特点。

（1）必须有足够数量的尘粒飞扬在空中才能发生粉尘爆炸。尘粒飞扬与颗粒的大小和气体的扰动速度有关。

（2）粉尘燃烧过程比气体燃烧过程复杂，感应期长。有的粉尘要经过颗粒表面的分解或蒸发阶段，即便是直接氧化，这样的颗粒也有由表面向中心燃烧的过程。感应时间可达几十秒，为气体的几十倍。

（3）粉尘点爆的起始能量大，几乎是气体的上百倍。

2. 影响粉尘爆炸的因素

影响粉尘爆炸的因素包括粉尘自身的因素与外部的因素。粉尘自身的因素，又有化学因素和物理因素两类，详见表 1—4。粉尘爆炸的三个要素一般是粉尘的可燃性、空气的存在和点火源。

表 1—4　粉尘爆炸的影响因素

粉尘自身因素		外部因素
化学因素	物理因素	
燃烧热	粉尘浓度	气流状态
燃烧速度	粒径分布	氧气浓度
与水汽及二氧化碳的反应性	颗粒形状	可燃气体浓度
	比热及热传导率	温度
	表面状态	窒息气体浓度
	荷电性	惰性粉尘及灰分浓度
	颗粒凝聚特性	点火源状态与能量

影响粉尘爆炸的主要因素如下：

（1）爆炸浓度上、下限。各种可燃粉尘都有一定的爆炸浓度范围，在此范围内才能爆炸。这一浓度称为爆炸的浓度极限。处于上下限浓度之间的粉尘都属于有爆炸危险的粉尘。

在封闭容积内低于爆炸浓度下限或高于爆炸浓度上限的粉尘都是安全的。爆炸浓度的下限一般为每立方米几十克至几百克，上限可达 2～6 kg/m^3。由于粉尘具有一定的粒度和沉降性，其爆炸浓度的上限很少能达到，故从安全方面考虑，重点是要求不达到爆炸浓度的下限。在有些情况下粉尘的爆炸下限非常高，以至于只是在生产设备、风道以及除尘器内才能达到。在气力输送中粉尘可能达到其爆炸上限浓度。

（2）燃烧热。燃烧热高的粉尘，其爆炸浓度下限低，爆炸威力大。

（3）燃烧速度。燃烧速度高的粉尘，爆炸威力较大。

（4）粒径。多数爆炸性粉尘的粒径为 1～150 μm，粒径越细越易飞扬。粒径小的粉尘的比表面积大，表面能大，所需点燃能量小，所以容易爆炸。因此，限制小颗粒粉尘的产生，或设法使小颗粒凝聚成大尘粒，对防止爆炸是有作用的。

（5）氧含量。随着空气中氧含量的增加，爆炸浓度范围也会扩大。

（6）惰性粉尘与灰分。惰性粉尘和灰分的吸热作用会影响爆炸。例如，粉尘中含 11％的灰分时还能爆炸，但当灰分达到 15％～30％时，就很难爆炸了。

（7）气中含水量。气中含水量对粉尘爆炸的最小点燃能量有影响。水分能使粉尘凝聚沉降，使爆炸不易达到爆炸浓度范围。水分的蒸发要吸收大量热能使温度不易达到燃点而破坏化学反应链，产生的水蒸气占据空间，稀释了氧含量而降低粉尘的燃烧速度。所以在生产条件许可时，喷水是有效的防爆措施。

（8）可燃气含量。当粉尘与可燃气共存时，爆炸浓度下限相应下降。最小点燃能量也有一定程度的降低，可燃气的存在能大大增加粉尘的爆炸危险性。

（9）温度和压力。温度升高和压力增加均能使爆炸浓度范围扩大，所需着火能量下降，所以输送易燃粉尘的管道要避免日光曝晒。

（10）最小着火能量。粉尘着火能量一般为 10 mJ 至数百毫焦耳，相当于气体着火能量的 100 倍左右。粉尘的着火能量除与粉尘种类有关外，还与粉尘的浓度、粒径、含水量、含氧量、可燃气含量等诸多因素有关。

在矿山开采、粉末冶金、粮食加工、食品生产、高分子塑料工业、合成染料和涂料、新型洗涤剂、漂白剂、农药和药品制造业以及植物纤维纺织工艺等普遍存在粉尘爆炸危险。

粒径小于 100 μm 的可燃性粉尘，经搅动能悬浮于空中，形成爆炸性尘云。火药、炸药类则不论块状、粉状或悬浮状均可爆炸。随着生产技术向均质化、流态化发展，出现爆炸性粉尘的行业越来越多，如金属中的镁粉、铝粉、锌粉，粮食中的面粉、淀粉、玉米粉，农产品中的棉花、亚麻、烟草、糖，林产品中的木粉、纸粉，合成材料中的塑料、染料等。

悬浮于空气中的粉尘的自燃温度，比堆积的粉末的自燃温度要高很多，因为悬浮于空气中的粉尘的浓度不高，只有当周围空气温度很高时氧化反应的产热速度才能超过放热速度。

3. 粉尘自燃的诱发原因

根据粉尘自燃的诱发原因，可将可燃性物质分为三类。

（1）在空气作用下自燃的物质。这类物质有褐煤、煤炭、木炭、机采泥煤、炭黑、干草、锯末、亚硫酸铁粉、胶木粉、锌粉、铝粉、黄磷等。自燃的原因主要是在低温下氧化产热的能力。磨碎和湿润能促进原煤的自燃，而生物过程会促进泥煤的自燃。

（2）在水作用下自燃的物质。这类物质有钾、钠、碳化钙、碱金属碳化物、二磷化三钙、磷化三钠、硫代硫酸钠、生石灰等。上述大部分物质（碱金属、氢化钾、氢化钠、氢化钙）在其与水作用时放出氢和大量热，结果氢会自燃，并与金属共同燃烧。

（3）互相混合时自燃的物质。这种物质有各种氧化剂。例如，硝酸分解时放出氧，可能引起焦油、亚麻及其他有机物的自燃。

根据粉尘爆炸性及火灾危险性可以分成四类。

Ⅰ——爆炸危险性最大的粉尘，爆炸的下限浓度小于 15 g/m^3。这类粉尘有砂糖、泥煤、胶木粉、硫及松香等。

Ⅱ——有爆炸危险的粉尘，爆炸下限浓度为 16～65 g/m^3。属于这一类的有铝粉、亚麻、页岩、面粉、淀粉等。

Ⅲ——火灾危险性最大的粉尘，自燃温度低于 250℃。属于这一类的有烟草粉（205℃）等。

Ⅳ——有火灾危险的粉尘，自燃温度高于 250℃。属于这一类的有锯末（275℃）等。

第Ⅲ类及第Ⅳ类粉尘的燃烧发火的下限浓度高于 65 g/m^3。

粉尘的分散度对爆炸性有很大影响。大颗粒粉尘不可能爆炸。对煤粉的爆炸性的研究表明，爆炸地点的压力与粉尘比表面积之间几乎为一直线关系。分散度高时，燃烧发火温度降低。

粉尘的爆炸性还取决于在其中是否具有惰性尘粒（不燃尘粒）、湿度以及是否有挥发性可燃气体排出。

进行通风除尘设计时，必须充分注意有爆炸危险和火灾危险的粉尘，采取必要的措施。

此外，有些粉尘与水接触后会引起自燃或爆炸，如镁粉、碳化钙粉等；有些粉尘互相接触或混合后也会引起爆炸，如溴与磷、锌粉与镁粉等。

第三节　粉尘在气体中的运动

一、尘粒的沉降速度与悬浮速度

当外力为重力时，计算所得的末速度通常称为尘粒的沉降速度。这是指在静止空气中，尘粒在重力作用下下落时所达到的恒定速度。相反，如果给予气流一上升的速度，它恰好等于沉降速度，则这时的尘粒就不会下落而漂浮于气体中。这一上升气流速度通常称为尘粒的悬浮速度，它与沉降速度大小相同、方向相反。因此可以采用计算沉降速度的有关公式来计算悬浮速度。

粉尘颗粒的大小直接影响其沉降速度。分散度高的尘粒，由于质量较轻，可以较长时间在空气中悬浮，不易降落，这一特性称为悬浮性。以密度为 2.62 g/cm^3 石英粉尘为例，根据其粒径的不同，其在静止空气中的沉降速度见表 1—5。

表 1—5　　不同粒径的石英粉尘在静止空气中的沉降速度

尘粒直径/μm	沉降速度/（cm/s）
100	2 829.6
10	28.296
1	0.282 96
0.1	0.002 829 6

从表 1—5 可以看出粉尘的沉降速度随其粒径的减小而急剧降低，在生产环境中，直径大于 10 μm 的粉尘很快就会降落，而直径为 1 μm 左右的粉尘可以较长时间悬浮在空气中而不易沉降。尘粒在空气中呈漂浮状态的时间越长，被吸入肺内的机会就越多。粉尘在空气中的悬浮时间与许多因素有关，除与粉尘分散度有关外，还与粉尘的密度和尘粒的形状有关。从卫生学的观点来看，那些分散度高、易于悬浮的粉尘对人体的危害更大，因为工人在整个工作班的劳动过程中将持续地吸入这种粉尘。另外由于生产厂房内机械的转动、工人的走动以及存在热源等因素会影响气流的运动，这些因素都能延长尘粒在空气中的悬浮时间，一般在生产环境中能较长时间悬浮在空气中的粉尘多为粒径在 10 μm 以下的尘粒。

二、粉尘在管道内的输送速度

管道内的气体流速应根据粉尘性质确定。气体流速太低，气体中的粉尘易沉积，影响除尘系统的正常运转；气体流速太高，压力损失会与气体流速的平方成正比，加剧粉尘对管壁的磨损，使管道的使用寿命缩短。因此，选择合适的气体流速十分重要。

在工业生产中，管道内各截面的气体流速不等，气体在管道内的分布也不均匀，存在涡流现象。

除尘器后的排气管道内气体流速一般取 8～12 m/s。大型除尘系统采用砖或混凝土制管道时，管道内的气体流速常采用 6～8 m/s，垂直管道如烟囱出口气体流速取 10～20 m/s。

参考文献

1. 陈卫红，邢景才，史廷明．粉尘的危害与控制．北京：化学工业出版社，2005
2. 郝吉明，马广大．大气污染控制工程．北京：高等教育出版社，1989
3. 金泰廙．职业卫生与职业医学．北京：人民卫生出版社，1981
4. 马中飞，沈恒根．工业通风与除尘．北京：中国劳动社会保障出版社，2009
5. 孙一坚．工业通风．北京：中国建筑工业出版社，1994
6. 谭天佑，梁凤珍．工业通风除尘技术．北京：中国建筑工业出版社，1984
7. 佘云进，彭丽娟，陈朝东．除尘技术问答．北京：化学工业出版社环境·能源出版中心，2006
8. 中国劳动保护科学技术学会，工业防尘专业委员会．工业防尘手册．北京：劳动人事出版社，1989

第二章　粉尘危害防护原则

第一节　粉尘的危害及职业接触限值

一、粉尘对人体健康的影响

生产性粉尘的理化性质不同，对人体的危害性质和程度也不同。在卫生学上有意义的粉尘理化性质有分散度、溶解度、密度、形状、硬度、荷电性、爆炸性及粉尘的化学成分等。此外，生产性粉尘对人体的危害程度受粉尘吸入量及其毒性以及个体差异的影响。

一般只有几微米以下的细小粉尘能进入肺泡导致慢性肺脏疾病。粉尘进入肺泡后，肺泡内的巨噬细胞视粉尘为异物将其吞噬，导致一系列复杂的肌体反应，促使肺组织纤维化，使受影响的肺泡逐渐失去换气功能而死亡，当有大量肺泡死亡时，最终可导致尘肺，人将感觉胸闷、呼吸困难。尘肺有许多并发症，如肺气肿、感染、肺结核等，病人最终往往因无法呼吸而死亡。

例如，一般认为，矽肺的发生和发展与从事接触矽尘作业的工龄、粉尘中游离二氧化硅的含量、二氧化硅的类型、生产场所粉尘浓度、分散度、防护措施以及个体条件等有关。劳动者一般在接触矽尘 5～10 年才发病，有的可长达 15～20 年。接触高浓度游离二氧化硅的粉尘，也有 1～2 年发病的，更为严重的甚至数月即发病。其机理是由于矽尘进入肺内后，引起肺泡的防御反应，成为尘细胞。其基本病变是硅结节的形成和弥漫性间质纤维增生，主要引起肺纤维化改变。

生产性粉尘的种类繁多，理化性状不同，对人体所造成的危害也多种多样。就其病理性质可概括为如下几种：

1. 全身中毒性，例如铅、锰、砷的化合物等粉尘。
2. 局部刺激性，例如生石灰、漂白粉、水泥、烟草等粉尘。
3. 变态反应性，例如大麻、黄麻、面粉、羽毛、锌烟等粉尘。
4. 光感应性，例如沥青粉尘。
5. 感染性，例如破烂布屑、兽毛、谷粒等粉尘有时附有病原菌。
6. 致癌性，例如铬、镍、砷、石棉及某些光感应性和放射性物质的粉尘。
7. 尘肺，例如煤尘、矽尘、硅酸盐尘。

生产性粉尘引起的职业病中，以尘肺最为严重。据统计，截至 2008 年年底，我国累计报告职业病 704 602 例，其中尘肺 638 234 例。

尘肺是由于吸入生产性粉尘引起的，以肺纤维化为主的职业病。由于粉尘的性质、成分不同，对肺脏所造成的损害、引起纤维化程度也有所不同，从病因上分析，可将尘肺分为6类：矽肺、硅酸盐肺、炭尘肺、金属尘肺、混合性尘肺、有机尘肺。2002年卫生部与劳动和社会保障部联合发布的《职业病目录》（卫法监发［2002］108号）公布的职业病名单中，列出了13种法定尘肺，即矽肺、煤工尘肺、石墨尘肺、炭黑尘肺、石棉肺、滑石尘肺、水泥尘肺、云母尘肺、陶工尘肺、铝尘肺、电焊工尘肺、铸工尘肺及其他尘肺。其致病粉尘及易发工种见表2—1。

表2—1　职业病目录中各种尘肺的致病粉尘及易发工种

尘肺	致病粉尘	易发工种
矽肺	矽尘（在我国可理解为含游离二氧化硅10%以上的粉尘）	矽肺分布最广，发病人数最广（占48%），危害最严重。采矿、建材（耐火、玻璃、陶瓷）、铸造、石粉加工工业中的各种接尘工种均可发生。其中最典型的是由石英粉尘引起的矽肺，发病率高，发病工龄短，进展快，病死率高，是危害最严重的尘肺
煤工尘肺	煤尘、岩石尘、煤岩混合尘	发病人数占第二位（39%），主要发生在煤矿的采煤工、选煤工、煤炭运输工，岩巷掘进工、混合工（主要是采煤和岩石掘进的混合）
石墨尘肺	石墨尘	石墨开采与石墨制品（坩埚、电极电刷）各工种
炭黑尘肺	炭黑尘	生产和使用（橡胶、油漆、电池）炭黑各工种
石棉肺	石棉尘	主要是石棉厂，石棉制品厂的各工种，以及石棉矿的采矿工和选矿厂的选矿工
滑石尘肺	滑石尘	滑石开采选矿、粉碎各工种及使用滑石粉的工种
水泥尘肺	水泥尘	水泥厂以及水泥制品厂中的接尘工种
云母尘肺	云母尘	开采云母和云母制品各工种
陶工尘肺	陶瓷原料、坯料（混料）及匣体料粉尘	陶瓷厂中的原料工、成型工、干燥工、烧成工、出窑工等
铝尘肺	金属铝尘、氧化铝尘	炼铝和生产氧化铝的工种
电焊工尘肺	电焊烟尘	各类工业中的电焊工，其中以造船厂、锅炉厂中在密闭场所作业的电焊工最易发
铸工尘肺	铸造尘（型砂尘）	发病人数占第三位（4%），主要有型砂工、选型工、清砂工、喷砂工
其他尘肺	其他粉尘	根据《尘肺诊断标准》和《尘肺病理诊断标准》可诊断的尘肺

二、生产性粉尘的职业接触限值

从保护劳动者健康出发，许多国家都规定了工作场所空气中粉尘的职业接触限值。职业接触限值是职业性有害因素的接触限量标准，指劳动者在职业活动过程中长期反复接触，对绝大多数接触者的健康不引起有害作用的容许接触水平。职业接触限值包括时间加权平均容许浓度、短时间接触容许浓度和最高容许浓度三类。

1. 时间加权平均容许浓度（PC－TWA）

指以时间为权数规定的8 h工作日、40 h工作周的平均容许接触浓度。一般而言，用加权平均浓度来反映作业人员接触量，以此来检测空气中的粉尘是否符合卫生标准是合适的，因此它是主体性的接触限值。

2. 短时间接触容许浓度（PC－STEL）

指在遵守PC－TWA前提下容许短时间（15 min）接触的浓度。短时间接触容许浓度不是一个独立的接触限值，而是时间加权平均容许浓度限值的一种补充。

3. 最高容许浓度（MAC）

指工作地点、在一个工作日内、任何时间有毒化学物质均不应超过的浓度。最高容许浓度主要针对毒性作用大、刺激作用强和危害性较大的危害物质，粉尘不属于此类危害物质。

我国的工作场所空气中粉尘职业接触限值标准历经《工业企业设计卫生标准》（TJ 36—79）中的《车间空气中生产性粉尘最高容许浓度》，以及《工作场所有害因素职业接触限值》（GBZ 2—2002）中规定的时间加权平均容许浓度和短时间接触容许浓度，目前《工作场所有害因素职业接触限值　第2部分：化学有害因素》（GBZ 2.1—2007）规定了工作场所空气中粉尘时间加权容许浓度和超限倍数，见表2—2。

表2—2　　工作场所空气中粉尘容许浓度

序号	中文名	英文名	化学文摘号（CAS No.）	PC－TWA/（mg/m^3）		备注
				总尘	呼尘	
1	白云石粉尘	Dolomite dust		8	4	—
2	玻璃钢粉尘	Fiberglass reinforced plastic dust		3	—	—
3	茶尘	Tea dust		2	—	—
4	沉淀SiO_2粉尘(白炭黑)	Precipitated silica dust	112926－00－8	5	—	—
5	大理石粉尘	Marble dust	1317－65－3	8	4	—
6	电焊烟尘	Welding fume		4	—	G2B
7	二氧化钛粉尘	Titanium dioxide dust	13463－67－7	8	—	—
8	沸石粉尘	Zeolite dust		5	—	—
9	酚醛树脂粉尘	Phenolic aldehyde resin dust		6	—	—
10	谷物粉尘（游离SiO_2含量<10%）	Grain dust（free SiO_2 <10%）		4	—	—
11	硅灰石粉尘	Wollastonite dust	13983－17－0	5	—	—
12	硅藻土粉尘（游离SiO_2含量<10%）	Diatomite dust（free SiO_2<10%）	61790－53－2	6	—	—
13	滑石粉尘（游离SiO_2含量<10%）	Talc dust（free SiO_2<10%）	14807－96－6	3	1	—

续表

序号	中文名	英文名	化学文摘号（CAS No.）	PC—TWA/（mg/m³）		备注
				总尘	呼尘	
14	活性炭粉尘	Active carbon dust	64365—11—3	5	—	—
15	聚丙烯粉尘	Polypropylene dust		5	—	—
16	聚丙烯腈纤维粉尘	Polyacrylonitrile fiber dust		2	—	—
17	聚氯乙烯粉尘	Polyvinyl chloride（PVC）dust	9002—86—2	5	—	—
18	聚乙烯粉尘	Polyethylene dust	9002—88—4	5	—	—
19	铝尘 铝金属、铝合金粉尘 氧化铝粉尘	Aluminum dust： Metal & alloys dust Aluminium oxide dust	7429—90—5	 3 4	 — —	 — —
20	麻尘 （游离 SiO_2 含量<10%） 亚麻 黄麻 苎麻	Flax，jute and ramie dust （free SiO_2<10%） Flax Jute Ramie		 1.5 2 3	 — — —	 — — —
21	煤尘（游离 SiO_2 含量<10%）	Coal dust（free SiO_2<10%）		4	2.5	—
22	棉尘	Cotton dust		1	—	—
23	木粉尘	Wood dust		3	—	—
24	凝聚 SiO_2 粉尘	Condensed silica dust		1.5	0.5	—
25	膨润土粉尘	Bentonite dust	1302—78—9	6	—	—
26	皮毛粉尘	Fur dust		8	—	—
27	人造玻璃质纤维 玻璃棉粉尘 矿渣棉粉尘 岩棉粉尘	Man—made vitreous fiber Fibrous glass dust Slag wool dust Rock wool dust		 3 3 3	 — — —	 — — —
28	桑蚕丝尘	Mulberry silk dust		8	—	—
29	砂轮磨尘	Grinding wheel dust		8	—	—
30	石膏粉尘	Gypsum dust	10101—41—4	8	4	—
31	石灰石粉尘	Limestone dust	1317—65—3	8	4	—
32	石棉（石棉含量>10%） 粉尘 纤维	Asbestos(Asbestos>10%) dust Asbestos fibre	1332—21—4	 0.8 0.8f/ mL	 — —	 G1 —
33	石墨粉尘	Graphite dust	7782—42—5	4	2	—
34	水泥粉尘（游离 SiO_2 含量<10%）	Cement dust（free SiO_2<10%）		4	1.5	—

续表

序号	中文名	英文名	化学文摘号（CAS No.）	PC−TWA/（mg/m^3）		备注
				总尘	呼尘	
35	炭黑粉尘	Carbon black dust	1333−86−4	4	—	G2B
36	碳化硅粉尘	Silicon carbide dust	409−21−2	8	4	—
37	碳纤维粉尘	Carbon fiber dust		3	—	—
38	矽尘 10%≤游离 SiO_2 含量≤50% 50%＜游离 SiO_2 含量≤80% 游离 SiO_2 含量＞80%	Silica dust 10%≤free SiO_2≤50% 50%＜free SiO_2≤80% free SiO_2＞80%	14808−60−7	 1 0.7 0.5	 0.7 0.3 0.2	G1(结晶型)
39	稀土粉尘（游离 SiO_2 含量＜10%）	Rare - earth dust (free SiO_2＜10%)		2.5	—	—
40	洗衣粉混合尘	Detergent mixed dust		1	—	—
41	烟草尘	Tobacco dust		2	—	—
42	萤石混合性粉尘	Fluorspar mixed dust		1	0.7	—
43	云母粉尘	Mica dust	12001−26−2	2	1.5	—
44	珍珠岩粉尘	Perlite dust	93763−70−3	8	4	—
45	蛭石粉尘	Vermiculite dust		3	—	—
46	重晶石粉尘	Barite dust	7727−43−7	5	—	—
47	其他粉尘[a]	Particles not otherwise regulated		8	—	—

a：指游离 SiO_2 低于10%，不含石棉和有毒物质，而尚未制定容许浓度的粉尘。表中列出的各种粉尘（石棉纤维尘除外），凡游离 SiO_2 高于10%者，均按矽尘容许浓度对待。

注：备注中G1：确认人类致癌物；G2B：可疑人类致癌物。

对未制定PC−STEL的化学物质和粉尘，采用超限倍数控制其短时间接触水平的过高波动。超限倍数即对未制定PC−STEL的化学有害因素，在符合8 h时间加权平均容许浓度的情况下，任何一次短时间（15 min）接触的浓度均不应超过的PC−TWA的倍数值。在符合PC−TWA的前提下，粉尘的超限倍数是PC−TWA的2倍。

第二节　预防控制粉尘危害的基本原则

包括粉尘危害在内的职业危害是人类在发展经济生产的同时，由于各种不同的原因忽视文明生产、安全健康生产和以人为本的基本理念而带来的，因此职业危害从理论上是完全可以预防和控制的。采取职业病危害防护措施时，应贯彻预防为主的方针，遵循以下基本原则：

第一，预防生产过程中产生的职业病危害因素。

第二，消除工作场所职业病危害因素。

第三，降低并控制工作场所职业病危害因素，使之达到国家有关标准规定的限值或以下。

第四，发生意外事故时能有有效的应急救援条件。

此外，建设项目职业病危害防护措施还应满足劳动者的生理需求，如建筑设计方面的卫生要求、工作场所的基本卫生要求等。

根据上述基本要求，选择职业病危害防护措施时，应遵循以下原则：

第一，当职业病危害防护措施与经济效益发生矛盾时，应优先考虑职业病危害防护措施的要求。

第二，选择职业病危害防护措施时，应按消除、降低、隔离、警示、个体防护、应急等顺序选择职业病危害防护措施。

即首先以无毒代替有毒，实现自动控制、遥控或隔离操作，尽可能避免操作人员在生产过程中直接接触产生有害因素的设备和物料。根据生产工艺和粉尘、毒物特性，采取防尘防毒通风措施控制其扩散，使工作场所有害物质浓度达到工作场所有害因素职业接触限值要求。

第三节　防治粉尘的综合措施

中国在防尘工作中总结出来的行之有效的经验是“革、水、密、风、护、管、教、查”。“革”是指技术革新和技术改造；“水”即湿式作业；“密”即密闭尘源；“风”即抽风除尘；“护”即个人防护；“管”即维护管理，建立各种制度；“教”是宣传教育；“查”是及时检查，定期测尘和健康检查。根据规定定期或不定期测定粉尘中的游离二氧化硅、粉尘浓度和分散度，特别是对粉尘浓度的日常测定，是制定防尘措施十分重要的依据。按照《职业健康监护管理办法》（卫生部23号令，2002年3月）和《职业健康监护技术规范》（GBZ 188—2007）的规定，对劳动者进行上岗前、在岗期间、离岗时的职业健康检查。

一、预防控制粉尘危害的基本措施

1. 消除

首先通过合理的设计和科学的管理，尽可能从根本上消除职业病危害因素。如采用无害工艺技术或优先采用无粉尘危害或危害性较小的工艺和物料等。

对于防尘技术措施，选用不产生或少产生粉尘的工艺，采用无尘或粉尘危害性较小的原辅材料，是消除、减弱粉尘危害的根本途径。

例如，铸造行业造型工段，采用游离二氧化硅含量低的橄榄石砂代替游离二氧化硅含量高的石英砂，用冷固树脂自硬砂造型制芯，既简化工序又减轻了粉尘危害；熔化工段采用低频感应电炉代替冲天炉，采用电、气体燃料代替煤与焦炭等固体燃料，可大大减少粉尘量，且易于控制污染。以湿法生产工艺代替干法生产工艺，用密闭风选代替机械筛分等来减轻粉尘的危害。采用水溶性涂料的电泳漆工艺等。

2. 降低

在无法消除职业病危害因素的情况下，可采取降低职业病危害的措施。如尽量采用生产过程密闭化、机械化、自动化的生产装置，减少粉尘的泄漏和扩散；采用工程防护措施如局部通风装置等。

防尘技术措施主要有限制、抑制扬尘和粉尘扩散。

（1）采用密闭管道输送、密闭自动（机械）称重、密闭设备加工、防止粉尘外逸；不能完全密闭的尘源，在不妨碍操作的条件下，尽可能采用半密闭罩、隔离室等设施将粉尘限制在局部范围内，控制粉尘的扩散。

（2）通过降低物料落差，适当降低溜槽倾斜度、隔绝气流、减少诱导空气量和设置空间等方法，抑制由于正压造成的扬尘。

（3）对亲水性、弱黏性的物料和粉尘应尽可能采取增湿，喷雾、喷蒸气等措施，可有效地减少物料在装卸、转运、破碎、筛分、混合和清扫等过程中粉尘的产生和扩散；厂房喷雾有助于车间飘尘的凝聚、降落。如陶瓷行业釉料的粉碎采用湿法轮碾、湿法球磨，可有效防止粉尘危害；采用泥浆压力式喷雾干燥新工艺代替压滤、泥饼、烘干、干式打粉的旧工艺，既可达到成形要求的粒度，且生产周期短，劳动条件好。铸造行业利用高压水泵和水枪将水高速喷射至铸件表面，清洗剥离黏附在铸件上的型砂，型砂与水一起经地沟流入砂水池，经脱水烘干后回收使用。还有湿式钻孔、水封爆破等湿式作业方式，使用化学抑尘剂保湿黏结粉尘、湿润剂减尘降尘等方法。

（4）为消除二次扬尘，应在设计中合理布置、尽量减少积尘平面，地面、墙壁应平整光滑，墙角呈圆角且便于清扫；使用负压清扫装置来清除逸散和沉积在地面、墙壁、构件和设备上的粉尘；对炭黑等污染较大的粉尘作业及大量散发沉积粉尘的工作场所，则应采取防水地面、墙壁、顶棚和构件，并用水冲洗的方法清理积尘。严禁用吹扫方式清扫积尘。

3. 通风除尘设施

建筑设计时要考虑工艺特点和排尘的需要，利用风压、热压差，合理组织气流，充分利用自然通风改善作业环境。当自然通风不能满足要求时，应设置全面机械通风或局部机械通风除尘装置。

（1）全面机械通风。全面机械通风是对整个厂房进行通风、换气。把清洁的新鲜空气不断地送入车间，稀释车间空气中的有害物质（包括粉尘），并将污染的空气排到室外，使室内空气中有害物质的浓度达到标准规定的浓度以下。

（2）局部机械通风

1）对厂房内某些局部进行通风、换气，使局部作业环境条件得到改善。局部机械通风包括局部排风和局部送风。

2）局部排风是在产生有害物质的地点设置局部排风罩，利用局部排风气流捕集有害物质并排至室外，使有害物质不扩散到作业人员的工作地点，是目前工业生产中控制有害物质扩散、消除有害物质危害的最有效的一种方法。

局部通风一般应使清洁、新鲜空气先经过工作地带，再流向有害物质产生部位，最后通过排风口排出，含有害物质的气流不应通过作业人员的呼吸带。

3）局部送风是把清洁、新鲜空气送至局部工作地点，使局部工作环境质量达到标准规定的要求，主要用于室内有害物质浓度很难达到标准规定的要求、工作地点固定且所占空间很小的工作场所，新鲜空气往往直接送到操作人员的呼吸带，以防止作业人员中毒、缺氧。

4. 隔离

在无法消除、降低的情况下，应将操作人员与职业病危害因素隔开，将不能共存的物质隔离。如采用自动监测、报警装置和连锁保护、安全排放等装置进行遥控作业，工人在控制室或隔离操作室进行操作，或将产生职业危害的生产装置密闭隔离等。

5. 警示

在易发生职业病危害和危害性较大的地方，设置警示标志，必要时设置报警装置。

6. 个体防护

由于工艺、技术上的原因，通风除尘设施无法达到职业卫生标准限值的粉尘作业场所，为了使工作场所的劳动者减少职业病危害的影响，操作人员必须佩戴防尘口罩、工作服、头盔、呼吸器、眼镜等个人防护用品。如炉膛内拆卸耐火砖外逸的粉尘，用通风除尘或湿式作业难以做到，需要配备防尘口罩或面具，穿戴按工种配备的工作服等。

7. 应急

在生产过程有可能发生偶然事件或设备突发故障，突然散发大量有害气体或爆炸性气体的场合，应预先采取应急准备措施，如安装事故排风装置等。

8. 加强管理

为了确保通风系统的安全运行，推动防尘工作，一定要建立严格的检查管理制度或设置专职的防尘小组。

必须加强通风设备的维护和管理，以便取得良好的通风效果。定期测定生产作业场所空气中粉尘的浓度，作为检查和进一步改善防尘工作的主要依据。应按照法律、法规的要求，定期对生产过程中接触粉尘的人员进行职业健康检查，以便发现情况，采取措施。有关部门根据法律、法规的规定，可勒令严重危害劳动者身体健康的工作场所停止生产。

以上职业危害防护的基本原则从工艺替代、密闭措施、工程防护、个体防护等方面体现了“预防为主，防治结合”的职业病防治工作方针，从控制职业病危害源头入手，并在一切职业活动中尽可能控制和消除职业病危害因素的产生。

在推行“革、水、密、风、护、管、教、查”的原则下，应采取综合预防措施。需要对工艺、生产设备、原辅材料、操作条件、通风除尘设施、个人防护用品等技术措施优化组合，采取综合对策。若能因地、因时制宜，推行“八字经验”，粉尘的危害完全可以消除或减少。

二、有关设计规定

按照《工业企业设计卫生标准》的要求，在全面或局部机械通风排尘装置的设计中应当符合以下规定：

1. 根据生产工艺和粉尘特性，参照 GBZ/T 194—2007 的规定设计相应的通风防尘控制措施，使劳动者活动的工作场所生产性粉尘的浓度符合《工作场所有害因素职业接触限值　第2部分：化学有害因素》（GBZ 2.1—2007）要求。

2. 对产生粉尘的生产过程和设备（含露天作业的工艺设备），应优先采用机械化和自动化，避免直接人工操作。为防止物料跑冒滴漏，其设备和管道应采取有效的密闭措施，密闭形式应根据工艺流程、设备特点、生产工艺、安全要求及便于操作、维修等因素确定，并应结合生产工艺采取通风和净化措施。对移动的扬尘作业，应与主体工程同时设计移动式轻便防尘设备。

3. 对于逸散粉尘的生产过程，应对产尘设备采取密闭措施；设置适宜的局部排风除尘设施对尘源进行控制；生产工艺和粉尘性质可采取湿式作业的，应采取湿法抑尘。当湿式作业仍不能满足卫生要求时，应采用其他通风、除尘方式。

4. 工作场所粉尘的发生源应布置在工作地点的自然通风或进风口的下风侧。

5. 防尘设施应依据车间自然通风风向、扬尘和逸散毒物的性质、作业点的位置和数量及作业方式等进行设计。

6. 通风除尘设计应遵循相应的防尘技术规范和规程的要求。通风系统的组成及其布置应合理，能满足防尘、防毒的要求。容易凝结蒸气和聚积粉尘的通风管道，几种物质混合能引起爆炸、燃烧或形成危害更大物质的通风管道，应设单独通风系统，不得相互连通。

7. 进风口的风量，应按防治粉尘或有害气体逸散至室内的原则通过计算确定。

8. 供给工作场所的空气一般直接送至工作地点。放散气体的排出应根据工作场所的具体条件及气体密度合理设置排出区域及排风量。

9. 确定密闭罩进风口的位置、结构和风速时，应使罩内负压均匀，防止粉尘外逸并不致把物料带走。

10. 不宜采用循环空气的情形有：空气中含有燃烧或爆炸危险的粉尘、纤维，含尘浓度大于或等于其爆炸下限的25%时；对于局部通风除尘系统，在排风经净化后，循环空气中粉尘浓度大于或等于其职业接触限值的30%时。

11. 局部机械排风系统各类型排气罩应参照GB/T 16758—2008的要求，遵循形式适宜、位置正确、风量适中、强度足够、检修方便的设计原则，罩口风速或控制点风速应足以将发生源产生的尘、毒吸入罩内，确保达到高捕集效率。局部排风罩不能采用密闭形式时，应根据不同的工艺操作要求和技术经济条件选择适宜的伞形排风装置。

12. 输送含尘气体的管道设计应垂直或倾斜敷设。倾斜敷设时，与水平面的夹角应大于45°。如必须设置水平管道时，管道应不过长，并应在适当位置设置清扫孔，方便清除积尘，防止管道堵塞。

13. 按照粉尘类别不同，通风管道内应保证达到最低经济流速。在有爆炸性粉尘系统中，宜设置连续自动检测装置。

参考文献

1. 马中飞，沈恒根．工业通风与除尘．北京：中国劳动社会保障出版社，2009

2. 孙一坚．工业通风．北京：中国建筑工业出版社，1994
3. 卫生部卫生监督局．职业病防治基本知识．2007
4. GBZ 2.1—2007《工作场所有害因素职业接触限值　第2部分：化学有害因素》
5. GBZ 1—2010《工业企业设计卫生标准》

第三章　除尘系统与除尘器

第一节　除尘系统组成

除尘系统是将含尘气体从产尘源处抽出，通过排气风管进入除尘设备，净化后由风机将符合排放标准规定的气体排至大气的系列装置。除尘系统由吸尘罩、排气风管、除尘器、风机等组成，如图 3—1 所示。

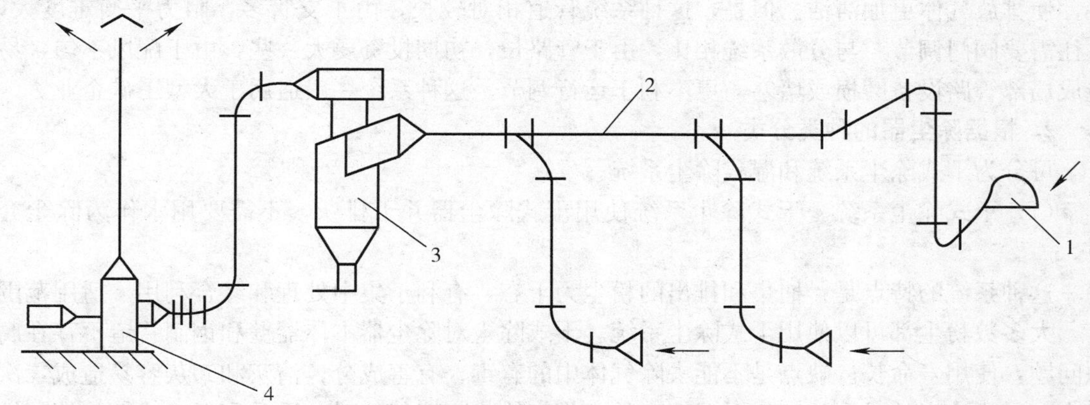

图 3—1　通风除尘系统

1—吸尘罩　2—排气风管　3—除尘器　4—风机

第二节　除尘系统形式和除尘器布置

一、除尘系统形式

除尘系统形式很多，按照不同的分类方法有不同的形式。

1. 根据生产工艺、设备布置、排风量大小和生产厂房条件分类

除尘系统分为就地除尘、分散除尘和集中除尘三种形式。

（1）就地除尘。它是把除尘器直接安放在生产设备附近，就地捕集和回收粉尘，基本上不需敷设或只设较短的除尘管道。如铸造车间混砂机的插入式袋式除尘器、直接坐落在送风料仓上的除尘机组和目前应用较多的各种小型除尘机组。

这种系统的特点是单点除尘，卸尘装置大多在其内部，布置紧凑、简单、维护管理方便，外形尺寸小，处理的含尘气体量小。

（2）分散除尘。分散除尘系统是把一些产尘点用集气罩和管道连接到同一个除尘器里，共同使用同一台风机，构成一个除尘系统。它适用于同一工艺设备或同一生产流程中相距较近的除尘排风点。

这种系统的特点是风管较短，布置简单，系统阻力容易平衡。系统操作简便，运行效果比较可靠。由于除尘器布置分散，除尘器回收粉尘的处理较为麻烦。

这种系统目前应用较多。

（3）集中除尘。集中除尘系统适用于产尘点比较集中，有条件采用大型除尘设施的车间。它可以把排风点通过若干个吸气罩和支管连接到排气主管，然后接入除尘器，构成一个除尘系统。

这种系统的特点是：多点吸尘集中处理，处理风量大，收集的粉尘易于集中处置，相对于分散系统维护管理集中，工作量小。适合于采用如袋式除尘器、电除尘器等的高效除尘设备，使排放气体更加清洁。但是，这种系统管道相对较长，由于支管多，阻力平衡难度大，往往需要阀门调节。与分散系统相比，由于管路长，初期投资要大一些，由于配风不匀，易造成局部管路设备磨损或堵塞，更不利于运行调节。这种系统一般适用于大型工矿企业。

2. 根据除尘器的种类分类

可分为干式除尘系统和湿式除尘系统。

（1）干式除尘系统。干式除尘系统使用干式除尘器并干排灰，不需要用水作为除尘介质。

这种系统的特点是：捕集和排出的粉尘为干态，有利于集中处理和综合利用。适用范围广，大多数粉尘都可以使用干式除尘系统。干式除尘对除尘器本体器壁和钢制管道不存在腐蚀问题，使用寿命长。缺点是不能去除气体中的有毒、有害成分，清灰和卸灰容易造成二次扬尘。需要注意的是，处理相对湿度高的含尘气体或高温气体时，需采取保温或加热等防结露措施，否则易产生粉尘黏结、堵塞管道的现象。

（2）湿式除尘系统。湿式除尘系统使用湿式除尘器，用液体作为净化介质。

这种系统的特点是：除尘设备结构较简单，初期投资较少，净化效率较高。湿式除尘器在除尘的同时，还能吸收含尘气体中的其他有害成分，并使气体温度降低。能够处理相对湿度高、有腐蚀性的含尘气体。但是，此系统耗水量大，排出的含尘污水必须设置污水处理设施进行二级处理；总体能耗较高，例如文丘里管除尘器的阻力要比同样效率的干式除尘器高很多。需要注意的是，在管道和除尘器上需设置冲洗装置，以防止粉尘黏结、管道堵塞。若含尘气体具有腐蚀性，除尘设备和管道则需采用耐腐蚀性材料，或者在管道内部涂刷防水油漆。

3. 根据除尘器在系统中的位置分类

可分为正压式除尘系统和负压式除尘系统。

（1）正压除尘系统。除尘器设置在风机之后的是正压除尘系统。未经净化的含尘气体进入风机，易造成风机的叶轮和机壳磨蚀。正压除尘系统只适用于气体含尘浓度小（如 3 g/m^3 以下），粉尘磨损性小的情况。

由于除尘器处于风机的正压段，可不考虑除尘器的漏风，风机电耗较低。除尘器的围护结构简单，如正压袋式除尘器的围护结构不需要密封，只需要采取防雨等措施。设备制造与安装简便，造价低。除尘器有一定的消声作用，风机出口侧可不设消声器，有利于节约除尘系统占地，减少初始投资。

（2）负压除尘系统。除尘器设置在风机前的是负压除尘系统。

这种系统的特点是：由于除尘器设置在风机前，大大降低了风机进口气体的含尘浓度，使风机的磨损程度显著降低，运行寿命延长，因此适于处理初始含尘浓度高的含尘气体。由于除尘器和管道处于负压段，缝隙处容易吸入空气，造成系统漏风，若设备的密封性差，漏风率可达5%以上，有的甚至达到10%，增大了风机的处理风量，增加了系统电耗。

4. 根据设置除尘器的段数分类

可分为单段除尘系统和多段除尘系统。

（1）单段除尘系统。单段除尘系统组成简单，初始投资和运行费用均较低，维护管理工作量较少，因此，在单段除尘系统正常运行能满足所需的除尘效率时，一般不考虑多段除尘系统。

（2）多段除尘系统。多段除尘系统包括两段及两段以上的除尘设备，按照除尘效率从低到高的顺序排列，净化含尘气体。在单段除尘系统的除尘效率不能满足除尘要求时，必须设计多段除尘系统，这又分为以下两种情况：

1）除尘系统的初始含尘浓度超出某种除尘器的允许入口含尘浓度时，应在该除尘器前设置预净化设施。

2）含尘气体中含有磨损性强的粗粉尘或纤维状物质时，应加设简单、低阻的预除尘装置，以利于降低后级除尘器粉尘负荷。

二、除尘器布置

在布置除尘器时应注意以下问题：

1. 当除尘器捕集的粉尘需返回工艺流程时，应注意捕集下来的粉尘不要回到破碎设备的进料端或斗式提升机的底部，以免已被捕集的粉尘在除尘系统内部循环。最好直接回到所在设备的终料仓或者回到向终料仓送料的传送带运输机或螺旋运输机上。为了合理处理回料问题，有时需要加长管道，把除尘器布置在符合要求的位置。

2. 干式除尘系统回收的粉料应返回不会再次造成悬浮飞扬的工艺设备，如密闭的料仓和螺旋运输机或埋刮板运输机等运输设备。

第三节　除尘系统的防爆措施

当输送空气中含有可燃性粉尘或气体，并且具备爆炸的条件时，就会产生爆炸。为了防止爆炸的发生，设计时应采取下列防爆措施：

1. 排除爆炸性气体、蒸气和粉尘的局部排风系统，其设计风量应按排风罩、风管及其连接通风设备内这些物质的浓度不超过爆炸下限的50%考虑，否则应在进入风机前净化。

因此，局部排风系统的排风量除按采用的各类局部排风罩相应的方法计算外，还应按式（3—1）进行校核计算。

$$Q \geqslant \frac{G}{0.5C_L} \tag{3—1}$$

式中 Q——局部排风系统排风量，m^3/s；

G——单位时间内进入局部排风罩的可燃物量，g/s；

C_L——可燃物爆炸浓度下限，g/m^3。

对于不设净化设备的排风系统，如果实际的排风量不符合式（3—1）的要求，则应加大排风量。

2. 防止可燃物在通风系统的局部地点（设备、管道或个别死角）聚集。

3. 排除或输送含有爆炸危险性物质的空气混合物的通风设备及管道均应接地。三角胶带上的静电应采取有效方法导除。通风设备及风管不应采用容易积聚静电的绝缘材料制作。

4. 含有爆炸危险性物质的局部排风系统所排出的气体，应排至建筑物背风涡流区以上；当屋顶上有设备或有操作平台时，排风口应高出设备或平台 2.5 m 以上。

5. 用于甲、乙类生产厂房和其他种类生产厂房排除爆炸危险性物质的排风系统，其通风设备应采用防爆型。

当风机及电动机露天布置时，风机应采用防爆型，电动机可采用普通型。

6. 根据生产中使用或产生火灾危险性物质将生产厂房分为 5 类。甲、乙类生产厂房的全面和局部通风系统，以及排除含有爆炸危险物质的局部排风系统，其设备不应布置在地下室内。

7. 用于净化爆炸危险性粉尘的干式除尘器和过滤器应布置在生产厂房之外（距敞开式外墙不小于 10 m），或布置在单独的建筑物内。但符合下列条件之一时，可布置在生产厂房内的单独房间中（地下室除外）：

（1）具有连续清灰能力的除尘器和过滤器。

（2）定期清灰的除尘器和过滤器，当其风量不大于 15 000 m^3/h，且积尘斗中的储灰量不大于 60 kg 时。

8. 排除爆炸危险物质的局部排风系统，其干式除尘器和过滤器等不得布置在经常有人或短时间有大量人员逗留的房间（如工人休息室、会议室等）的下面或侧面。

9. 在除尘系统的适当位置（如管道、弯头、除尘器等）上应设置防爆阀。防爆阀不得装在有人停留或通行的地方。对于爆炸浓度下限大于 65 g/m^3 的粉尘，可不设防爆阀。

10. 用于净化爆炸性粉尘的干式除尘器和过滤器应布置在风机的吸入段。

11. 为防止管道系统内可燃物浓度达到爆炸浓度，应设置必要的在线检测仪器，以便经常监视系统工作状态，实现自动报警。

第四节 除尘器技术性能

一、除尘效率

除尘器的除尘效率指含尘气流在通过除尘器时所捕集下来的粉尘量占进入除尘器总粉尘量的百分数（%），用 η 表示。

$$\eta=\frac{G_c}{G_i}\times 100\% \tag{3—2}$$

式中 G_i——进入除尘器的总粉尘量，kg；

G_c——被捕集的粉尘量，kg。

在除尘系统中，若有多个除尘器串联工作，除尘效率分别为 η_1、$\eta_2 \cdots \eta_n$，则除尘系统的总效率 η 可用下式计算。

$$\eta=1-(1-\eta_1)(1-\eta_2)\cdots(1-\eta_n) \tag{3—3}$$

除尘效率是衡量除尘器清除气流中粉尘的能力。由于除尘器所处理的对象不同，因此对除尘器有不同的效率要求。

显然，除尘效率除了与除尘器结构有关外，还取决于粉尘的性质、气体的性质、运行条件等因素。例如，旋风除尘器一般情况下为低效的，但当粉尘颗粒粗时，可以达到中效甚至高效。

为了进一步表明除尘器的分离性能，经常采用分级效率的概念。所谓分级效率就是在某一粒径（或粒径范围）下的除尘效率。表 3—1 为各种除尘器对 50 μm、5 μm 及 1 μm 的除尘效率。由表中可以看出，虽然各种除尘器对粗颗粒粉尘（如 50 μm）都有较高的效率（94%以上），但是对细微粉尘（1 μm），效率就有明显的差别，例如惯性除尘器效率仅为 3%。

表 3—1　各种除尘器对不同粒径粉尘的效率

除尘器名称	除尘效率/%			除尘器名称	除尘效率/%		
	50 μm	5 μm	1 μm		50 μm	5 μm	1 μm
惯性除尘器	95	29	3	干式电除尘器	>99	99	86
中效旋风除尘器	94	27	8	湿式电除尘器	>99	98	92
高效旋风除尘器	96	73	27	中能文丘里管除尘器	100	>99	97
冲击式洗涤器	98	85	38	高能文丘里管除尘器	100	>99	99
自激式湿式除尘器	100	93	40	振打袋式除尘器	>99	>99	99
空心喷淋塔	99	94	55	逆喷袋式除尘器	100	>99	99

除尘效率是从除尘器所捕集的粉尘的角度来评定除尘器性能的，也可以用未被捕集的粉尘（排出的粉尘）来表示。未被捕集的粉尘占进入除尘器粉尘量的百分数称为透过率 P，显

然：

$$P=(1-\eta)\times 100\% \tag{3—4}$$

可见除尘效率与透过率是从不同的方面说明同一个问题，但是在有些情况下，特别是对高效过滤器，采用透过率可以得到更为明确的概念。例如，将除尘器的效率由99.0%提高到99.5%，看来只提高了0.5%，但透过率则由1.0%降到0.5%，即降低了50%。

透过率反映排入大气的粉尘量的概念。根据透过率很容易计算出排入大气的总尘量。

二、除尘器阻力

阻力是评定除尘器性能的另一重要技术指标，它表示气流通过除尘器时的压力损失。阻力大，用于风机的电能也多，因而除尘器阻力也是衡量除尘设备的耗能和运转费用的一个指标。

除尘器的阻力 ΔP 是以除尘器前后管道中气流的平均全压差来表示的。

$$\Delta P=\overline{P_{ti}}-\overline{P_{to}}+P_H \tag{3—5}$$

$$P_H=(\rho_a-\rho_g)gH \tag{3—6}$$

式中 $\overline{P_{ti}}$，$\overline{P_{to}}$——分别为除尘器前后管道内的平均全压，Pa；

P_H——高温气体在大气中的浮力校正值，Pa；

ρ_g——管道内气体的密度，kg/m^3；

ρ_a——大气密度，kg/m^3；

g——重力加速度，m/s^2；

H——除尘器前后管测点的高差，m。

当除尘器前后管的测点在同一高度或相差不大时，可忽略高度的影响。式（3—5）可写成：

$$\Delta P=\overline{P_{ti}}-\overline{P_{to}} \tag{3—7}$$

除尘器前后的平均全压差也可采用静压差加一修正值来表示，这项修正是由于前后管道的断面不同造成的动压差所引起的。

$$\Delta P=\overline{P_{ti}}-\overline{P_{to}}=\overline{P_i}-\overline{P_o}+\frac{\overline{\rho_g}}{2}v_i^2\left[1-\left(\frac{A_i}{A_o}\right)^2\right] \tag{3—8}$$

式中 $\overline{P_i}$，$\overline{P_o}$——除尘器前后的平均静压，Pa；

A_i，A_o——除尘器前后测点处的管道截面积，m^2；

$\overline{\rho_g}$——除尘器前后管道内气体的平均密度，kg/m^3；

v_i——除尘器前测点处的气流速度，m/s。

当除尘器出入口管道的直径相同时，阻力即可直接用静压差表示：

$$\Delta P=\overline{P_i}-\overline{P_o} \tag{3—9}$$

在通风工程中经常采用阻力系数来评定除尘器的性能，所谓阻力系数 ξ，就是指压力损失 ΔP 与动压值 $\frac{1}{2}\rho_g v^2$ 的比值，即：

$$\xi=\Delta P/\left(\frac{1}{2}\rho_g v^2\right) \tag{3—10}$$

或　　$$\Delta P=\xi\frac{1}{2}\rho_g v^2 \tag{3—11}$$

式中　v——除尘器进口气流速度，m/s。

从式（3—11）可以看出，阻力是与速度的平方成正比的，因此用阻力系数 ξ 来比较各种除尘器的性能是比较方便的。

三、除尘器的经济性

经济性是评定除尘器的重要指标之一。它包括除尘器的设备费和运行维护费两部分。设备费主要是材料的消耗（如耗钢量），此外还包括设备加工和安装的费用以及各种辅助设备（如空气压缩机、反吹风机等）的费用。在各种除尘器中，以电除尘器的设备费最高，袋式除尘器次之，文丘里管除尘器、旋风除尘器最低。常用的一些除尘设备费比较参见表 3—2，国内某些旋风除尘器耗钢量参见表 3—3。

表 3—2　　各种除尘器的设备费比较

除尘器种类	所占空间 / [m^3/(1 000 $m^3 \cdot h^{-1}$)]	除尘器设备费比值		耗钢量 / [kg/($m^3 \cdot h^{-1}$)]
		1	2	
重力沉降室	20～40	1.0		
旋风除尘器	约 1.75	1.0～4.0	中效 1.0 高效 1.94	0.05～0.1
多管旋风除尘器	3.9	2.5～5		0.07～0.15
机械振打袋式除尘器	约 7.1	2.5～8	约 6.6	0.1～0.25
脉冲袋式除尘器	约 4.5	4.25～6	约 6.8	0.1～0.2
回转反吹袋式除尘器	约 2.5		约 3.8	
喷淋洗涤除尘器	约 1.5	1.0～2.4	约 2.55	0.1～0.5
冲击式除尘器	0.7～1.2	3.0～6.0	约 2.7	0.15～0.3
卧式旋风水膜除尘器	约 1.7	3.0～6.0		0.03～0.1
泡沫除尘器				0.1～0.2
低压文丘里管洗涤器	约 2.0	1.5～16	约 4.7	0.1～0.3
高压文丘里管洗涤器	约 2.0	1.5～16		0.1～0.3
颗粒层除尘器	约 3.6			
干式电除尘器	约 10.5	6～25	约 9.4	0.7～2.5

（表中数据引自《工业通风除尘技术》1984 年第一版）

表 3—3　**旋风除尘器耗钢量**

型号	耗钢指标/［m^3/（1 000 $m^3 \cdot h^{-1}$）］	型号	耗钢指标/［m^3/（1 000 $m^3 \cdot h^{-1}$）］
XCX	64～70	XXD	53.9～40.1
XNX	64～70	XLP	30.4～33.5
XZD	32.8～38.1	XDF	20～25
XLK	60～63	双级涡旋	33～36
XND	30.3～35.3	XSW	40～42
XP	29.6～31	XPW	47.6

除尘设备费在整个除尘系统的初期投资中占的比例很大，以铸造车间为例，采用旋风除尘器时，除尘设备费占初期投资的 24%～45%，采用冲击式除尘器时占 60%～70%，采用脉冲袋式除尘器时占 75%～85%。

除尘系统的运行维护费主要指能源消耗，对于除尘设备有两种不同性质的能源消耗：使含尘气流通过除尘设备所做的功；除尘或清灰的附加能量。

第一种能量消耗是各种除尘器都具有的，表现在风机的功率上，根据除尘器阻力 ΔP（Pa）及处理风量 Q（m^3/h）的不同而不同。

$$W=\frac{\Delta PQ}{1\,000\eta_f 3\,600}=0.277\times10^{-6}\times\frac{\Delta PQ}{\eta_f} \tag{3—12}$$

式中　η_f——风机效率，%；

W——风机功率，kW。

显然，除尘器阻力越高，所消耗的能量越多。由此可以看出，文丘里管除尘器的能耗最多，而电除尘器的能耗比较少，因而运行维护费也低。

第二种能耗与各类除尘器的特点有关，例如，除尘器的电晕功率及振打清灰所消耗的电能，湿式除尘器消耗的水，脉冲袋式除尘器消耗的压缩空气等都与能量消耗有关。

运行维护费还应包括运行维修，大、中修所需的各种材料和备品备件等及易损件的调换与补充所需的费用。

维修费用可按初期投资的 2%～10%计算。对于一般通风除尘系统取低值，高温易腐蚀系统取高值。袋式除尘器滤袋的更换会增加维修费用，根据滤料寿命选取适当的百分比。

除尘器的经济比较是较复杂的问题。首先应在考虑除尘性能的基础上进行比较，为此引入性能系数 K 的概念。能量的消耗应以性能系数 K 与阻力 ΔP 的比值作为指标，例如，对三种湿式除尘器能耗的比较列于表 3—4 中。

表 3—4　**几种除尘器的能耗比较**

除尘器种类	阻力 ΔP /Pa	效率 η /%	性能系数 K ［100/（100－η）］	能量消耗$\frac{\Delta P}{K}$
湿式高效旋风除尘器	700	95.1	20.4	34.3
自激式除尘器	1 600	98.0	50.0	32.0
文丘里管除尘器	4 000	99.6	250.0	16.0

由表中可以看出，文丘里管除尘器虽然阻力较高，但若考虑到它的除尘性能高，能量的消耗反而较低。而湿式高效旋风除尘器与自激式除尘器的耗能量却很接近。

在综合考虑除尘器的费用比较时，要注意到设备费是一次投资，而运行费是每年的经常费用，因此若一次投资高（例如电除尘器），而运行费用低，则在运行若干年后就可以得到补偿。运行时间越长，越能显示出其经济性。

在进行比较时还要考虑处理风量的大小，例如，与袋式除尘器比较，处理风量越大，采用电除尘器越显得经济。

评定除尘器的性能，除了上述主要指标外，还有一些因素需考虑，如占地面积，这点对于老厂改造显得特别重要。又如劳动条件，使用袋式除尘器时换袋工人的劳动条件较差，袋数越多，这一因素显得越突出。因此在处理风量大时，使用滤袋达数千个以上，在满足环境保护要求的前提下，可采用电除尘器。

第五节　除尘器的分类

一、除尘器的概念

从气体中除去或收集固态或液态尘粒而使含尘气体净化的设备称为除尘装置或除尘器。在《除尘器术语》（GB/T 16845—2008）中，明确了若干除尘器的具体含义。

1. 除尘器

从含尘气体中分离、捕集粉尘的装置或设备。

2. 惯性除尘器

利用粉尘的惯性将粉尘从含尘气体中分离出来的除尘器。

3. 过滤式除尘器

利用多孔介质的过滤作用捕集含尘气体中粉尘的除尘器。

4. 湿式除尘器

利用液体的洗涤作用使粉尘从含尘气体中分离出来的除尘器。

5. 电除尘器

利用高压电场对荷电粉尘的吸附作用，把粉尘从含尘气体中分离出来的除尘器。即在高压电场内，使悬浮于含尘气体中的粉尘受到气体电离的作用而荷电，荷电粉尘在电场力的作用下，向极性相反的电极运动，并吸附在电极上，通过振打或冲刷从金属表面上脱落，同时在重力的作用下落入灰斗的除尘器。

6. 机械除尘器

利用机械的方式将粉尘从含尘气体中分离、捕集下来的除尘器。机械除尘器是惯性除尘器、过滤式除尘器和湿式除尘器的总称，电除尘器不属于机械除尘器。

7. 干式除尘器

不使用液体（水）捕集含尘气体中粉尘的惯性除尘器、过滤式除尘器和干式除尘器的总称。

8. 重力沉降室（除尘器）

粉尘在重力作用下沉降而被分离的一种惯性除尘器。

9. 挡板式除尘器

含尘气流在挡板（或叶片）作用下改变方向，粉尘由于惯性而被分离出来的除尘器。

10. 离心式除尘器

利用含尘气体的旋转流动，使粉尘在惯性力的作用下沿径向移动而被分离出来的除尘器。

11. 旋风除尘器

气体在筒体旋转一圈以上且无二次风加入的离心式除尘器。

12. 多管旋风除尘器

将若干规格相同的旋风子并联组合为一体的旋风除尘器，使用共同的进、出风管道和灰斗。

13. 旋流除尘器

一种加入二次风以增加旋转强度的离心式除尘器。

14. 颗粒层除尘器

利用颗粒状材料构成的过滤层捕集粉尘的除尘器。

15. 袋式除尘器（袋滤器）

利用由过滤介质制成的袋状或筒状过滤元件来捕集含尘气体中粉尘的除尘器。

16. 冲击式除尘器

含尘气体冲击液体，激起雾滴，粉尘被液体、液滴捕集的湿式除尘器。

17. 文丘里管除尘器

含尘气流经过喉管形成高速湍流，使液滴雾化并与粉尘碰撞、凝聚后被捕集的湿式除尘器。

18. 旋风水膜除尘器

在筒体内壁形成一层流动水膜，含尘气流中粉尘靠离心作用甩向筒壁被水膜所捕集的湿式除尘器。

19. 泡沫除尘器

依靠含尘气体流经筛板产生的泡沫捕集粉尘的湿式除尘器。

20. 洗涤过滤式除尘器

利用不断被液体冲洗的过滤介质捕集含尘气体中粉尘的湿式除尘器。

21. 复合除尘器

把不同除尘机理综合在一起组成的除尘器，如喷雾冲击除尘器、干湿一体除尘器、电袋复合除尘器。

二、除尘装置的分类

除尘装置的种类很多，根据不同除尘机理或使用介质有不同的分类。

1. 根据主要除尘机理的不同分为重力、惯性力、离心力、过滤式、洗涤式、静电和声波等七类除尘装置。声波通常只是作为除尘过程中的一种辅助作用力。表 3—5 列出了常用除尘器的类型与性能。

表 3—5　　常用除尘器的类型与性能比较

型式	主要作用力	除尘设备种类		适用范围				不同粒径效率/%		
				粉尘粒径/μm	粉尘浓度/(g/m³)	温度/℃	阻力/Pa	50 μm	5 μm	1 μm
干式	重力	重力除尘器		＞15	＞10	＜400	200～1 000	96	16	3
干式	惯性力	惯性除尘器		＞20	＞100	＜400	400～1 200	95	20	5
干式	离心力	旋风除尘器		＞5	＞100	＜400	400～2 000	94	27	8
干式	静电力	电除尘器		＞0.05	＜50	＜300	200～300	＞99	99	86
干式	惯性力、扩散力、筛分	袋式除尘器	振打清灰	＞0.1	3～10	＜300	800～2 000	＞99	＞99	99
干式	惯性力、扩散力、筛分	袋式除尘器	脉冲清灰	＞0.1	＜100	＜300	800～2 000	100	＞99	99
干式	惯性力、扩散力、筛分	袋式除尘器	反吹清灰	＞0.1	3～10	＜300	800～2 000	100	＞99	99
湿式	惯性力、扩散力、凝集力	自激式除尘器		100～0.05	＜100	＜400	800～1 000 5 000～10 000	100	93	40
湿式	惯性力、扩散力、凝集力	喷淋除尘器		100～0.05	＜10	＜400	800～1 000 5 000～10 000	100	95	75
湿式	惯性力、扩散力、凝集力	文丘里管除尘器		100～0.05	＜100	＜800	800～1 000 5 000～10 000	100	＞99	93
湿式	静电力	湿式电除尘器		＞0.05	＜100	＜400	300～400	＞98	93	98

2. 根据除尘效率的不同分为低效（粗效）、中效和高效等三类除尘装置，详见表 3—6。

表 3—6　　除尘器除尘效率类型

除尘类别	除尘效率/%	除尘器名称
低效除尘	＜60	惯性除尘器、重力除尘器、水浴除尘器
中效除尘	60～95	旋风除尘器、水膜除尘器、自激除尘器、喷淋除尘器
高效除尘	＞95	电除尘器、袋式除尘器、文丘里管除尘器

3. 根据除尘过程是否使用水或其他液体分为干式和湿式两大类。

不对含尘气体或分离的尘粒进行润湿的称为干式除尘设备。用水或其他液体使含尘气体或分离的尘粒进行润湿的称为湿式除尘设备。详见表 3—7。

表 3—7　　除尘器的干湿类型

除尘类别	烟尘状态	收尘设备
干式除尘	干尘	重力除尘器、惯性除尘器、干式电除尘器、袋式除尘器、旋风除尘器
湿式除尘	泥浆状	水膜除尘器、泡沫除尘器、冲击式除尘器、文丘里管除尘器、湿式电除尘器

4. 按除尘器在除尘系统的工作状态，可分为正压除尘器和负压除尘器两类；按工作温度的高低分为常温除尘器和高温除尘器两类；根据设备阻力的不同分为高阻、中阻、低阻等三类除尘装置，高阻除尘器主要有高能文丘里管除尘器，中阻除尘器如旋风除尘器、袋式除尘器、低能湿式除尘器等，低阻除尘器一般指重力沉降室、电除尘器等；按除尘器大小分为

小型除尘器、中型除尘器、大型除尘器和超大型除尘器等。

5. 根据《环境保护设备分类与命名》（HJ/T 11—1996），按除尘装置的除尘机理与功能的不同，除尘器分为以下七种类型。

（1）重力与惯性除尘装置。包括重力沉降室、挡板式除尘器。

（2）旋风除尘装置。包括单筒旋风除尘器、多筒旋风除尘器。

（3）湿式除尘装置。包括喷淋式除尘器、冲击式除尘器、水膜除尘器、泡沫除尘器、斜栅式除尘器、文丘里管除尘器。

（4）过滤层除尘器。包括颗粒层除尘器、多孔材料除尘器、纸质过滤器、纤维填充过滤器。

（5）袋式除尘装置。包括机械振动式除尘器、电振动式除尘器、分室反吹式除尘器、喷嘴反吹式除尘器、振动式除尘器、脉冲喷吹式除尘器。

（6）静电除尘装置。包括板式静电除尘器、管式静电除尘器、湿式静电除尘器。静电除尘器也称为电除尘器。

（7）组合式除尘器。包括为提高除尘效率“在前级设粗颗粒除尘装置，后级设细颗粒除尘装置”的各类串联组合式除尘装置。

6. 习惯上，一般将除尘器分为如下四大类。

（1）机械式除尘器。机械式除尘器是利用质量力（如重力、惯性力和离心力等）的作用使粉尘与气流分离并被捕集的装置，包括重力沉降室、惯性除尘器和旋风除尘器等。这类除尘器的特点是结构简单、造价低、维护简便，但除尘效率不高，往往用于要求不高的场合，或作为多级除尘系统中的前级预除尘。

（2）过滤式除尘器。过滤式除尘器是使含尘气流通过一定的过滤材料（如织物和多孔的填料层）进行过滤分离的装置，包括袋式除尘器、刚性过滤元件除尘器和颗粒层除尘器等。其特点是以过滤机理作为除尘的主要机理。此类除尘器可达到很高的除尘效率。

（3）湿式除尘器。湿式除尘器是利用液滴或液膜洗涤含尘气体，使粉尘与气流分离的装置，包括低能湿式除尘器和高能文丘里管除尘器。

（4）电除尘器。电除尘器是利用高压电场使尘粒荷电，在电场力的作用下使粉尘与气流分离沉降的装置。

在实际的除尘器中，往往综合了几种除尘机理的共同作用。例如，卧式旋风除尘器中，有离心力的作用，同时还兼有冲击和洗涤作用。近年来，为提高对尘粒的捕集效率，相继出现了一些综合几种除尘机制的新型除尘器，即多机理复合除尘器，如静电强化过滤除尘器、惯性冲击电除尘器、电凝聚除尘器、荷电液滴洗涤器、高梯度磁分离器等新型净化设备等，从而极大地推动了除尘技术的发展。

第六节　除尘器的适用条件及其比较

各类除尘器的适用条件及其比较见表 3—8。表中所列是指一般的性能范围，供作除尘器选用时参考。实际上，根据除尘器的结构以及运行条件，表中数据会有变化。

表 3—8　　除尘器的性能比较

<table>
<tr><th colspan="2">除尘器</th><th>粉尘粒径/μm</th><th>粉尘浓度/(g/m³)</th><th>温度/℃</th><th>阻力/Pa</th><th>除尘效率/%</th></tr>
<tr><td colspan="2">重力除尘器</td><td>>15</td><td>>10</td><td><400</td><td>200～1 000</td><td><50</td></tr>
<tr><td colspan="2">惯性除尘器</td><td>>20</td><td><100</td><td><400</td><td>400～1 200</td><td>50～70</td></tr>
<tr><td colspan="2">旋风除尘器</td><td>>5</td><td><100</td><td><400</td><td>400～2 000</td><td>80～90</td></tr>
<tr><td colspan="2">电除尘器</td><td>>0.05</td><td><50</td><td><300</td><td>200～300</td><td>>99</td></tr>
<tr><td colspan="2">袋式除尘器</td><td>>0.1</td><td><100</td><td><300</td><td>800～2 000</td><td>>99</td></tr>
<tr><td rowspan="4">湿式除尘器</td><td>自激式除尘器</td><td rowspan="3">100～0.05</td><td><100</td><td><400</td><td rowspan="2">800～1000</td><td>85～95</td></tr>
<tr><td>喷淋除尘器</td><td><10</td><td><400</td><td>90～98</td></tr>
<tr><td>文丘里管洗涤器</td><td><100</td><td><800</td><td>5 000～10 000</td><td>90～98</td></tr>
<tr><td>湿式电除尘器</td><td>>0.05</td><td><100</td><td><400</td><td>300～400</td><td>>98</td></tr>
</table>

第七节　除尘器选择注意事项

一、除尘器必须满足所要求的净化程度

除尘器的除尘效率必须满足国家环境保护排放标准的要求，可根据除尘器入口含尘浓度与排放浓度确定最低除尘效率。

选择除尘器时必须全面考虑有关因素，如除尘效率、压力损失、一次投资、维修管理、有无二次污染等，其中最主要的是除尘效率。以下问题要特别引起注意：

1. 选用的除尘器必须满足排放标准规定的排放要求。对于运行状况不稳定的系统，要注意烟气处理量变化对除尘效率和压力损失的影响。如旋风除尘器除尘效率和压力损失，随处理烟气量增加而增加。但大多数除尘器（如电除尘器）的效率却随处理烟气量的增加而下降。

2. 气体的含尘浓度较高时，在电除尘器或袋式除尘器前应设置低阻力的预净化设备，去除较大尘粒，以使设备更好地发挥作用，可以防止电除尘器产生电晕闭塞。对湿式除尘器则可减少泥浆处理量，节省投资及减少运转和维修工作量。一般来说，为减少喉管磨损及防止喷嘴堵塞，对文丘里管、喷淋塔等湿式除尘器，理想含尘浓度在 10 g/m³ 以下，袋式除尘器的理想含尘浓度为 0.2～10 g/m³，电除尘器理想含尘浓度在 30 g/m³ 以下。

3. 对于高温、高湿的气体不宜采用普通袋式除尘器。可选用电除尘器或湿式除尘器、塑烧过滤板除尘器。但湿式除尘器必须注意防腐和二次污染问题。在选择除尘器时，必须同时考虑捕集粉尘的处理问题。

二、除尘设备的运行条件

选择除尘器时必须使除尘器能适应系统烟气、烟尘的性质，让除尘器能正常运行，达到

预期效果。

1. 烟气性质

烟气性质，如温度、压力、黏度、密度、湿度、成分等对除尘器的选择有直接关系。

(1) 烟气温度。烟气温度直接关系到除尘器的处理气量、材料选择、参数确定、运行条件等因素。

除尘器的处理气量一般表示为标准容积 V_0 和工况容积 V（最好用标态风量和工况风量表示），所谓标准容积是指烟气在一个标准大气压（即 101 325 Pa 或 760 mmHg）和温度为 0℃情况下的烟气体积，一般单位以 m^3（标准状态）表示。工况容积是烟气在除尘器实际工作状况下的烟气体积，以 m^3 表示。标准容积 V_0 和工况容积 V 的关系如下：

$$V=V_0\times\frac{273+t}{273}\times\frac{101\ 325}{p} \tag{3—13}$$

式中 t——除尘系统的烟气温度，℃；

p——除尘系统中的气体压力，Pa。

可见在高温烟气系统中，烟气温度越高，工况气量越大，致使系统管道、除尘器、风机等设备庞大；而烟气温度越低，则除尘系统虽可由于工况气量的缩小，使设备小型化，但其冷却装置却需增大，而且温度过低会引起高温烟气露点的形成。

除尘器结构材料的选择必须符合系统处理烟气温度的需要，如多管除尘器旋风子用铸铁制造既可用于处理高温烟气，又可耐磨；袋式除尘器则需用玻纤等高温滤料。

烟气中的黏度、密度、比电阻等技术参数也与温度有密切关系。

各种除尘器的耐温性能列于表 3—9。

表 3—9　各种除尘器的耐温性能

除尘器种类	旋风除尘器	袋式除尘器		电除尘器		湿式除尘器
		常温滤料	高温滤料	干式	湿式	
最高使用温度 /℃	400	80～130	200～250	400	80	400
特殊说明	用耐火材料内衬可提高耐温性，最高可达 1 000℃	耐温随滤料而异	经硅油、石墨和聚四氟乙烯处理的滤布可耐温 300℃	高温时粉尘比电阻易随温度而变化	温度过高易使绝缘部分失效	温度较高时，入口内衬的耐火材料因与冷水接触而易损坏

(2) 烟气压力。含尘气体的压力与除尘器的耐压要求、能耗、气体密度、黏度、气量等有关，由于一般除尘系统的压力均在 4 900～5 880 Pa（500～600 mm H_2O）左右，压力不高。为此上述关系一般可忽略不计。但处理高负压烟气时，应避免除尘器结构发生严重变形。

对于有的生产过程本身具有一定压力，或某些特殊高压系统，则选用除尘器时应考虑其压力影响。必要时应按压力容器来设计除尘器。

(3) 烟气黏度。黏度增加会影响烟尘粒子在积尘表面的黏附，并影响积尘向气流中的迁移，同时会影响过滤介质积尘后的压力损失。

（4）烟气密度。在常温气体中，由于烟尘的密度比气体密度大得多，所以通常气体密度变化所产生的影响可以忽略不计。

（5）烟气湿度。烟气含湿量对除尘器的正常运行具有极大关系，特别是干式除尘器，如袋式除尘器滤料上的黏结、电除尘器灰尘的比电阻等。为此，应严格控制除尘系统在露点温度以上运转。

（6）烟气成分。烟气成分的可燃性、可爆性、腐蚀性都将影响除尘器的正常运转，处置不适当甚至会导致事故，应根据生产工艺设备及除尘系统的运行条件，适当采取防爆和防腐等措施。

2. 烟尘性质

烟尘的粒度、密度、吸湿性和水硬性、磨损性对除尘器的选择及其正常运行都具有直接影响。

（1）烟尘的粒度。烟尘粒度直接关系到除尘器的除尘效率，粒径越大，效率越高；反之，效率越低。

（2）烟尘的密度。对大多数粉尘，烟尘密度与烟尘粒度相似，直接关系到除尘器的除尘效率，特别是对重力沉降室、惯性除尘器、旋风除尘器等机械除尘设备。

（3）烟尘的吸湿性和水硬性。烟尘有亲水性粉尘与疏水性粉尘两种。易被水湿润的粉尘为亲水性粉尘，反之则为疏水性粉尘。对于疏水性粉尘不宜采用湿式除尘器。在水中加入少量的湿润剂可提高粉尘的吸水性。

水硬性是指某些粉尘吸水后能形成不溶于水的硬垢。水泥粉尘、白云石粉尘均为水硬性粉尘。水硬性粉尘容易使湿式除尘器和排水管路结垢堵塞，对水硬性粉尘必须选择干式除尘器。

三、其他因素

在满足排放标准及工艺条件基础上，对除尘设备的经济性、占地面积、维护条件以及安全因素等应综合考虑，以确保选择的除尘器技术上先进、可靠，经济上合理。

1. 选择除尘器时，必须同时考虑所收集粉尘的处理问题。如工厂工艺本身设有泥浆废水处理系统或采用水力输灰方式，在这种情况下可以考虑采用湿法除尘，把除尘系统的泥浆和废水纳入工艺废水系统。

2. 粉尘颗粒的物理性质对除尘器性能具有较大影响。例如，黏性大的粉尘容易黏结在除尘器表面，不宜采用干式除尘；比电阻过大或过小的粉尘，不宜采用电除尘器；纤维性或憎水性粉尘不宜采用湿式除尘。

不同的除尘器对不同粒径颗粒的除尘效率是完全不同的，选择除尘器时必须首先了解欲捕集粉尘的粒径分布，再根据除尘器除尘分级效率和除尘要求选择适当的除尘器。

3. 烟气温度和其他性质也是选择除尘设备时必须考虑的因素。对于高温、高湿气体不宜采用袋式除尘器。如果烟气中同时含有 SO_2、NO_x 等气态污染物，可以考虑采用湿式除尘器，但是必须注意腐蚀问题。

4. 选择除尘器还必须考虑设备的位置、可利用的空间、环境条件等因素，设备的一次投资（设备、安装和工程等）以及操作和维修费用等经济因素。设备公司和制造厂家可以提供有关这方面的情况。表 3—10 给出了常见除尘系统投资费用和运行费用的比较。需要指出的是，任何除尘系统的一次投资只是总费用的一部分，所以，仅以一次投资作为选择系统的准则是不全面的，还须考虑其他费用，包括安装费、动力消耗、装置杂项开支以及维修费。以袋式除尘器为例，一次投资和年运行费用包括的细目及所占比例由表 3—11 给出。

表 3—10　常见除尘设备的投资费用和运行费用　元

设　备	投资费用	运行费用
高效旋风除尘器	100	100
袋式除尘器	250	250
电除尘器	450	150
塔式洗涤器	270	260
文丘里管洗涤器	220	500

表 3—11　袋式除尘器的一次投资及年运行费

一次投资		年运行费	
细　目	所占比例/%	细　目	所占比例/%
除尘器本体（包括滤袋）	30～70	劳务	20～40
烟道及烟囱	10～30	动力	10～20
基础及安装	5～10	滤布及部件更换	10～30
风机及电动机	2～10	装置杂项开支	25～35
规划及设计	1～10		

参考文献

1. 孙一坚．工业通风．北京：中国建筑工业出版社，1994

2. 谭天佑，梁凤珍．工业通风除尘技术．北京：中国建筑工业出版社，1984

3. 余云进，彭丽娟，陈朝东．除尘技术问答．北京：化学工业出版社环境·能源出版中心，2006

4. 卫生部卫生法制与监督司，中国疾病预防控制中心职业卫生与中毒控制所．建设项目职业病危害评价．北京：中国人口出版社，2003

5. 向晓东．现代除尘理论与技术．北京：冶金工业出版社，2002

6. 张殿印，王纯．除尘器手册．北京：化学工业出版社，2005

7. HJ/T 11—1996《环境保护设备分类与命名》

第四章　重力沉降室及惯性除尘器

第一节　重力沉降室

重力沉降室是利用重力作用使粉尘自然沉降的一种最简单的除尘装置。如图 4—1 所示，含尘气流通过横断面比管道大得多的沉降室时，流速大大降低，使大而重的尘粒得以按其终末沉降速度 v_s 缓慢落至沉降室底部。

重力沉降室的主要优点是：结构简单，造价低；运行可靠，维护费少；压力损失小（一般为 50～150 Pa）；相比其他除尘器而言不受温度和压力限制；无磨损问题，可以回收干粉；可用钢板制造，也可用砖砌，施工容易，维修管理方便。重力沉降室的主要缺点是：占地面积大，除尘效率低，一般只适用于捕集粒径大于 100 μm 的粗粉尘，如在沉降室内加水平挡板可以提高除尘效率，捕集的粉尘粒径可降至 15 μm。重力沉降室只能作为高效除尘的预除尘装置，除去粒径较大和颗粒较重的粉尘。

重力沉降室的典型结构如图 4—1 所示。

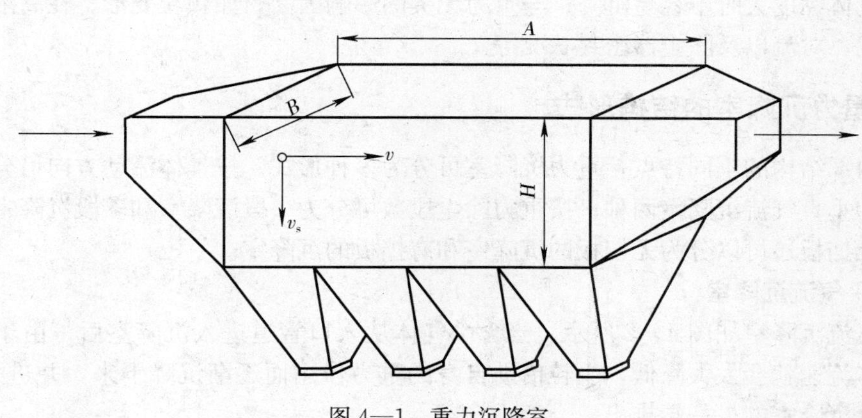

图 4—1　重力沉降室

一、重力沉降机理

1. 尘粒的重力沉降

重力沉降室的工作原理是：含尘气流由进风管进入重力沉降室后，由于扩大了流动截面积而使气体流速大大降低，较重的尘粒由于自身的重力作用向灰斗自然沉降，并与气流分离。

尘粒能否沉降分离取决于所受的作用力，即重力 F_G、流体浮力 F_B 及流体阻力 F_D。随着尘粒运动速度的加快，流体对其阻力增加。当三力平衡时，尘粒开始在流体中匀速下降。

此时的降落速度称为尘粒的末端沉降速度（或称最终沉降速度）。

根据流体力学，尘粒在静止空气中自由沉降时，其末端沉降速度可按以下简化公式计算：

$$v_s = \frac{d_p^2 \rho_p g}{18\mu} \tag{4—1}$$

式中 d_p——尘粒的直径，m；

ρ_p——尘粒的密度，kg/m³；

ρ——流体的密度，kg/m³；

g——重力加速度，取 9.81 m/s²。

可见，尘粒的沉降速度与其粒径、体积质量及气体介质的性质有关。当某一种尘粒在某一种气体中，处在重力作用下，尘粒的沉降速度 v_g 与尘粒直径平方成正比。所以粒径越大，沉降速度越大，越容易分离。反之，粒径越小，沉降速度越小，越不易分离。

在沉降室内，气流的水平速度一般为 0.2～0.5 m/s，远大于该尘粒的自然沉降速度。实际上，重力除尘设备通常只用来捕集粒径 50 μm 以上的粗尘粒，一般作为电除尘器和袋式除尘器的预除尘设备。

2. 影响重力沉降的因素

粉尘颗粒物的自由沉降主要取决于颗粒的密度。如果颗粒密度比周围气体介质大，气体介质中的颗粒在重力作用下沉降；反之，颗粒则上升。此外影响颗粒沉降的因素还有：颗粒物的粒径，粒径越大越容易沉降；颗粒形状，圆形颗粒最容易沉降；颗粒运动的方向性；介质黏度，气体黏度大时不容易沉降；与重力无关的影响因素，如颗粒变形、在高浓度下颗粒的相互干扰、对流以及除尘器密封状况等。

二、重力沉降室的结构形式

根据内部结构的不同特点，重力沉降室可分为多种形式。按气体流动方向可分为水平气流沉降室和垂直气流沉降室两种；按重力除尘段数可分为一段沉降室和多段沉降室；按除尘器内部有无挡板还可以分为无挡板的沉降室和有挡板的沉降室。

1. 水平气流沉降室

水平气流沉降室如图 4—2 所示。当含尘气体从入口管道进入沉降室后，由于横截面的扩大，气体流速就会大大降低，尘粒借助自身的重力作用而逐渐沉降下来，并进入灰斗中；净化气体从沉降室的另一端排出。

重力沉降室中含尘气体水平速度（基本流速）越低，能捕集的尘粒越小；基本流速一定时，沉降室高度越低而长度越长，则除尘效率越高。要使沉降室内的水平气流保持平稳的层流，达到以斯托克斯定律确定的尘粒沉降速度，则它的结构可能相当庞大可观。在工程实践中，受场地和空间限制，一般不可能按照理论计算的尺寸设计。为使微细尘粒也在沉降室中靠重力作用沉降下来，就要把气流速度取得很低，即加大沉降室截面积。另外，为提高除尘效率，沉降室的高度要尽可能低，还要把沉降室加长，结果增加了占地面积。实际工程上很少这样做。一般是在沉降室内部构造上采取一些辅助性措施，如设置垂直于或倾斜于气流方

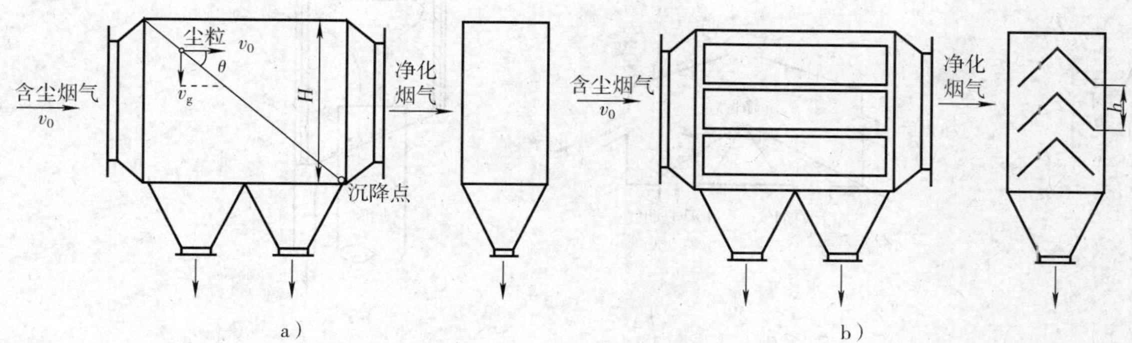

图 4—2　水平气流沉降室

a）单层沉降室　b）多层沉降室

向的挡板、堰板、护板以及铁丝网等障碍物，以提高除尘效率和减小结构尺寸。其作用有两方面：一是惯性碰撞效应增加；二是由于粉尘的通行路径延长，重力沉降效果增强。

实践证明，这样的辅助性措施是有效的。有的采用百叶窗形式代替挡板，效果更好。有的采用人字形挡板，其目的是使气体产生小股涡旋，尘粒受到离心力作用而与气流分离。这样的沉降室，实际上也可看做惯性除尘器。两者之间并没有严格的界线。

由前面的分析可见，在简单沉降室中加水平隔板，使沉降高度相应减少，可以提高除尘效率，且分层越多除尘效果越好，但必须保证各层隔板间层流分布均匀。考虑到多层沉降室清灰困难，实际上一般限制隔板层数小于等于 3。

采用多层沉降室还应注意以下几方面的问题：

（1）多层沉降室的缺点是清灰比较困难，为此，不宜处理高浓度的含尘气体，并且要设置清扫刷，定期扫灰或用水冲洗。

（2）隔板之间的间距很小时，易引起二次扬尘。

（3）在处理高温烟气时，应考虑防止隔板变形的措施。

综上所述，重力沉降室内被处理气体流速越低，就越能分离捕集细小尘粒，有利于提高除尘效率；但若如此整个装置也就越庞大，设备费用也就越高。通常，重力沉降室适用于捕集粒径 50 μm 以上的粉尘；基本流速一般取 1～2 m/s，对装有挡板的沉降室可提高到 6～8 m/s；设备阻力比较小，如当处理烟气温度为 250～350℃，沉降室入口和出口气流速度为 12～16 m/s 时，总阻力损失为 100～150 Pa。

2. 垂直气流沉降室

常见的垂直气流沉降室有 3 种结构形式（见图 4—3），即屋顶式沉降室、扩大烟囱式沉降室和带锥形导流器的扩大烟囱式沉降室。它们都可以直接装在烟囱的顶部，多用于小型冲天炉或锅炉的除尘。与水平气流沉降室相似，当含尘气流从管道进入沉降室后，由于截面扩大，气体的流速降低，其中沉降速度大于气体速度的尘粒就会沉降下来。

屋顶式沉降室（见图 4—3a）是最简单的一种垂直气流沉降室。尘粒沉降后堆积在入口的周围，所以需要在炉子停运时，定期清除积尘。

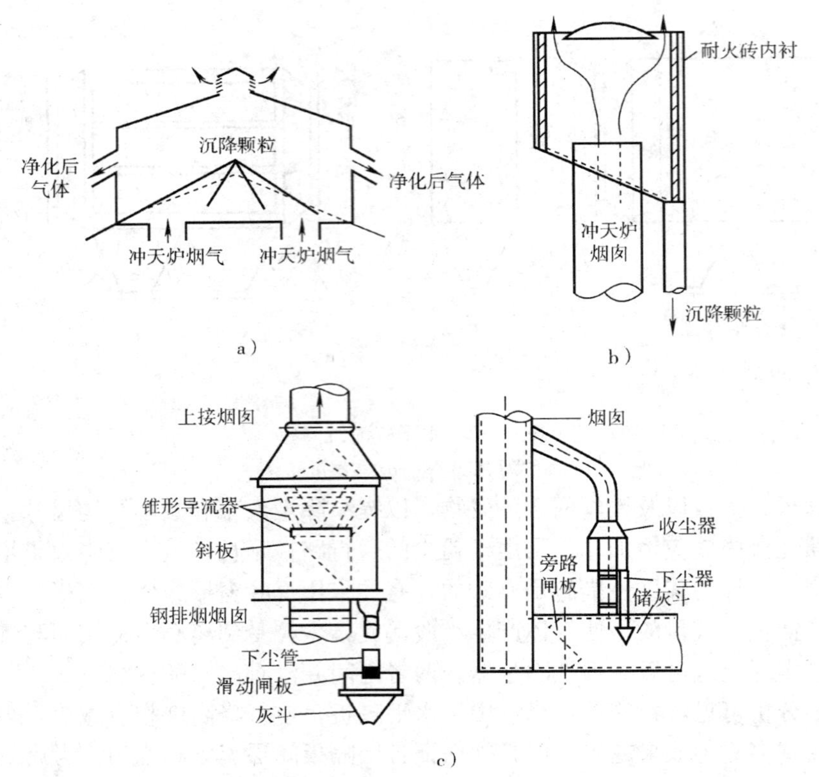

图 4—3　垂直气流沉降室示意图

a）屋顶式　b）扩大烟囱式　c）带锥形导流器的扩大烟囱式

扩大烟囱式沉降室（见图 4—3b）的沉降室设在烟囱顶部，捕集的粉尘通过侧面的降尘管落入灰斗中。沉降室的直径一般为烟囱的 2～3 倍，于是沉降室中气体的流速为烟囱中流速的 1/9～1/4。沉降室一般采用耐火材料制作以耐高温，其上部设置的反射板可以提高沉降效率。

带锥形导流器的扩大烟囱式沉降室（见图 4—3c）内部设置反射锥体（即锥形导流器）以提高除尘效率。

三、重力沉降室的设计计算

重力沉降室的除尘过程主要受重力的作用。除尘器内气流运动比较简单，除尘器设计计算包括含尘气流在除尘器内的停留时间及除尘器的具体结构尺寸。

1. 设计计算

尘粒的沉降速度计算公式见式（4—1）。

在沉降室内，尘粒一方面以沉降速度 v_s 下降，另一方面以气流在沉降室内的流速 v 继续向前运动。要使沉降速度为 v_s 的尘粒在重力沉降室内全部被捕集，含尘气流在沉降室内停留的时间应大于或等于尘粒从顶部沉降到灰斗所需的时间，即

$$\frac{A}{v} \geqslant \frac{H_s}{v_s} \tag{4—2}$$

式中　A——沉降室长度，m；

v——沉降室内气流速度，m/s；

H_s——沉降室高度，m；

v_s——尘粒的沉降速度，m/s。

沉降室内气流速度根据尘粒的密度和粒径确定，一般取 $v=0.3\sim3$ m/s。

设计重力沉降室时，先根据式（4—1）算出需要捕集尘粒的沉降速度 v_s，再假定沉降室高度 H（或宽度 B），然后按式（4—3）和式（4—4）计算沉降室的长度 A 和宽度 B（或高度 H）。

沉降室长度

$$A=\frac{H_s v}{v_s} \tag{4—3}$$

沉降室宽度

$$B=\frac{L}{3\,600 H_s v} \tag{4—4}$$

式中　L——沉降室处理的空气量，m^3/h。

2. 设计计算注意事项

(1) 沉降室气流速度尽可能取低值，以使气流接近层流状况，保证尘粒有足够的沉降时间，提高除尘效率。如果气流速度太低，则设备相对庞大，投资费用增高，也是不可取的。气流速度一般控制为 1～2 m/s，除尘效率为 40%～60%。

(2) 在气体流速基本不变的情况下，重力除尘器越长，越有利于提高除尘效率，但通常不宜超过 10 m。

(3) 为了使沉降室横断面上的气流分布均匀，一般将进气管设计成平滑的渐扩管。如果场地受到限制，进气管与沉降室无法直接连接时，可设置导流板、扩散板等气流分布装置。

(4) 通常将进风管设置在沉降室的上部较为有利。但在净化高温烟气时，由于热压作用，排气口以下的空间可能出现气流减弱，导致容积利用率和除尘效率降低，此时沉降室的进、出口位置应低一些。

(5) 除尘器的结构强度和刚度，按有关规范设计计算。

第二节　惯性除尘器

惯性除尘器是使含尘气流冲击在挡板上，气流方向发生急剧改变，借助尘粒本身的惯性力作用将其与气流分离的装置。含尘气体在流动过程中遇到设置在其前方的障碍物（如挡板等）时，气体很容易绕过障碍物，而较大的粉尘颗粒由于惯性继续按原来的气流方向前进，碰撞到障碍物上而被捕集下来。由于惯性加速度远大于重力加速度，所以惯性除尘器的效率高于重力沉降室。

一、惯性除尘分离机理

由于运动气流中尘粒具有惯性力，含尘气流方向突然改变或与某种障碍物碰撞时，其中尘粒的运动轨迹将偏离气体的流线。

为了改善重力沉降室的除尘效果，可在沉降室内设置各种形式的挡板，使含尘气流冲击在挡板上；当气流方向发生急剧改变时，尘粒由于自身的惯性力作用而偏离气流，从而与气流分离。图 4—4 所示是含尘气流冲击在两块挡板上时尘粒分离的机理。当含尘气流冲击到挡板 B_1 上时，惯性大的粗尘粒（d_1）首先被分离下来。被气流带走的尘粒（d_2，且 $d_2 < d_1$）由于挡板 B_2 使气流方向转变，借助离心力作用也被分离下来。若设该点气流的旋转半径为 R_2，切向速度为 u_1，则尘粒 d_2 所受离心力与 $d_2^2 \cdot \frac{u_1^2}{R_2}$ 成正比。

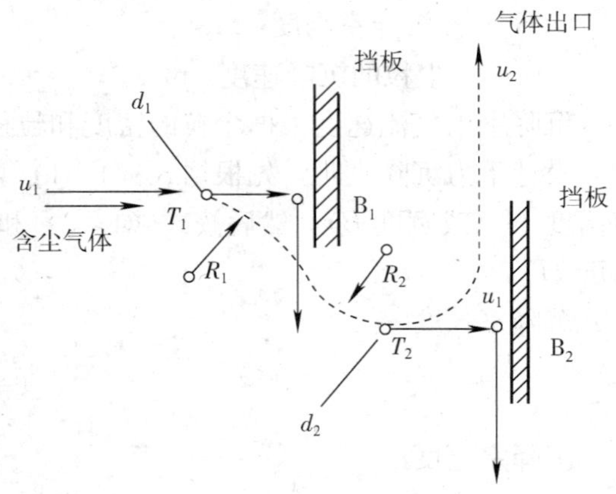

图 4—4　惯性除尘器的分离机理

一般而言，含尘气体在冲击或方向改变之前的速度越快，在气流流动方向上改变角度越大（即气体转向的曲率半径越小），改变次数越多，则除尘效率越高，但同时压力损失也越大。由此可见，与重力沉降不同，惯性分离要求有较高的气流速度，一般可达 18～20 m/s，基本上处于紊流状态下工作。

显然这种惯性除尘器，除借助惯性力作用外，还利用了离心力和重力的作用。为了提高除尘效率，还可以在挡板上淋水以形成水膜，这就是湿式惯性除尘器。

二、惯性除尘器的结构形式

惯性除尘器的结构形式多种多样，可分为碰撞式和回转式两类。

前者主要是通过含尘气流冲击挡板而捕集较粗的尘粒，也称为挡板式惯性除尘器，而后者主要是通过突然改变含尘气流的流动方向，利用气体和粉尘在转折时具有不同惯性的特征而捕集较细的尘粒，也称为反转式惯性除尘器或回流式惯性除尘器。

惯性除尘器的定型产品不多，大多数是根据需要进行专门设计。到 20 世纪 90 年代，折转式惯性除尘器获得技术突破，由于叶片形式和通道比例的改进，它在应用中取得了良好的效果。

惯性除尘器的结构繁简不一，其性能因结构不同而异。一般惯性除尘器的气流速度越快，气流方向改变角度越大，改变次数越多，净化效率越高，压力损失也越大。惯性除尘器用于净化密度和粒径较大的金属或矿物性粉尘，具有较高的除尘效率。采用煤粉和飞灰所做的试验表明，当气体在设备内的流速在 10 m/s 以下时，除尘效率通常为 50%～70%，压力损失为 200～1 000 Pa。

在实际应用中，惯性除尘器一般作为多级除尘系统的预除尘，用来分离较粗的粉尘。它适用于捕集粒径 20 μm 以上的干燥粉尘，不适于处理黏结性粉尘和纤维性粉尘。惯性除尘器还可以用来分离雾滴，此时要求气体在设备内的流速以 1～2 m/s 为宜。

制约惯性除尘器效率提高的主要原因是二次扬尘现象，因此惯性除尘器的设计流速通常不超过 15 m/s。

如图 4—5 所示的四种形式，其中 a 为单级碰撞式，d 为多级碰撞式，当含尘气流撞击到挡板上后，尘粒丧失了惯性力，并靠重力沿挡板落下。图 4—5 中的 b 和 c 为回转式，含尘气体从入口进入后，粉尘靠惯性力冲入下部灰斗中，而气体和惯性较小的细粉尘则发生急剧转弯穿过挡板经出口排出。图 4—5 中的 a 和 c 两种形式适用于管道的自然转弯处，可在动力消耗不大的情况下将粗粉尘除掉。

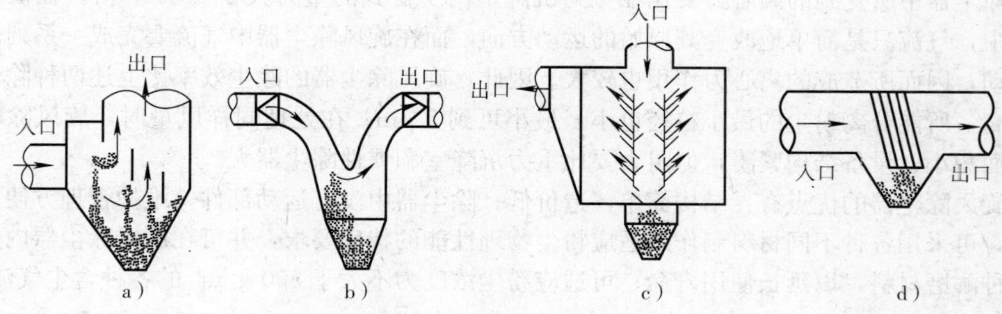

图 4—5　惯性除尘器
a）碰撞式　b）反转式　c）百叶式　d）多级碰撞式

图 4—5 中的 c 通常称为百叶式除尘器，其缺点是百叶片的磨损比较快，净化效率也不高，所以应用不广。但是百叶板作为粉尘的浓缩器，与其他除尘装置（如旋风除尘器、湿式除尘器或过滤器）组成一个除尘机组，则可获得较高的净化效率。图 4—6 所示为一种百叶式惯性除尘器，它是由许多直径逐渐缩小的圆锥环组成的圆锥体，各环之间的缝隙一般不大于6 mm。含尘气流由圆锥底部进入，主体气流占总流量的 90% 以上，由圆环之间缝隙急转弯约 150°后逸出，粉尘由于惯性撞击到锥形环的内斜面上，斜面的反射作用使之又回到中心气流中。最后，粉尘浓缩在少部分气流中（占 10%），并从锥顶进到小旋风除尘器中被捕集下来，净化气体再返回到主体气流中。

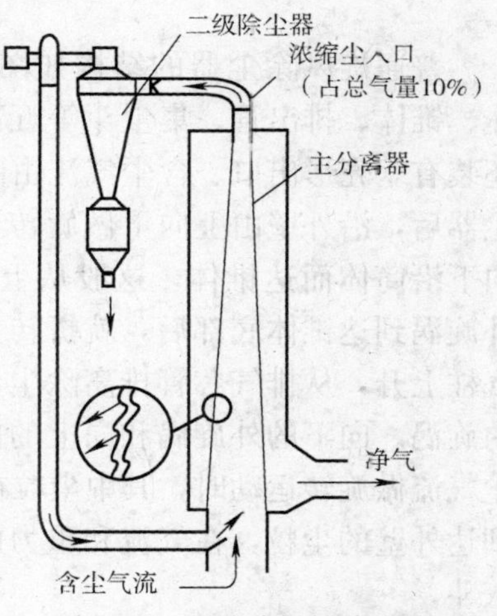

图 4—6　百叶式惯性除尘器

参考文献

1. 余云进，彭丽娟，陈朝东．除尘技术问答．北京：化学工业出版社环境·能源出版中心，2006

2. 孙一坚．工业通风．北京：中国建筑工业出版社，1994

第五章　旋风除尘器

旋风除尘器是利用旋转的含尘气体所产生的离心力，将粉尘从气流中分离出来的一种干式除尘器，是目前工业中应用较广的一种除尘设备。与单纯利用重力的沉降室比较，尘粒在旋风除尘器中所受到的离心力要比在重力沉降室内所受到的重力大 5～2 500 倍。在惯性除尘器中，气流只是简单地改变其原始的运动方向，而在旋风除尘器中气流要完成一系列的旋转运动，因而所造成的离心力作用也较大。因此，旋风除尘器的除尘效率比上述两种除尘器都要高，所能分离粉尘的最小粒径也小，最小可到 5 μm。在处理同样风量时，旋风除尘器占地面积小、设备结构紧凑，但阻力要比重力沉降室和惯性除尘器大。

旋风除尘器的优点有：结构简单，造价低；除尘器中没有运动部件，维护管理方便；耐高温，可采用各种不同材料制作来适应粉尘物理性能的特殊要求，并可在旋风除尘器内壁衬砌各种耐磨材料，以延长使用寿命；可适应粉尘浓度为不大于 500 g/m^3 的各种含尘气流。

第一节　旋风除尘器的除尘机理

普通旋风除尘器的结构如图 5—1 所示，是由进气口、筒体、锥体、排出管、集尘斗等五部分组成的。有时排气管出口还装有蜗壳形出口。含尘气流由除尘器进口沿切线方向进入除尘器后，沿外壁由上向下做旋转运动，气流被迫一边旋转一边向下沿筒体而达锥体，这股从上向下旋转的气流称为外旋涡。外旋涡到达锥体底部后，就折转方向，随着芯管下面旋转着的气柱上升，从排气芯管排离除尘器，这股从下向上的气流称为内旋涡。向下的外旋涡和向上的内旋涡旋转方向是相同的。含尘气流做旋转运动时，其中尘粒在离心力作用下，向外壁移动，到达外壁的尘粒，在气流和重力的作用下，沿壁面向下滑落至灰斗。

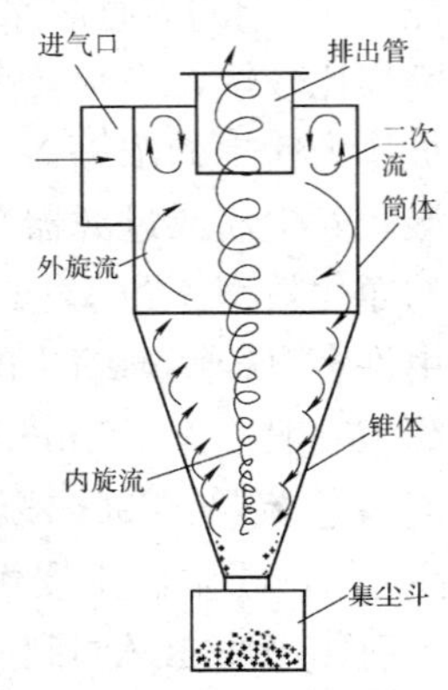

图 5—1　旋风除尘器

第二节　旋风除尘器的分类

旋风除尘器经历了一百多年的发展历程，由于不断改进和为了适应各种应用场合，出现了许多类型。可根据不同的特点和要求对旋风除尘器进行分类。

一、按旋风除尘器的构造分类

可分为普通旋风除尘器、异形旋风除尘器、双旋风除尘器和组合式旋风除尘器，其性能见表 5—1。

表 5—1　　**旋风除尘器分类及性能**

分类	名称	规格/mm	风量/（m^3/h）	阻力/Pa	备注
普通旋风除尘器	DF 型旋风除尘器	175～585	1 000～17 250		配锅炉用
	XCF 型旋风除尘器	200～1 300	150～9 840	550～1 670	
	XP 型旋风除尘器	200～1 000	370～14 630	880～2 160	
	XM 型木工旋风除尘器	1 200～3 820	1 915～27 710	160～350	
	XLG 型旋风除尘器	662～900	1 600～6 250	350～550	
	XZT 型长锥体旋风除尘器	390～900	790～5 700	750～1 470	
	SJD/G 型旋风除尘器	578～1 100	3 300～12 000	640～700	
	SND/G 型旋风除尘器	384～960	1 850～11 000	790	
异形旋风除尘器	SLP/A、B 型旋风除尘器	300～3 000	750～104 980		配锅炉用
	XLK 型扩散式旋风除尘器	100～700	94～9 200	1 000	
	SG 型旋风除尘器	670～1 296	2 000～12 000		
	XZY 型消烟除尘器	0.05～1.0 t	189～3 750	40.4～190	
	XNX 型旋风除尘器	400～1 200	600～8 380	550～1 670	
	HF 型除尘脱硫除尘器	720～3 680	6 000～170 000	600～1 200	
	XZS 型流旋风除尘器	376～756	600～3 000	25.8	
双旋风除尘器			600～60 000	500～600	配锅炉用
	XSW 型卧式双级蜗旋除尘器	2～20 t			
			1 170～45 000	670～1 460	
	CR 型双级蜗旋除尘器	0.05～10 t			
			2 200～30 000	550～950	
	XPX 型下排烟式旋风除尘器	1～5 t			
			3 000～15 000		
	XS 型双旋风除尘器	1～20 t			
			3 000～58 000	600～650	
组合式旋风除尘器	SLG 型多管旋风除尘器	9～16t	1 910～9 980		配锅炉用
	XZZ 型旋风除尘器	350～1 200	900～60 000	430～870	
	XLT/A 型旋风除尘器	300～800	935～6 775	1 000	
	XWD 型卧式多管旋风除尘器	4～20 t	9 100～68 250	800～920	
	XD 型多管旋风除尘器	0.5～35 t	1 500～105 000	900～1 000	
	FOS 型复合多管旋风除尘器	2 500×2 100×4 800～8 600×8 400×15 100	6 000～170 000		
	XCZ 型组合旋风除尘器	1 800～2 400	28 000～78 000	780～980	
	XCY 型组合旋风除尘器	690～980	18 000～90 000	780～10 000	
	XGG 型多管旋风除尘器	1 916×1 100×3 160～2 116×2 430×5 886	6 000～52 500	700～1 000	
	DX 型多管斜插旋风除尘器	1 478×1 528×2 350～3 150×1 706×4 420	4 000～60 000	800～900	

二、根据旋风除尘器的除尘效率和处理风量分类

可分为通用旋风除尘器（包括普通旋风除尘器和大流量旋风除尘器）和高效旋风除尘器（见表 5—2）。高效除尘器一般制成小直径筒体（一般小于 900 mm），因而处理同样风量时消耗钢材较多，造价也较高。大流量旋风除尘器的筒体较大（直径为 1.2～3.6 m），单个除

尘器所处理的风量较大，因而处理同样风量所消耗的钢材量较少。

表 5—2　　旋风除尘器的分类及其效率范围

粒径/μm	效率范围/%		粒径/μm	效率范围/%	
	通用旋风	高效旋风		通用旋风	高效旋风
<5	<50	50～80	15～40	80～95	95～99
5～20	50～80	80～95	>40	95～99	95～99

三、按清灰方式分类

可分为干式和湿式两种。在旋风除尘器中，粉尘被分离到除尘器筒体内壁上后直接依靠重力和旋转气流的推力而落于灰斗的，称为干式清灰。如果通过喷淋水或喷蒸气的方法使内壁上的粉尘落到灰斗的，则称为湿式清灰。属于湿式清灰的旋风除尘有水膜除尘器和中心喷水旋风除尘器等。由于采用湿式清灰，消除了反弹、冲刷等二次扬尘，因而除尘效率可显著提高，但同时也增加了尘泥处理工序。本书将这种湿式清灰的除尘器列为湿式除尘器，详见第八章。

四、按进气方式和排灰方式分类

旋风除尘器可分为以下四类。

1. 切向进气，轴向排灰

采用切向进气获得较大的离心力，清除下来的粉尘由下部排出。这种除尘器是应用最多的旋风除尘器。

2. 切向进气，周边排灰

采用切向进气周边排灰，需要抽出少量气体另行净化。但这部分气量通常小于总气量的10%。这种旋风除尘器的特点是允许入口含尘浓度高，净化较为容易，总除尘效率高。

3. 轴向进气，轴向排灰

这种形式的离心力较切向进气要小，但多个除尘器并联时（多管除尘器）布置很方便，因而多用于处理风量大的场合。

4. 轴向进气，周边排灰

这种除尘器具有采用了轴向进气便于除尘器并联，以及周边抽气排灰可提高除尘效率这两方面的优点。常用于卧式多管除尘器中。

五、根据气流组织分类

可分为回流式、直流式、平旋式和旋流式等多种，工业锅炉运用较多的是回流式和直流式两种。

第三节　旋风除尘器的除尘效率

旋风除尘器的除尘效率与其结构形式和运行条件等多种因素有关。由于除尘器结构形式繁多，除尘器内流型复杂，加上粉尘的凝聚或分散、沉降到器壁上的尘粒的反弹或附着等因素，所以从理论上计算除尘效率是困难的，且是近似的。目前主要是根据实验确定某一形式的除尘器在特定运行条件下的除尘效率。再把除尘器内气流流型适当简化，可导出简化的效率计算公式。

一、临界粒径

计算旋风除尘器效率的方法多是以临界粒径（即分割粒径）这一概念为基础。临界粒径是指旋风除尘器所能捕集的最小粉尘颗粒直径。一般情况下临界粒径越小，旋风除尘器的除尘性能越好，反之越差。从理论上说，小于临界粒径的尘粒是完全不能被捕集的。实际上，尘粒进入除尘器内后，由于颗粒间相互碰撞，细小微粒的凝聚，以及夹带、静电和分子引力作用等因素，使一部分小于临界粒径的细粉尘也被捕集。

临界粒径分为两大类。一种理论认为，凡大于某一粒径的粉尘颗粒，旋风除尘器都可以100％地捕集，这种临界粒径称为100％的临界粒径，以 d_{C100} 表示。另一种理论则认为，某一粒径的尘粒既有50％的可能被捕集，但也有50％的可能性不被捕集，即这一粒径的分级除尘效率是50％，这种粒径称为50％的临界粒径，以 d_{C50} 表示。

在旋风除尘器内，尘粒的分离沉降主要取决于尘粒所受离心力和径向气流的摩擦阻力。

二、影响除尘效率的因素

1. 除尘器的结构形式（即相对尺寸）

除尘器的结构形式对除尘器的除尘效率影响很大。例如，出口管径变小时，除尘效率提高（即临界粒径减小）；增加进口速度，能提高气流在除尘器内的旋转速度，使粉尘所受到的离心力增大，从而提高除尘效率，同时也增大了除尘器的处理风量。但进口速度不宜过大，过大会导致除尘器阻力急剧增加（除尘器的阻力与进口速度的平方成正比），耗电量增大。而且，当进口速度增大到一定限度以后，除尘效率的增加就非常缓慢，甚至有所下降。这主要是由于除尘器内部涡流加剧，破坏了正常的除尘过程造成的。因此，最适宜的进口速度一般应控制在12～20 m/s。

在结构上，影响旋风除尘器性能的因素如下：

（1）筒体直径 D 和排出管直径 d_p。尘粒所受的离心力为

$$F=ma=m\frac{v_t^2}{r} \tag{5—1}$$

式中　m——尘粒的质量，kg；

a——尘粒的离心加速度，m/s²；

v_t——尘粒的旋转速度，可以近似认为等于该点气流的旋转速度，m/s；

r——旋转半径，m。

从式（5—1）可以看出，在同样的旋转速度下，筒体直径越小，尘粒受到的离心力越大，除尘效率越高，但处理风量越少。目前常用的旋风除尘器，直径一般不超过 800 mm。风量较大时，可用几台除尘器并联运行或采用多管旋风除尘器。

理论和实践都表明，减小排出管直径有利于提高除尘效率。但是不能取得过小，以免阻力过大，一般取 $d_p=$（0.5～0.6）D。

（2）筒体高度。增加筒体高度，从直观上看可以增加气流在除尘器内的旋转圈数，有利于尘粒的分离，使除尘效率提高。但筒体加高后，外旋下降的含尘气流和内旋上升的洁净气流之间的紊流混合也要增加，从而使带入洁净气流的尘粒数量增多。故筒体不宜太高，一般取筒体高度为 $2D$ 左右。

（3）锥体高度与圆锥角。在锥体部分，由于断面不断减小，尘粒到达外壁的距离也逐渐减小，气流的旋转速度不断增加，尘粒受到的离心力不断增大，这对尘粒的分离都是有利的。现代的高效旋风除尘器大都是长锥体就是这个原因。一般锥体长度为（2.8～2.85）D。

圆锥角增大时，气流旋转半径很快变小，切向速度增加很快，圆锥内壁磨损较快，因此圆锥角不宜过大。过小时又使除尘器高度增加，所以一般为 20°～30°。

总的来说，圆锥长度和筒体高度要统一考虑，总长适当增大对降低压损和提高效率有利，一般多是（3～4）D，不超过 $5D$。

2. 旋风除尘器的进风口

（1）进口形式。旋风除尘器的进口形式是影响性能的一个重要因素。常用的进口形式有如图 5—2 所示的 4 种形式。

切向进口（见图 5—2a）是最普通的一种入口形式，它制造简单，外形尺寸较紧凑，用得较多。螺旋面进口（见图 5—2b）使气流进入旋风后，以与水平成 10°（一般取小于 15°）左右的倾角，向下做旋转流动。这样的流动气流可以减弱入口部分气流的互相干扰和上部上灰环，改善了除尘器性能。蜗壳进口（见图 5—2c）的旋风除尘器，其除尘效率较高，它加大了进口气体和排气管的距离，可以减少未净化气流短路逸出，以及减弱进入气流对筒体内气流的撞击和干扰，因而提高了除尘效率。蜗壳进口渐开线的角度有 90°、180°、270°等，试验表明以 180°时效率最高，故该角度用得较多。轴向进口（见图 5—2d）可以大大削弱进入气流与旋转气流之间的互相干扰，但因气体较均匀分布于进口截面，使靠近中心处的分离效果差，所以，轴向入口旋风除尘器的压力损失较小，除尘效率较低。它可以较方便地并联组装成多管除尘器，以增大处理风量。

（2）进口面积和进口宽长比。旋风除尘器进口多数是矩形的。矩形进口管的高和宽的比例要适当。通常高而窄的进口管与器壁有更大的接触面，宽度越小，临界粒径越小，除尘效率越高。但进口也不能太高，否则，为了保持一定的气体旋转圈数，必须加高整个除尘器的高度，如果高度不够，除尘效率反而可能下降。一般矩形进口的高与宽的比值为 2～4。

水平进口管的位置通常有两种。一种与顶盖相平，有利于消除上涡旋。另一种则低于顶盖一段距离，它可以使细尘聚集在顶盖下的上涡旋中，通过旁室将其引入，使其旋流进一步分离，以减少细尘短路逸出。

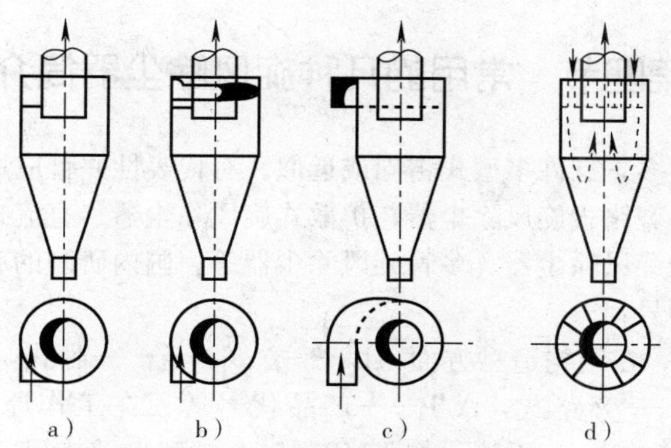

图 5—2　旋风除尘器进口形式

a）切向进口　b）螺旋面进口　c）蜗壳进口　d）轴向进口

旋风除尘器进口面积与除尘器筒体断面积之比，是影响除尘器性能的一个重要因素。进口面积过大时，流向筒体的气流有一部分可能又返回到入口处，与进入气流相冲撞，会引起粉尘返混，也可能增加直接流入排气管的短路流，从而使除尘效率下降。当进气面积太小时，气流进到筒体面积突然扩大，其流速将大大减小，因而使尘粒离心力减小，也会使除尘效率下降。

设筒体断面积与进口管断面积之比值为 K（相对断面比），经分析可以看到，现有各旋风除尘器的 K 值可达 3～13.5，变化范围很大。一般说来，在一定范围内除尘效率可随着 K 值的提高而提高。但是，除尘器的耗钢量也将随着 K 值的增大而增加。

3. 排气管插入深度

排气管的插入深度（排气管长度）也会影响除尘器性能。插入深度宜超过进口管下缘，但不应接近锥体上边缘。如排气口伸入锥体，可造成效率下降而压力损失明显增大。具体插入深度视除尘器形式由实验而定。

由于旋风除尘器的压力损失大部分消耗在排气管中，一般可在排气管入口端安装减阻器（整流叶片），它通过减少进入排气管的气流旋转速度，使压力损失明显降低，但其除尘效率也略微下降。

4. 除尘器的灰斗

灰斗不仅是存灰、排除粉尘的装置，而且也是整个旋风除尘器的重要组成部分，它会直接影响除尘器的除尘效率。进入除尘器的部分旋转气流会一直延伸到灰斗中，由于旋风除尘器的轴心部分是负压，以及卸灰阀的漏风，从而引起粉尘的再次飞扬，并被旋转上升气流重新带入旋风除尘器的内涡旋而逸出，它将使除尘器的除尘效率下降。

合理的灰斗应该是能够使被分离的粉尘顺畅地从锥体流入灰斗，且使进入灰斗的粉尘不致再被气流带出。

当收尘量不大时，可在除尘器底部设置固定灰斗定期排尘；当收尘量较大且要求连续排尘时，可采用锁气器。

第四节　常用的几种旋风除尘器简介

旋风除尘器类型很多，有许多型式雷同或近似。有代表性并且应用较多的旋风除尘器包括普通型旋风除尘器、旁路式旋风除尘器、扩散式旋风除尘器、直流式旋风除尘器、旋流式旋风除尘器、双级蜗壳旋风除尘器、多管旋风除尘器等。国内研制的旋风除尘器，一律用汉语拼音字母来表示其型号：

X——旋风除尘器。在结构造型方面：L——立式，W——卧式，S——双级，T——筒式，C——长锥体，P——旁路式，A/B——产品代号等；在工作原理方面：G——多管，K——扩散，Z——直流，P——平流。如 XLT/A－2.0 型表示旋风、立式、筒状、倾斜入口、筒体直径 200 mm；XLP/B－4.2 型表示旋风、立式、旁路、360°旁路蜗壳、筒体直径 420 mm。以下为几种常用的旋风除尘器。

一、XLT/A 型旋风除尘器

XLT/A 型旋风除尘器的结构形式如图 5—3 所示。结构特点是具有螺旋下倾顶盖的直入式进口，螺旋下倾角为 15°，筒体和锥体皆较长。下倾螺旋进口不但减小了进口阻力，而且有助于消除上涡旋的带灰问题，加之筒体和锥体皆较长，因此，该除尘器的压力损失较低，除尘效率较高。

入口速度选用范围一般为 10～18 m/s，压力损失为 500～700 Pa，除尘效率一般为 80%～90%。适用于干的非纤维性粉尘和烟尘等的净化。国家标准图（T505）中列有 14 种规格可供选用，涉及 XLT/A－1.5 型～XLT/A－8.0 型。为适应处理气体量较大时除尘效率不致过分降低的要求，还设有双筒、四筒及六筒等几种并联组合形式。

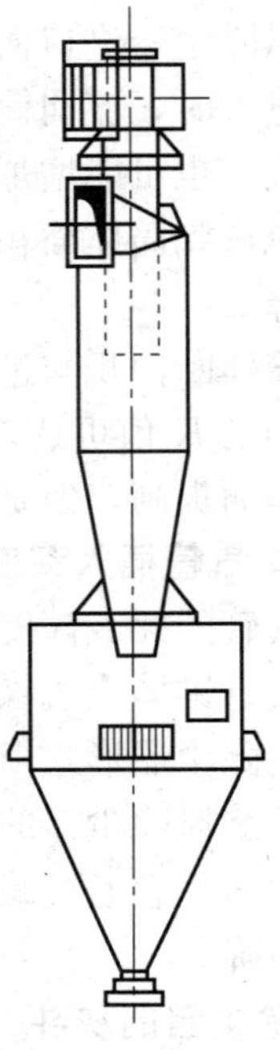

图 5—3　XLT/A 型旋风除尘器

二、XLP 型旋风除尘器

XLP 型旋风除尘器又称为旁路式旋风除尘器，如图 5—4 所示。结构特点是进气管上缘距顶盖有一定的距离，180°蜗壳式入口（K=0.175），筒体上带有螺旋线形粉尘旁路分离室。

由于结构上的特点，使含尘气流进入后以排出管底口为分界面形成上、下两股旋转气流，下涡旋旋转向下，最后仍由锥顶转变成内涡旋上升排走。而上涡旋则旋转向上，并在顶盖下面形成一个强烈旋转的、浓缩了的粉尘环，气流随后沿排出管旋转下降至底缘，随上升的内涡旋排走。而粉尘环则由筒体壁面上的分离孔口进入旁室，沿螺旋形旁室下降，并返回器体内沿锥体内壁下降至排灰斗中。这样，便提高了分离细尘的能力，有助于消除上涡旋带尘的影响。除尘效率比 XLT/A 型略高。排出管插入深度比普通旋风除尘器浅，故压力损失比普通旋风除尘器少。压力损失系数 CX 型（出口带蜗壳）为 5.8，Y 型为 4.8（国标

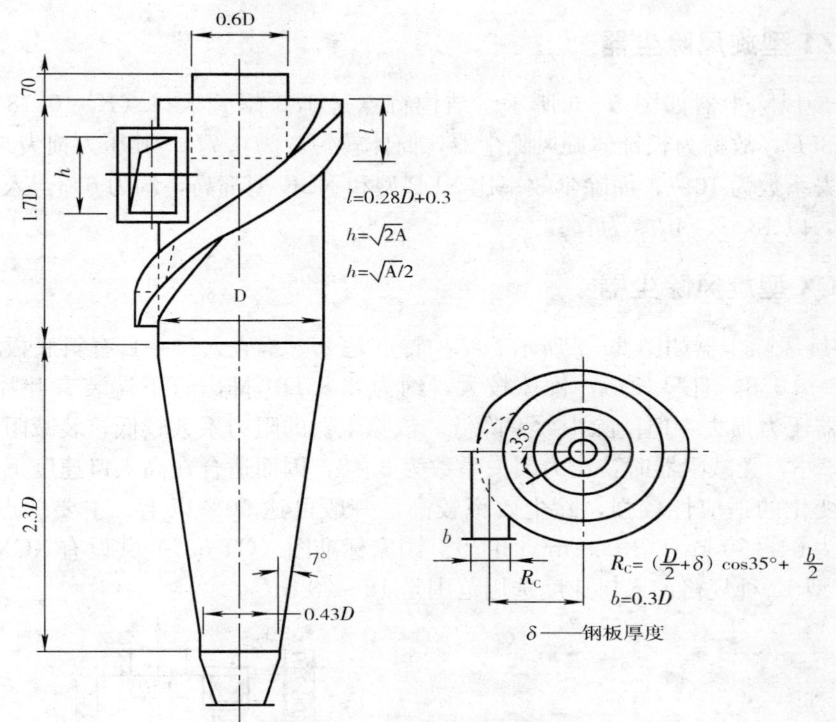

图 5—4 XLP 型旋风除尘器

T504)。规格尺寸共有 XLP－3.0～XLP－10.6 型 7 种，入口速度选用范围为 12～17 m/s。经验表明，旁路积灰或堵塞时，旁路式旋风除尘器的除尘效率会显著降低，因此，实际运行时要及时疏通旁路积灰。

三、XLK 型旋风除尘器

XLK 型旋风除尘器也称扩散式除尘器，如图 5—5 所示。结构特点是 180°蜗壳形入口（K＝0.26），锥体为倒置的，锥体下部有一圆锥形反射屏。当外涡旋旋转到底部时，靠反射屏的作用使绝大部分气流转变为内涡旋。虽然外涡旋在向下旋转过程中，切向速度因旋转半径增大而减小，但因回流区较大，因此压力损失较大，比 XLT/A 型和 XLP 型皆大些，压力损失系数约为 8.5。被分离下来的尘粒随小部分气流从反射屏四周的缝隙落入灰斗中，这一小部分旋转气流由反射屏中心孔上升时，由于反射屏的挡灰作用，避免了灰箱中粉尘再次被带走，这样便提高了除尘效率。据实验，其除尘效率比 XLT/A 型和 XLP 型略高一些，对负荷（气体量）变化的适应性也强一些。由于锥体是向下渐扩的，所以磨损较轻。XLK 型除尘器共有 XLK－1.5～XLK－7.0 型 10 种规格（见 CT533)，其入口速度选用范围以10～16 m/s 为宜。

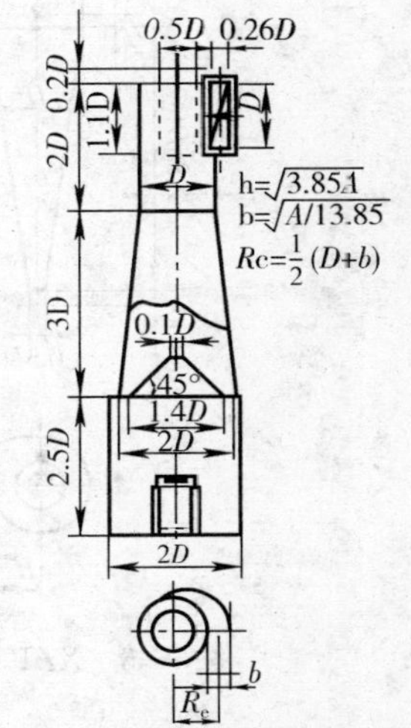

图 5—5 XLK 型旋风除尘器

四、XZT 型旋风除尘器

XZT 型旋风除尘器如图 5—6 所示。结构特点是 180°蜗壳入口（K=0.184），锥体较长，约为 2.85D，故称为长锥体旋风除尘器，筒体较短，为 0.7D。其压力损失与 XLK 型接近，压力损失系数为 10.7，而除尘效率比 XLP 型和 XLK 型都高，约为 6%。入口风速可取 10～16 m/s，以 13～14 m/s 为宜。

五、XCX 型旋风除尘器

XCX 型旋风除尘器如图 5—7 所示。结构特点是 270°蜗壳入口并具有斜底板结构，入口面积小（K=0.058）且呈长形，锥体较大，约为 2.85D，排出管下端装有叶片式减阻器，能减少除尘器压力损失，但使除尘效率降低。该除尘器的阻力系数较低，装减阻器时，压力损失系数为 2.8，无减阻器时，压力损失系数为 3.48，因而适合在高入口速度下运行。该除尘器对负荷变化的适应性较强，除尘效率较高，一般可达 90%以上。主要缺点是体形大，耗钢量大，为 64～70 kg/（1 000 $m^3 \cdot h^{-1}$）。国家标准图（CT 537）共设有 XCX—2.0 型～XCX—13.0 型 12 种规格。入口速度选用范围是 18～28 m/s。

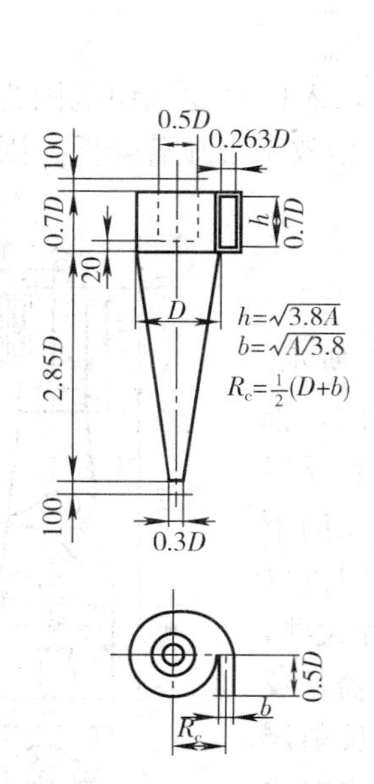

图 5—6　XZT 型旋风除尘器

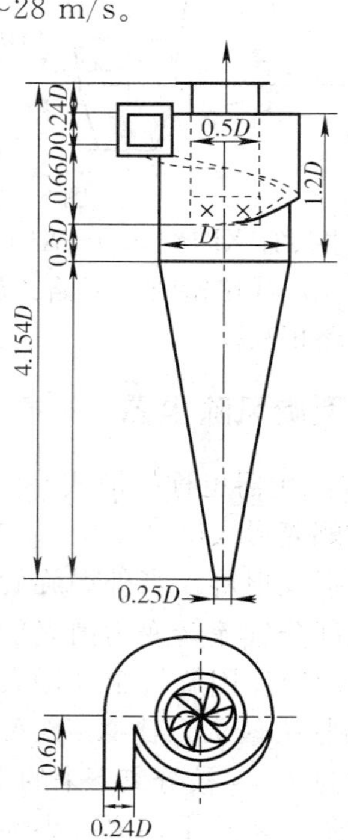

图 5—7　XCX 型旋风除尘器

六、XSW 型旋风除尘器

XSW 型旋风除尘器的结构形式如图 5—8 所示。由蜗壳式大旋风和外接的小旋风组成。含尘气流进入大旋风后，在离心力作用下使粉尘逐渐浓缩在蜗壳的外壁附近，最后随少部分气流（约占 10%）从蜗壳末端的条缝进入外接的小旋风中，在此完成粉尘的分离。净化后气体由导管引至风机调节阀之后，与大旋风排出的主体气体（约占 90%）汇合后进入风机。小旋风的结构类似所谓平面旋风除尘器。大旋风只起浓缩含尘气流的作用，小旋风才是完成最后分离的装置。因此，XSW 型旋风除尘器的总除尘效率取决于大旋风的浓缩效率和小旋风的分离效率，即 $\eta=\eta_{大}\ \eta_{小}$。

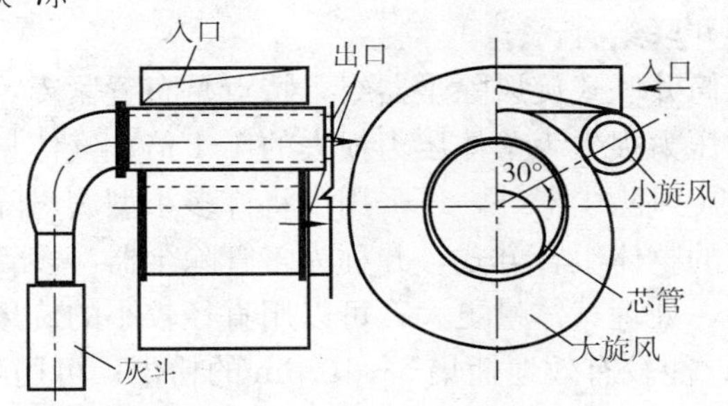

图 5—8 XSW 型旋风除尘器

XSW 型除尘器属于低阻中效型旋风除尘器，除尘效率适中。在实验室条件下，大旋风入口速度为 32 m/s，小旋风入口速度为 15 m/s 时，压力损失为 770 Pa，压力损失系数为 1.2，除尘效率在 80%以上。该除尘器采用引风机调节阀调节气量，使得小旋风进气量（或入口速度）较稳定，从而可保证除尘效率较稳定，提高了对负荷变化的适应性。

XSW 型旋风除尘器按工业锅炉蒸发量 4 t/h、4.5 t/h、6.0 t/h、10 t/h 和 20 t/h 设计了五种规格。钢耗指标为 40～42 kg/（1 000 $m^3\cdot h^{-1}$）。

七、组合式多管旋风除尘器

为了提高除尘效率或增大处理气体量，往往将多个旋风除尘器串联或并联起来使用。当要求除尘效率较高，采用一级除尘不能满足要求时，可将两台或三台除尘器串联起来使用，这种组合方式称为串联式旋风除尘器组合形式；当处理气体量较大时，可将若干个小直径的旋风除尘器并联起来使用，这种组合方式称为并联式旋风除尘器组合形式。

1. 串联式旋风除尘器组合形式

串联除尘器的目的是提高除尘效率，因此越是后段设置的除尘器，气体的含尘浓度越低，细粉尘的含量越多，因而对除尘器的除尘性能要求也越高。所以一般多是将除尘效率不同的旋风除尘器串联起来使用。

图 5—9 所示为同直径不同锥体长度的三级串联式旋风除尘器组，这种方式布置紧凑，阻力损失小。第一级锥体较短，净化粗颗粒粉尘，第二、三级锥体逐次加长，净化较细的粉尘。

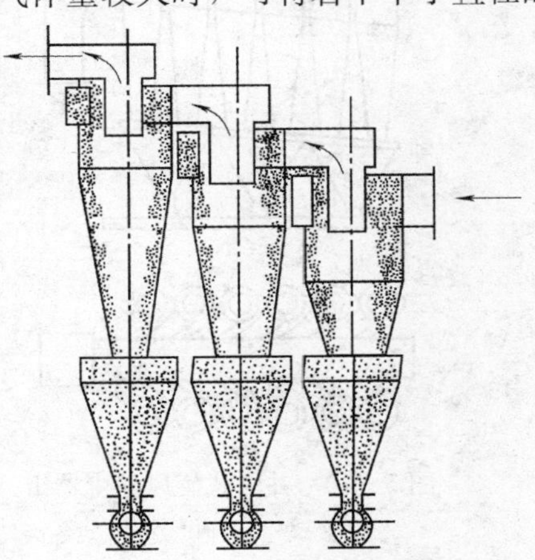

图 5—9 三级串联式旋风除尘器

串联式旋风除尘器的处理气体量取决于第一级除尘器的处理量；总压力损失等于各级除尘器及连接件的压力损失之和，并乘以系数 1.1～1.2。

2. 并联式旋风除尘器组合形式

并联使用的目的主要是增大处理气体量，但在处理气体量相同的情况下，以小直径的旋风除尘器代替大直径的旋风除尘器可以提高除尘效率。为了便于组合和均匀分配风量，通常采用同直径的旋风除尘器并联组合。

图 5—10 所示为十二筒并联式旋风除尘器组，特点是布置紧凑，风量分配均匀，实际应用效果好。并联除尘器的压力损失为单体压力损失的 1.1 倍，气体量为各单体气体量之和。

除了单体组合式并联旋风除尘器外，还采用了将许多小型旋风除尘器（称为旋风子）组合在一个壳体内并联使用的整体组合方式，并称为多管除尘器。多管除尘器较单体组合式的布置更紧凑，外形尺寸小，处理气体量更大；可以用直径较小的旋风子（100 mm、150 mm 及 250 mm）来排列组合，能较有效地捕集 5～10 μm 的粉尘；可用耐磨的铸铁或陶瓷制作，因而允许处理含尘浓度较高（100 g/m^3）的气体。

多管除尘器所用旋风子采用轴向进入式入口形式，排出管外壁设有导向叶片，以造成气流的旋转运动。导向叶片按其结构可分为花瓣式和螺旋式两种。花瓣式叶片角度一般为 25° 或 30°，螺旋式叶片的角度为 25°～35°。

图 5—11 所示为立式多管除尘器的断面。含尘气体引入器体后，经扩散管 4 和配气室 A 均匀地分布于各个旋风子 9 中，通过导向叶片 11 使气流旋转向下，净化后气体从旋风子排出管排出后，经净气室 B 和出口收缩管 5 排出。净化气体即可以由上部排出，也可以由侧面排出。

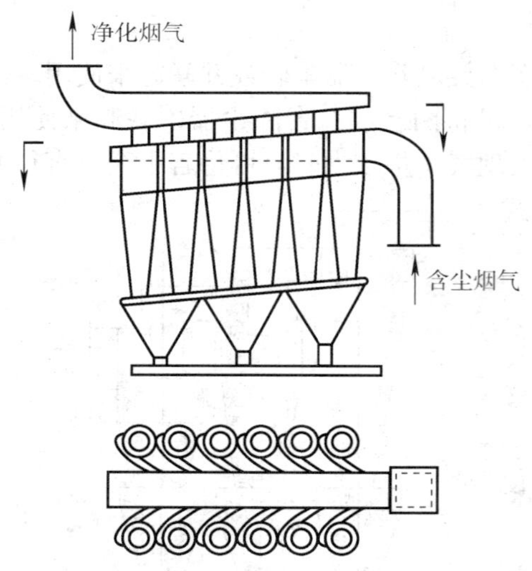

图 5—10　并联式旋风除尘器组

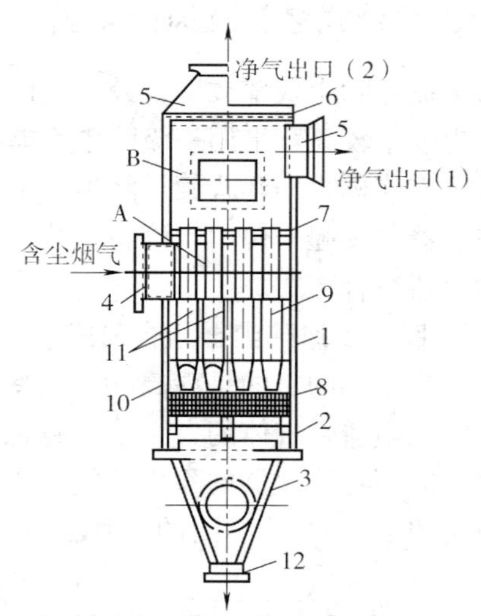

图 5—11　立式多管除尘器

1—外壳　2—支撑部分　3—灰斗　4—气体入口扩散管
5—出口收缩管　6—顶盖　7，8—支撑花板　9—旋风子
10—填料　11—导向叶片　12—排灰口

多管除尘器的净化效率首先取决于旋风子直径 D 和对旋风子筒体断面而言的假想速度 v_D。但直径过小时，易造成堵塞，因此目前应用较广的是直径为 250 mm 的旋风子。净化效率一般是随假想速度的提高而增加，通常取 v_D 为 2.2～5.0 m/s，在接近或超过 5.0 m/s 时，压力损失急增，效率增加甚微。

由于在同一壳体内设有很多旋风子（有的达到数百个），所以使气流均匀地分布到每个旋风子中，是保证效率的关键。这就要求各旋风子的结构尺寸相同，合理设计配气室和净气室，尽可能使通过各旋风子的气流阻力相等。同时，使在顺气流方向的旋风子数不多于 10 排，在垂直气流方向的旋风子数不多于 16 列。为避免气流由一个旋风子串到另一个旋风子中（通常称为串风），每隔六列要在灰斗中设一阻风隔板或单独设灰斗。

多管除尘器和一般旋风除尘器一样，也可以做成立式、卧式和倾斜式等多种结构形式，图 5—12 所示为直流卧式多管除尘器的一种。含尘气流进入器体后，经螺旋导流叶片变成旋转运动，甩向外圆筒壁的粉尘在旋转气流推动下，由后部落入灰斗中，净化后的气体由内圆筒排出。

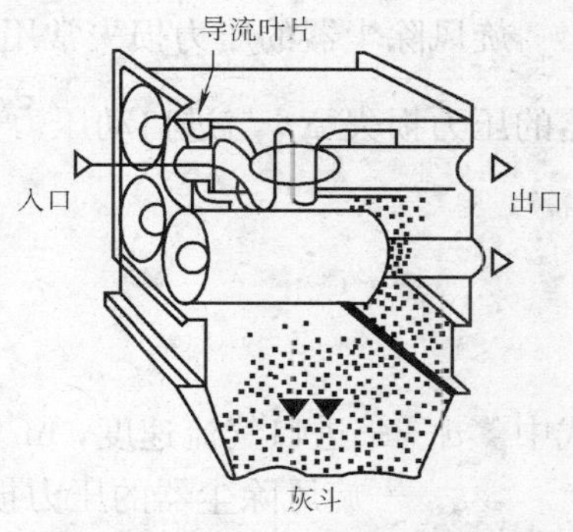

图 5—12　直流卧式多管除尘器

与一般旋风除尘器相比，多管除尘器具有效率高、处理气量大，有利于布置和烟道连接方便等特点。但是，对旋风子制造、安装和装配的质量要求高。目前，锅炉除尘一般用多管除尘器替代单筒旋风除尘器。

第五节　旋风除尘器性能评价

评价旋风除尘器性能，一般用下述 7 项指标：除尘效率、压力损失、耗钢量或处理风量、使用寿命、占地面积、占用空间体积和安装布置难易程度、设备投资和运转管理费用等。其中，除尘效率和压力损失是诸因素中的关键因素，前者说明除尘效果，后者说明能量消耗情况。除尘效率与压力损失的比值越大，除尘器的基本性能越好。根据用途和使用场合的不同，可以进行单项评价，也可以进行综合评价。

一、除尘效率

一般是指额定负荷下的总效率和分级效率。但由于工业设备常在变负荷下运行，有些场合把 70％负荷下的除尘总效率和分级效率作为判别除尘性能的一项指标。从额定负荷下的总效率与 70％负荷下总效率的对比中，可以看出除尘器的负荷适应性。

分级效率是说明除尘器分离能力的一个比较确切的指标。对同一灰尘粒径的分级效率越高，除尘效果越好。在工业测试中，一般把 5 μm、10 μm 和 50 μm 粉尘的分级效率作为衡量旋风除尘器分离能力的一个依据。

旋风除尘器的切割粒径 d_{C50}（或极限粒径 d_{C100}）是分级效率的特例。它们的物理含义是：分级效率为 50％（或 100％）时所对应的灰尘直径。d_{C50} 和 d_{C100} 在某种程度上也能说明除尘器的除尘效率。

二、压力损失

旋风除尘器的压力损失可归纳为三部分。

1. 进口压力损失包括进口管摩擦压力损失和局部压力损失。

2. 旋涡流场的压力损失包括旋风器内因膨胀或压缩而造成的能量损失，气体与器壁摩擦的能量损失，由于旋转运动和涡流而引起的气体间摩擦能量损失和气体与灰尘颗粒的摩擦损失。

3. 出口压力损失包括排气管节流能量损失，各种摩擦能量损失和动能与静压能转换损失等。

旋风除尘器的压力损失常用压力损失系数 ξ 或称阻力系数表示，压力损失系数是指除尘器的压力损失 Δp 与进口动压力$\frac{\rho v_i^2}{2}$之比。即

$$\xi=\frac{\Delta p}{\rho v_i^2/2} \tag{5—2}$$

$$\Delta p=\xi\frac{\rho v_i^2}{2} \tag{5—3}$$

式中 v_i——进口气流速度，m/s；

ξ——旋风除尘器的压力损失系数。

对于同一结构形式的旋风除尘器，其直径 D 的变化对压力损失值影响较小，可认为压力损失系数是不变的。由于压力损失系数的各种理论或经验公式均具有局限性，目前，旋风除尘器的压力损失系数还未有准确的通用计算公式，均通过实验确定。

在气体温度、湿度和压力变化较大时，引起气体密度变化也较大，则必须对旋风除尘器的压力损失进行修正，其修正公式为

$$\Delta p=\Delta p_0\frac{\rho}{\rho_0} \tag{5—4}$$

式中 Δp_0——代表基准状态（$t_0=20℃$，$p_0=101\ 325$ Pa）下干气体的压力损失。

运行工况下的湿气体密度可按式（5—5）等进行换算。

$$\rho=2.696\rho_{Nd}\frac{p-\varphi\cdot p_V}{T}+\varphi\cdot p_V \tag{5—5}$$

式中 φ——湿气体的相对湿度，%；

ρ_{Nd}——干气体密度，kg/m^3；

p_V——绝对饱和湿度，g/m^3。

对于干气体的压力损失修正公式，可由式（5—5）简化成

$$\Delta p=\Delta p_0\frac{T_0p}{Tp_0} \tag{5—6}$$

旋风除尘器的压力损失随气流含尘浓度的增高而有所下降。一般工程设计中均取按干净气流实验所测得的压力损失系数是较安全的。

除尘器的压力损失越小，能量消耗越少。但压力损失小的除尘器，往往效率也低。不同

行业和工艺系统允许除尘器的压力损失值不同，应慎重选择。

三、耗钢量

旋风除尘器的耗钢量是按每小时处理 1 000 m^3 气体，除尘器本身所需要的钢材质量计算的。在除尘效率接近或相等时，耗钢量越低越好。

四、使用寿命

使用寿命与旋风除尘器本身结构特点、耐磨措施以及操作条件有关。延长使用寿命的积极措施是合理组织除尘器内部气流并在内部设抗磨内衬。

第六节 旋风除尘器使用中的注意事项

一、旋风除尘器在选型时应遵循的原则

1. 旋风除尘器净化气体量应与实际处理的含尘气体量基本一致。选择除尘器直径时应尽量小些。如果要求通过的风量较大，可采用若干个小直径的旋风除尘器并联；如果气量与多管旋风除尘器相符，以选多管除尘器为宜。

2. 若没有提供允许的压力损失数据，旋风除尘器入口风速一般取 12～25 m/s。风速过低，其除尘效率下降；风速过高，除尘效率提高不明显，但阻力损失增加，耗电量增高。

3. 根据工况考虑阻力损失及结构形式，尽量减少动力消耗，并注意日后维护的方便。

4. 为使粉尘易于滑动，应注意旋风除尘器的锥角一般为 7°～8°。

5. 当含尘气体温度很高时，要注意保温，避免水分在除尘器内凝结。假如粉尘不吸收水分，露点为 30～50℃时，除尘器的温度最少应高出露点温度 30℃；假如粉尘吸水性较强，如石膏等，露点为 20～50℃时，除尘器的温度应高出露点温度 40～50℃。

6. 旋风除尘器应注意密闭性。尤其是负压操作时，更应注意卸料锁风装置动作的可靠性和关闭的气密性。

7. 当处理易燃易爆粉尘时，通常在入口管道上加设安全防爆阀门以防粉尘爆炸。

8. 当粉尘黏性较小时，旋风筒直径越大，其最大允许含尘质量浓度也越大。

二、使用旋风除尘器应注意的特殊问题

1. 选用气密性好的卸灰阀，保证除尘器下部不漏风，否则会导致除尘效率急剧下降。

2. 并联使用旋风除尘器，应采用同型号，并需合理设计连接风管，使每个除尘器处理的气体量相等，避免除尘器之间产生串流现象，降低效率。为每一除尘器设置单独的集尘阀可以彻底消除串流现象。

3. 一般不宜串联使用旋风除尘器。必须串联使用时，应采用不同性能的旋风除尘器，并将低效者设在前级。

4. 不宜处理黏性大的粉尘。当处理含湿量高的气体时，应防止结露造成黏结。

5. 处理高含尘浓度或磨损性强的含尘气体时，需适当设置耐磨衬里。

参考文献

1. 谭天佑，梁凤珍．工业通风除尘技术．北京：中国建筑工业出版社，1984

2. 王怀宇，郭春明，张辉．大气污染控制技术．北京：中国劳动社会保障出版社，2009

3. 余云进，彭丽娟，陈朝东．除尘技术问答．北京：化学工业出版社环境·能源出版中心，2006

4. 张殿印，王纯．除尘器手册．北京：化学工业出版社，2005

第六章　袋式除尘器

第一节　袋式除尘器的基本原理

袋式除尘器是利用多孔的袋状过滤元件从含尘气体中捕集粉尘的除尘设备，是过滤式除尘器的一种。

袋式除尘器的粉尘排放浓度一般小于等于 30 mg/m³，甚至小于等于 5～10 mg/m³。虽然它是最古老的除尘方法之一，但由于它效率高，性能稳定可靠、操作简单，因而获得越来越广泛的应用。同时，在结构型式、滤料，清灰方式和运行方式等方面也都得到了不断的发展。滤袋形状传统上为圆形，后来又出现了扁袋，在相同过滤面积下获得较小的设备体积。

袋式除尘器主要由过滤元件和清灰装置两部分组成。前者的作用是捕集粉尘；后者则不断清除滤袋上的积尘，保持除尘器的处理能力。通常还设有控制装置，使除尘器按一定程序清灰。另外还有输灰装置等。含尘气体通过滤料时，粉尘阻留在滤料上，形成一次粉尘层，如图 6—1 所示。在此之前，纺织滤料本身的除尘效率不高，通常只有 50%～80%；但多孔的一次粉尘层具有更高的除尘效率，因而对尘粒的捕集起着更为重要的作用。

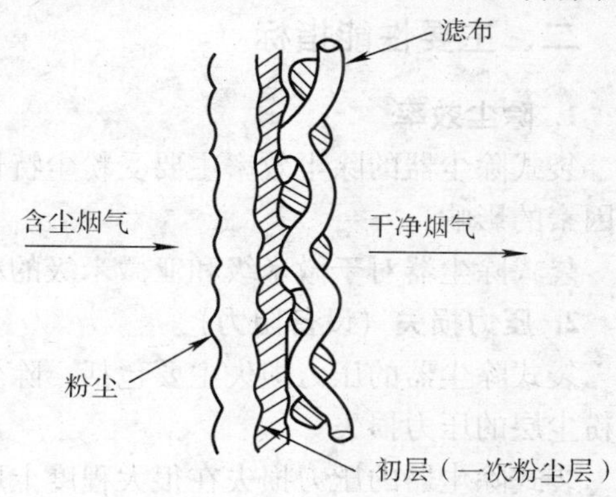

图 6—1　袋式除尘器滤料的捕尘作用原理

针刺毡滤料的出现使袋式除尘器的工作原理出现了变化。被称为三维滤料的针刺毡，具有更细小、分布均匀而且有一定纵深的孔隙结构，能使尘粒深入滤料内部，有着深层过滤的作用。因而在较少依赖粉尘层的条件下，同样能获得很好的捕集效果。

最新的进步是表面过滤技术。它是在滤料表面造成具有微细孔隙的薄层，其孔径小到可使大部分尘粒都被阻留在滤料表面，也就是说直接靠滤料的作用来捕集粉尘。它既不像纺织滤料那样主要依赖粉尘层的过滤作用，也不像针刺毡滤料那样让尘粒进入滤料深层。在获得更高除尘效率的同时，也使清灰变得容易，从而保持较低的压力损失。

当滤袋表面积附的粉尘层厚到一定程度时，便须通过某种途径对滤袋进行清灰，以保证滤袋持续工作所需的透气性。袋式除尘器的工作正是在这种不断滤尘又不断清灰的交替过程中进行的。

第二节　袋式除尘器的性能

一、袋式除尘器的主要特点

1. 除尘效果好，处理微细粉尘的排尘浓度也可远低于国家排放标准。

2. 适应性强，对各种性质的粉尘都有很好的除尘效果，不受比电阻等性质的影响。在含尘浓度很高或很低的条件下，都能获得令人满意的效果。

3. 规格多样，应用灵活。单台除尘器的最小处理风量低于 200 m^3/h，最大超过 5×10^6 m^3/h。

4. 便于回收干物料，没有污泥处理、废水污染以及腐蚀等问题。

5. 随所用滤料耐温性能的不同，可用于从常温到 200℃左右的温度范围内。

6. 在捕集黏性强及吸湿性强的粉尘，或处理露点很高的烟气时，滤袋易被堵塞，需要采取预涂层、保温或加热等防范措施。

7. 主要缺点是某些类型的袋式除尘器存在着压力损失大、设备庞大、滤袋易损坏、换袋困难而且劳动条件差等问题。

二、主要性能指标

1. 除尘效率

袋式除尘器的除尘效率主要受粉尘特性、滤料特性、滤袋上的堆积粉尘负荷、过滤风速等因素的影响。

袋式除尘器对于微米级和亚微米级的粉尘都有很好的除尘效果。

2. 压力损失（设备阻力）

袋式除尘器的压力损失主要包括：除尘器结构的压力损失，清洁滤袋的压力损失，滤袋上粉尘层的压力损失。

袋式除尘器的压力损失在很大程度上取决于过滤风速。除尘器结构、清洁滤袋、粉尘层的压力损失都随过滤风速的提高而增加。

清灰方式也在很大程度上影响着除尘器的压力损失。另外，滤料的结构和表面处理的情况、除尘器的过滤时间等都是影响压力损失的重要因素。

袋式除尘器压力损失主要在于滤袋，而其中的绝大部分在于粉尘层。新滤袋的压力损失通常只有 50～200 Pa，其表面粉尘层的压力损失则可达 500～2 500 Pa。由此可以看出清灰对于袋式除尘器运行良好与否的重要性。

3. 过滤风速

袋式除尘器的性能很大程度上取决于过滤风速的大小。风速过高会使已收集于滤料上的粉尘层压实，阻力急剧增加。由于滤料两侧的压差增加，使粉尘颗粒渗入到滤料内部，甚至透过滤料，造成出口含尘浓度增加。

袋式除尘器的过滤风速与清灰方式、清灰制度、粉尘特性、滤料特性、入口含尘浓度等因素有着密切的关系。这些因素的影响程度由前往后逐渐减弱。

在下列条件下可以选取较高过滤风速：采用强力清灰方式，清灰周期较短，粉尘颗粒较大、黏性小，处理常温烟气，采用针刺毡滤料或表面过滤材料，入口含尘浓度较低。

4. 经济性

决定袋式除尘器经济性的主要因素是过滤风速、清灰方式、滤料种类及其使用寿命。

第三节　袋式除尘器的分类

一、按袋式除尘器的清灰方式分类

1. 机械振动类袋式除尘器

这是利用机械（含手动、电磁或气动）装置使滤袋产生振动而清灰的袋式除尘器。振动可以是垂直、水平、扭转或组合等方式，振动频率有高、中、低之分。滤袋清灰时一般停止过滤。该种除尘器有间歇工作的非分室结构形式，也有可连续工作的分室结构并顺次逐室清灰的形式。有的还辅以反向气流。

图 6—2 所示为垂直振打清灰装置，要求除尘器设计成若干个独立的仓室，清灰则是逐室进行。由电动机和减速机构带动传动轴上的凸轮和拨叉，依次将各仓室滤袋的吊架向上提起和突然落下，滤袋得以抖动，滤袋表面的粉尘脱落。振打的同时，该仓室的排气阀关闭，切断含尘气流通道，反吹阀开启，室外空气借助负压从反方向吹入滤袋内，促进滤袋清灰。

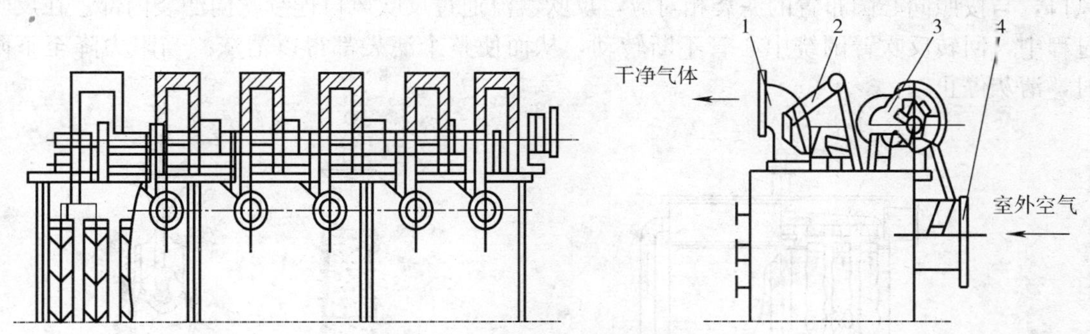

图 6—2　垂直振打清灰装置

1—净气出口　2—排气阀　3—振打机构　4—反吹阀

机械振动方式的清灰能力与粉尘性质有关，一般适用于易清灰的粉尘，而且处理风量不大的场合。

2. 分室反吹类袋式除尘器

利用与过滤气流相反的气流，使滤袋形状发生变化，粉尘层受挠曲力和屈曲力的作用而脱落。图 6—3 所示为典型的分室反吹清灰方式。气流反吹清灰基本上采用分室工作制度。反向气流可由除尘器前后的压差产生，或由专设的反吹风机供给。某些反吹清灰装置设有产生脉动作用的机构，造成反向气流的脉动作用，以增加清灰能力。

反吹气流在整个滤袋上的分布较为均匀，振动也不剧烈，对滤袋的损伤较小。其清灰能力在各种方式中最弱，允许的过滤风速较低，设备压力损失较大。

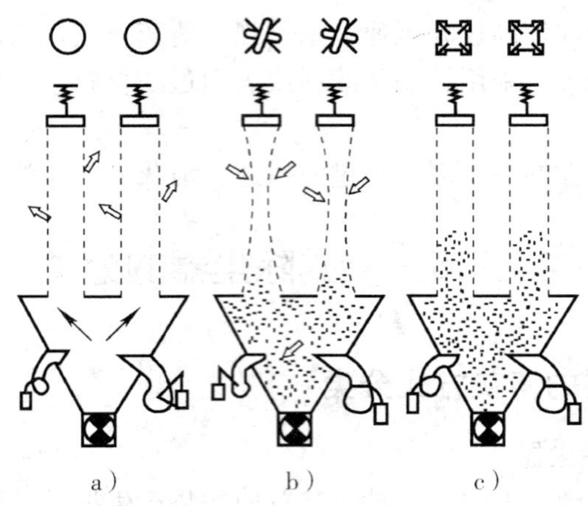

图 6—3　气流反吹清灰方式

a）过滤　b）反吹　c）沉降

3. 喷嘴反吹类袋式除尘器

以高压风机或气体压缩机提供反吹气流，通过移动的喷嘴进行反吹，使滤袋变形抖动，并通过反吹气流穿透滤料而清灰的袋式除尘器。这种除尘器均为外滤、非分室结构。

具有代表性的回转反吹清灰装置由高压风机、中心管、回转反吹臂、回转机构等组成，如图 6—4 所示。由高压风机产生的反吹气流通过中心管送到回转反吹臂。反吹臂上有反吹风口，与按照同心圆布置的滤袋相对应，反吹气流通过反吹风口连续吹向滤袋内部。在反吹过程中，回转反吹臂围绕中心管不断转动，从而使整个滤袋都得以清灰。当阻力降至下限时，清灰停止。

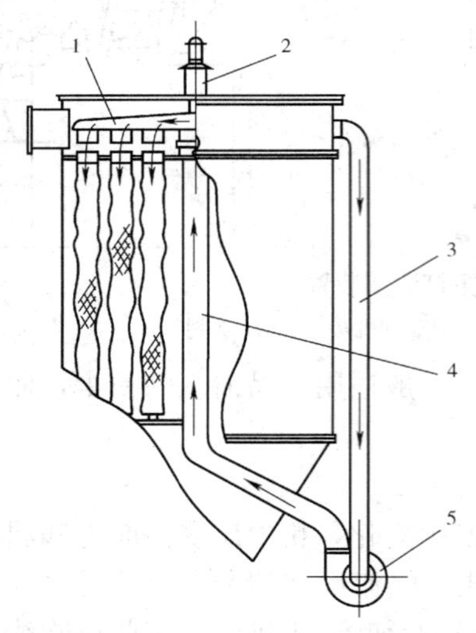

图 6—4　回转反吹清灰装置

1—回转反吹臂　2—回转机构　3—吸气管

4—中心管　5—反吹风机

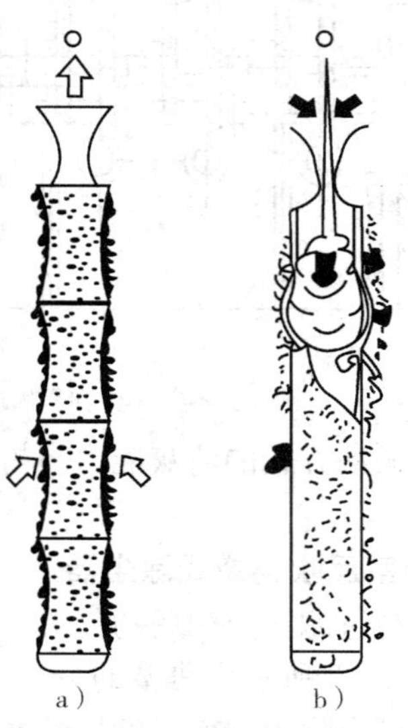

图 6—5　脉冲喷吹清灰

a）过滤　b）喷吹

一种改进的回转反吹装置省去了贯通除尘器整个箱体的中心管，将风机置于袋式除尘器的顶部，直接从净气室吸取干净气体送往回转反吹臂。

气环反吹袋式除尘器也是这类袋式除尘器的一种，但应用甚少。

4. 振动反吹并用类袋式除尘器

机械振动（含电磁振动或气动振动）和反吹两种清灰方法并用的袋式除尘器，均采取分室结构。

5. 脉冲喷吹类袋式除尘器

以压缩气体为清灰动力，利用脉冲喷吹机构在瞬间内放出压缩气体，诱导数倍的二次气体高速射入滤袋，造成袋内较高的压力峰值和较高的压力上升速度，使袋壁获得很高的向外加速度，从而清落粉尘的袋式除尘器，如图 6—5 所示。

喷吹时，虽然被清灰的滤袋不起过滤作用，但因喷吹时间很短，而且清灰的滤袋只占很小的部分，因此可不取分室结构。也有采用停风喷吹方式，对滤袋逐箱进行清灰，箱体便需分隔，但通常只将净气室做成分室结构。

脉冲喷吹方式的清灰能力最强，清灰效果最好，可允许通入高过滤风速，并保持低的压力损失，近年来发展迅速，应用领域和市场份额迅速增加。

二、按袋式除尘器的入风方式分类

按袋式除尘器的入风方式可分为上进风式袋式除尘器、下进风式袋式除尘器。

三、按所用滤袋形状分类

可分为圆袋袋式除尘器和异形袋袋式除尘器（异形袋包括平板形扁袋、楔形扁袋、菱形袋、椭圆形袋、扁圆形袋、人字形袋等）。

四、按滤袋的滤尘方向分类

可分为内滤式袋式除尘器和外滤式袋式除尘器。

五、按除尘器内压力分类

可分为吸出式袋式除尘器（除尘器内为负压）和压入式袋式除尘器（除尘器内为正压）。

以上分类方式中，最常用的是按清灰方式分类。

第四节　常用袋式除尘器的结构

常见的袋式除尘器结构如下。

一、脉冲袋式除尘器

1. 中心喷吹脉冲袋式除尘器（传统型式）

中心喷吹脉冲袋式除尘器的结构如图 6—6 所示。含尘气体由箱体下部（或上部）进入，粉尘阻留在滤袋外表面，干净气体穿过滤袋壁进入袋内，然后由上箱体排出。清灰时，脉冲阀受控制器的指令而开启，稳压气包中的压缩空气经喷吹管上的喷孔喷出，并借助位于袋口的文丘里管引射器诱导数倍的气体一同进入滤袋，使袋壁获得向外的冲力和加速度，从而清落粉尘。各脉冲阀依次喷吹，每个阀喷吹时间为 0.1～0.2 s。清灰时不需隔断含尘气流，可以连续过滤。

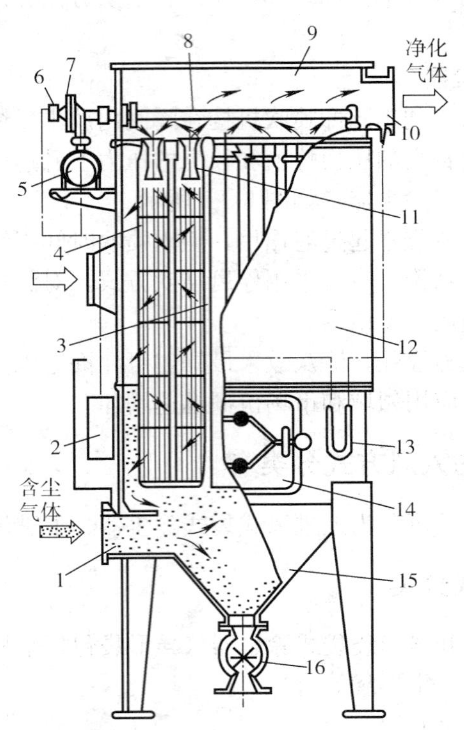

图 6—6　中心喷吹脉冲袋式除尘器结构示意图

1—进风口　2—控制仪　3—滤袋　4—滤袋框架　5—气包　6—控制阀
7—脉冲阀　8—喷吹管　9—净气箱　10—净气出口　11—文丘里管
12—中箱体　13—U 形压力计　14—检修门　15—集尘斗　16—排灰装置

中心喷吹脉冲袋式除尘器的主要特点如下：

(1) 过滤风速高，因而设备紧凑，造价低。

(2) 设备阻力低，过滤能耗小。

(3) 除尘器内活动部件少，维修工作量小。

(4) 喷吹时压缩空气压力高，需 0.5～0.6 MPa，清灰能耗高。

(5) 滤袋较短，为 2～2.6 m，处理风量大时，失去了占地面积小的优点。

(6) 脉冲阀数量多，膜片质量欠佳时，维修频繁。

(7) 早期的产品需人进入箱体换袋，操作条件差。现改为上揭盖结构，但仍未完全解决换袋时工人受粉尘危害的问题。

(8) 不宜用于风量大的条件下。

2. 低压喷吹脉冲袋式除尘器

低压喷吹脉冲袋式除尘器的主要构造与中心喷吹脉冲袋式除尘器大致相同（见图 6—7）。其主要特征在于：将原有的单膜片直角式脉冲阀改进为淹没式脉冲阀，并增大喷吹管直径；以喷嘴取代传统的喷孔，喷嘴直径适当扩大，从而降低喷吹压力。

与一般脉冲袋式除尘器不同，该种除尘器采取上进风方式，进风口设在靠近花板的位置，含尘气体由中箱体上部进入，沿导流板流向滤袋顶部，再流向滤袋。气流在箱体内部形成由上向下流动的态势，有利于粉尘沉降，减少粉尘再次附着的现象，从而有利于降低设备阻力。导流板还有防止气流直接冲刷滤袋的作用。

滤袋与花板之间用软质填料保持密封，并用楔销压紧。上盖也用楔销压紧，可以方便地揭开。喷吹管与稳压气包之间采用软连接，换袋时可将喷吹管竖起，将滤袋连同引射器和框架向上抽出，在除尘器外将框架从滤袋中抽出，然后更换上新滤袋。

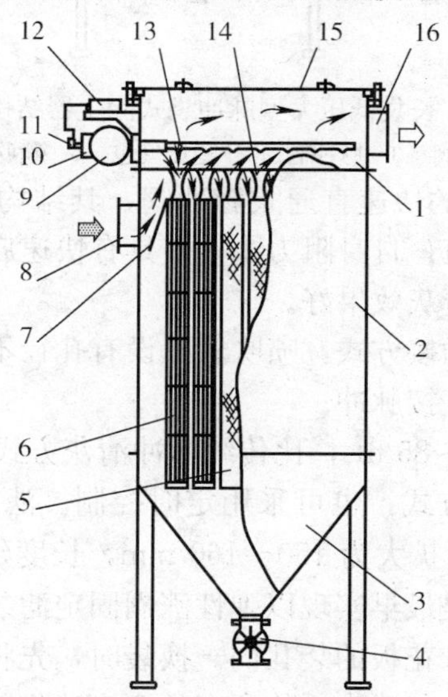

图 6—7　低压喷吹脉冲袋式除尘器结构示意图

1—上箱体　2—中箱体　3—下箱体　4—排灰阀　5—滤袋　6—滤袋框架
7—导流板　8—进风口　9—稳压气包　10—淹没式脉冲阀　11—电磁阀
12—脉冲控制仪　13—喷吹管　14—文丘里管　15—顶盖　16—排风口

低压脉冲喷吹袋式除尘器的主要特点如下：

（1）喷吹压力低，为 0.2～0.3 MPa，相当于高压喷吹压力的 1/3～1/2。

（2）含尘气流在箱体内的流动方向与粉尘沉降方向一致，减少了粉尘再次附着现象，因而设备阻力较小。

（3）拆换滤袋较为方便。

3. 长袋低压脉冲袋式除尘器

长袋低压脉冲袋式除尘器是为全面克服脉冲型传统袋式除尘器的各项缺点而推出的新一代脉冲袋式除尘设备，其结构如图 6—8 所示。含尘气体由中箱体下部引入，被挡板导向中箱体上部进入滤袋。净气由上箱体排出。

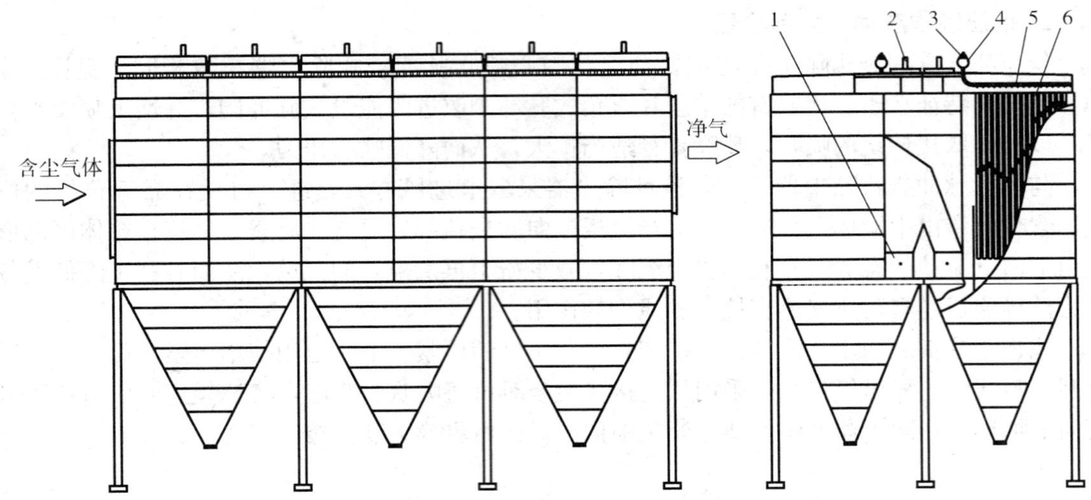

图 6—8　长袋低压大型脉冲袋式除尘器结构示意图

1—进气阀　2—离线阀　3—脉冲阀　4—稳压气包　5—喷吹管　6—滤袋及袋笼

清灰装置配有口径 80 mm 的快速直通式脉冲阀，其结构和尺寸经大量试验优选，具有合理设计的节流通道和卸压通道，自身阻力小，并具有快速启闭的性能，因而能在最短的时间内释放最大量的压缩气体，清灰效果好。

脉冲阀与喷吹管的连接取插接方式。喷吹管上设有孔径不等的喷嘴，对准每条滤袋的中心。袋口不设引射器，故称为直接脉冲。

脉冲阀每次喷吹时间为 65～85 ms，比传统脉冲清灰方式短 50%，能产生更强的清灰能力。清灰一般采用定压差控制方式，也可采用定时控制。滤袋直径为 120～130 mm，长度为 6 m，根据需要，滤袋直径可扩大为 150～160 mm，长度延长至 8 m。

长袋低压脉冲袋式除尘器是最早实现以弹性涨圈固定滤袋的设备类型。依靠装在袋口的弹性涨圈和鞍形垫，将滤袋嵌入花板的袋孔内。换袋时，先将袋笼抽出，然后将袋口捏扁成凹形，并将含尘滤袋由袋孔投入灰斗中，待所有的含尘滤袋都投入灰斗后，由灰斗的检查门集中取出。安装滤袋时，先将滤袋的底部和中部放入花板的袋孔，当袋口接近花板时，将袋口捏扁成凹形，并将鞍形垫形成的凹槽贴紧花板袋孔的边缘，然后逐渐松手，袋口随之恢复成圆形，最后完全镶嵌在花板的袋孔中，再将袋笼插入。

长袋低压大型脉冲袋式除尘器有以下特点：

（1）喷吹装置自身阻力小，脉冲阀启闭迅速，因而喷吹压力低至 0.15～0.2 MPa，喷吹时间短促。

（2）滤袋长度为 6～8 m，占地面积小。

（3）设备压力损失低，且清灰能耗大幅度下降，因而运行能耗低于反吹清灰袋式除尘器。

（4）滤袋拆换方便，工人与含尘滤袋接触短暂，操作条件好。

（5）同等条件下，脉冲阀数量只有传统脉冲清灰的 1/7，维修工作量小。

长袋低压脉冲袋式除尘器有单机、单排结构、双排结构三种系列。

为减缓脉冲喷吹后存在的粉尘再次黏附现象以及满足用户离线检修的需要，开发了停风（即离线）清灰的长袋低压大型脉冲袋式除尘器，如图 6—9 所示。它将上箱体分隔成若干小室，分别设有停风阀。当脉冲阀喷吹时，预先关闭该室停风阀，中断含尘气流，进一步改善了清灰效果。该除尘器广泛用于粉尘细、轻、黏的场合。

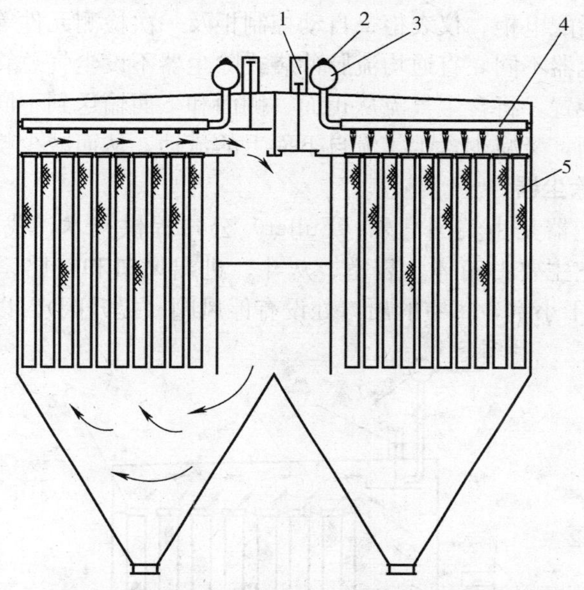

图 6—9　停风清灰长袋低压大型脉冲袋式除尘器结构示意图

1—停风阀　2—脉冲阀　3—稳压气包　4—喷吹管　5—滤袋

4. 直通均流脉冲袋式除尘器

直通均流脉冲袋式除尘器结构如图 6—10 所示，由上箱体、喷吹装置、中箱体、灰斗和支架、自控系统组成。

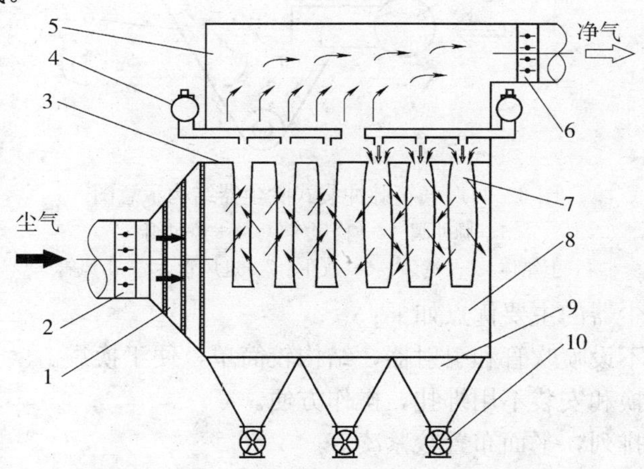

图 6—10　直通均流脉冲袋式除尘器结构示意图

1—进口变径管及气流分布装置　2—进口烟道阀　3—花板　4—喷吹装置
5—上箱体　6—出口烟道阀　7—滤袋和滤袋框架　8—中箱体　9—灰斗　10—卸灰装置

上箱体包括花板、滤袋、滤袋框架、净化烟气出口及阀门等。

喷吹装置包括稳压气包、脉冲阀、喷吹管等。喷吹装置安装在上箱体内。

中箱体包括尘气进口变径管、气流分布装置等。滤袋吊挂在中箱体空间内。

灰斗设有卸灰装置、料位计、振动器等，用于收集和排卸粉料。

自动控制系统包括配电柜、仪表柜、自动控制柜及一次检测元件等。

与常规的袋式除尘器不同，直通均流脉冲袋式除尘器不设尘气总管和支管，而是在进口变径管内设气流分布装置，将含尘气流从正面、侧面和下面输送到不同位置的滤袋，既避免含尘气流对滤袋的冲刷，又减少含尘气流自下而上的流动，从而减少粉尘的再次附着。

5. 气箱脉冲袋式除尘器

气箱脉冲袋式除尘器是由美国富乐（Fuller）公司提供技术，我国建材行业引进生产的，产品代号 PPC。它主要由箱体、袋室、灰斗、进出风口和气路系统等组成（见图 6—11）。上箱体分隔成若干小室，每室的出口处设有停风阀（提升阀），以实现停风清灰。

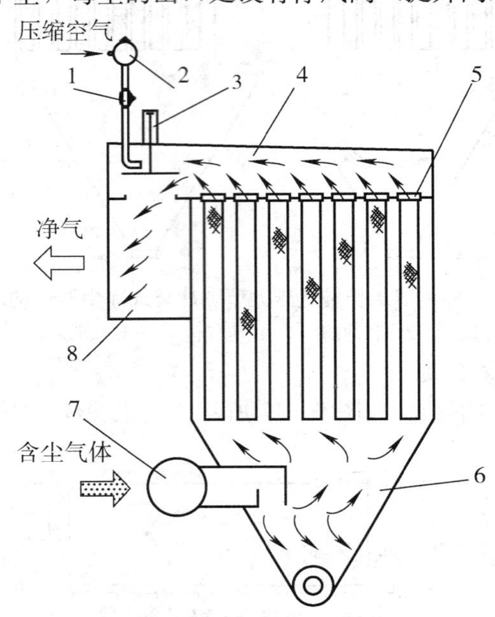

图 6—11　气箱脉冲袋式除尘器结构示意图

1—脉冲阀　2—稳压气包　3—停风阀

4—上箱体　5—滤袋　6—灰斗　7—进风管　8—出风管

气箱脉冲袋式除尘器的主要优点如下：

第一，清灰装置不设喷吹管和引射器，结构较简单，便于换袋。

第二，滤袋的拆换和安装不用绑扎，操作方便。

第三，滤袋交错排列，平面布置较紧凑。

第四，脉冲阀数量较少，在膜片使用寿命相等的条件下，维修工作量小。

主要缺点有：

第一，喷吹所需的气源压力高。

第二，仓室内各袋的清灰强度差别大，滤袋之间清灰效果不均。

第三，清灰能量不能被充分利用，因而设备阻力高于其他类型的脉冲袋式除尘器（通常为 1 470 Pa）。

第四，滤袋长度较短（2 540 mm 和 3 150 mm），占地面积较大，且不适于处理大风量烟气。

6. 回转管喷吹脉冲袋式除尘器

回转管喷吹脉冲袋式除尘器由灰斗、中箱体（尘气室）、上箱体（净气室）以及喷吹清灰装置组成。一台除尘器包含若干个过滤单元，每个单元有数百至上千条滤袋，沿着多个同心圆布置（见图 6—12）。滤袋呈扁圆形，其等效圆直径为 127 mm，长度为 8 m。采取外滤形式，固定在中箱体上沿的花板上。滤袋内部有形状相同的滤袋框架支撑。框架通常分为三节，便于拆卸和安装。

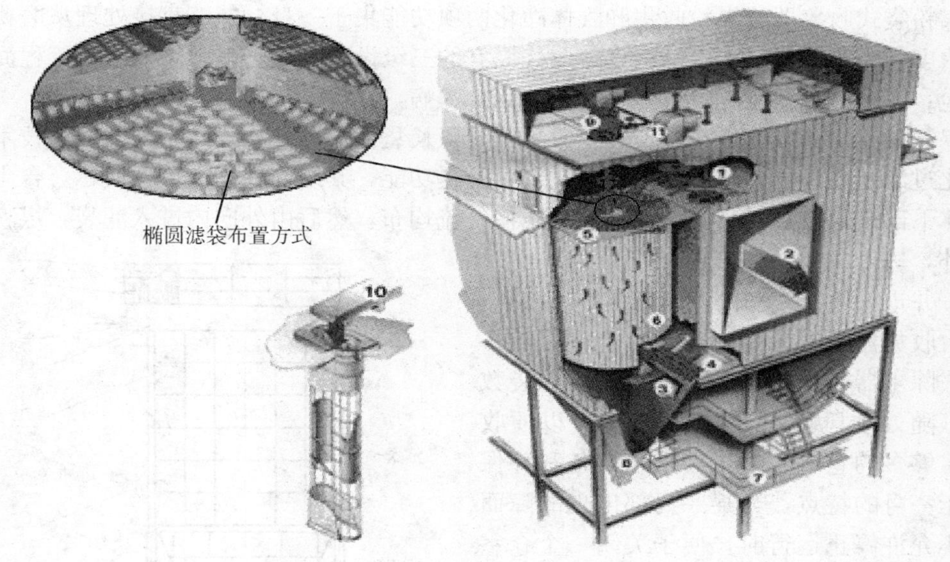

图 6—12　回转管喷吹脉冲袋式除尘器的滤袋布置

含尘气体进入中箱体，并由外向内进入滤袋，粉尘被阻留在滤袋外表面，干净气体在袋内向上汇集至上箱体，进而排至出口烟道。滤袋的清灰由脉冲喷吹装置实现。清灰装置由储气罐、脉冲阀、喷吹管、旋转机构组成。一个过滤单元有 2～4 根喷吹管，由一个脉冲阀供气。旋转机构带动喷吹管连续转动，脉冲阀则按照设定的间隔进行喷吹，在一个周期内对全部滤袋进行清灰。

除尘器清灰由 PLC 系统控制，有定压差、定时两种控制方式。通常采用定压差清灰方式，除尘器阻力达到上限值时，开始清灰，当阻力下降至下限值时，清灰停止。

回转管喷吹脉冲袋式除尘器的特点如下：

（1）脉冲喷吹所需的气源压力低，通常小于等于 0.09 MPa。

（2）脉冲阀数量少，一台处理风量为（160～170）$\times 10^4$ m^3/h 的设备，只有 8 个（或

12个）脉冲阀，维护工作量小。

（3）滤袋长度可达8 m以上，且采用扁圆形断面，占地面积小。

（4）与其他脉冲袋式除尘器相比，增加了机械活动部件，有一定维修工作量。

（5）由于滤袋为同心圆布置，位于内圈和外圈的滤袋清灰频率相差数倍，喷吹管的喷嘴在每次喷吹时难以对准每条滤袋的中心，所以会影响喷吹的有效性。宜用于粉尘剥离性能较好的条件。

7. 防爆、节能、高浓度煤粉脉冲袋式收集器

许多工业部门存在煤磨系统。原煤在磨机中一边烘干一边磨细，成品煤粉由气体带出磨机，并由气固分离设备收集。磨机尾气含尘浓度最高可达1 400 g/m³，传统的收尘工艺设有三级（或两级）收尘设备，有的系统由于阻力高，还须设置两级风机。因此，收尘流程复杂，普遍存在着污染严重、安全性差、能耗高、故障多、运转效率低等弊病。防爆、节能、高浓度煤粉袋式收集器将煤粉收集和气体净化两项功能集于一身，能够直接处理从磨粉机排出的高浓度含尘气体，从而以一级设备取代原有的三级设备，使磨粉系统的收尘流程简化为一级收尘、一级风机的系统，革除了传统流程的弊病，并提高了成品煤粉的回收率。

防爆、节能、高浓度煤粉脉冲袋式收集器是以长袋低压脉冲袋式除尘器的核心技术为基础，强化过滤能力，强化清灰能力，强化安全防爆功能，其结构如图6—13所示。含尘气体由中箱体下部进入收集器，经缓冲区的作用使气流均布，然后由外向内进入滤袋，煤粉被阻留在袋外，进入袋内的净气由上部的袋口汇入上箱体，并进而通过气动停风阀排出。

一台收集器通常分隔成若干个仓室，与一般的袋式除尘器相比，每个仓室设置的滤袋数量较少（随处理风量的不同而变化），以便收集器有足够多的仓室。由于其生产设备和环保设备集于一身的特点，当某一局部出现故障而生产又不允许停止运行时，便于关闭一个仓室而不影响生产。

高浓度袋式收集器可直接处理浓度1 400 g/m³的含尘气体，并使之达标排放；同时具有强劲的清灰能力，从而保持较低的设备阻力（≤1 400 Pa）；此外，从整体结构、滤料选择、清灰控制、运行参数确定和自动监控、故障监控和报警等多方面采取安全防爆措施，在每一仓室的中箱体设泄爆阀，保障收尘设备和系统安全运行。

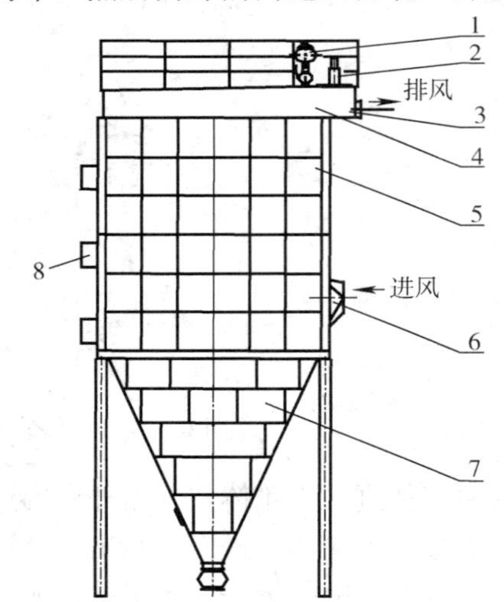

图6—13 高浓度煤粉脉冲袋式收集器结构示意图
1—喷吹装置 2—气动停风阀 3—排风口 4—上箱体
5—中箱体 6—进风口 7—灰斗 8—泄爆门

8. 高炉煤气脉冲袋式除尘器

高炉煤气脉冲袋式除尘器以长袋低压脉冲袋式除尘器的核心技术为基础。其箱体呈圆筒形（见图6—14），并设计成耐压和防爆结构，以适应煤气的正压条件。荒煤气由中箱体下部（或灰斗）进入，经气流分布装置均布。净煤气由上箱体排出。上箱体有足够的高度，可在其中拆换滤袋。

滤袋呈行列布置，因而各列的滤袋数量互有差别。

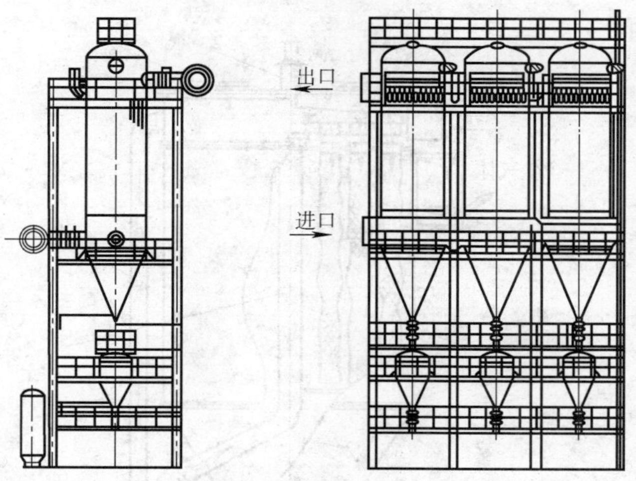

图 6—14 高炉煤气脉冲袋式除尘器

清灰方式为低压脉冲喷吹，清灰压力为 0.15～0.2 MPa，清灰气源通常为氮气，在缺乏氮气的场合，可将净煤气加压后作为清灰气源。

高炉煤气脉冲袋式除尘器设计的基本要求是防燃防爆，防止煤气泄漏。为此，采取了各项防爆措施：选用防静电滤料，箱体上部设防爆阀，箱体静电接地，箱体内消除任何可能积灰的平台和死角，对煤气温度和含氧量进行监控。

除尘器的卸灰借助“三阀加中间仓”的装置，包括两个球阀、一个星形阀、一个中间仓。

滤料多采用 P84 与超细玻纤复合针刺毡。滤袋长度一般为 6 000～7 000 mm，最长达 8 000 mm。滤袋框架通常制作成 2～3 节结构。

随着高炉煤气脉冲袋式除尘器由小型高炉向中型、大型高炉推广应用，筒体走向大型化，直径由 2 600 mm 增大到 6 000 mm。通常多个筒体并联使用，每个筒体进口和出口都装设调节阀和截止阀，可以将任何一个筒体关闭进行离线检修，并可实现离线清灰。

高炉煤气脉冲袋式除尘器有以下特点：

(1) 除尘效果好，净煤气含尘浓度可低于 5～10 mg/m^3，显著延长热风炉使用寿命。

(2) 运行稳定可靠，无论过滤或者清灰都可长期保持良好的效果。

(3) 多筒体并联，可实现不停机检修，不会影响生产。

(4) 不降低煤气温度和热值，并可提高煤气余压发电约 40%，节能效果好。

(5) 收集的煤气灰为干灰，有利于综合利用，而且没有废水污染和污泥处理问题。

二、机械回转反吹袋式除尘器

机械回转反吹袋式除尘器的筒体呈圆形，可分成清洁仓、中筒体和集尘斗三部分（见图 6—15）。含尘气体由中筒体的下部或上部沿切线方向进入，过滤后的干净气体进入滤袋内，经由滤袋上口至清洁仓排出，粉尘被阻留在滤袋的外表面。滤袋断面为梯形或椭圆形，沿若干个同心圆布置。袋内有与滤袋同样形状的框架支撑。

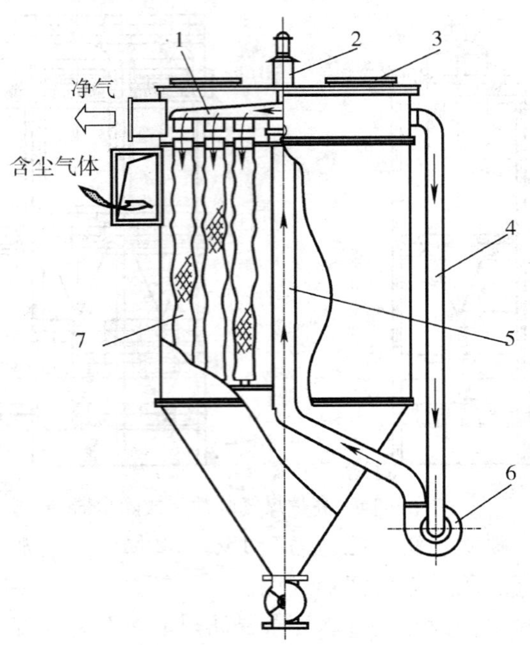

图 6—15　机械回转反吹袋式除尘器示意图

1—回转反吹臂　2—回转机构　3—人孔

4—吸气管　5—中心管　6—反吹风机　7—滤袋

滤袋清灰气源由高压离心风机提供，通过回转臂上的风口将气流送入滤袋并使其断面形状发生变化，从而清落粉尘。回转臂通常匀速回转，并连续将反吹气流送入滤袋。

机械回转反吹袋式除尘器的主要特点如下：

第一，采用扁袋可充分利用筒体断面，占地面积较小。

第二，自身配备反吹风机，不需另配清灰动力，便于使用。

第三，每一时刻只有 1～2 条滤袋处于清灰状态，不影响总体的过滤功能，有利于实现稳定的工况。

第四，箱体为圆筒形，刚性较好。

三、分室反吹袋式除尘器

分室反吹袋式除尘器主要由箱体、滤袋、灰斗、反吹风管道、阀门以及进气和排气管道组成。典型的分室反吹袋式除尘器多取内滤形式。滤袋下部开口，固定在箱体底部的花板上；上部封顶，吊挂在箱体的顶部。为防止滤袋在清灰时过分收缩，通常沿滤袋长度方向设若干防缩环。

含尘气体由灰斗进入，并自下而上进入滤袋，粉尘被阻留在滤袋内表面，过滤后的气体由内向外穿过滤袋，从排风管道排出。

分室反吹袋式除尘器有负压和正压两种形式（见图 6—16 和图 6—17）。无论哪种形式，通常都设有若干仓室，清灰是各仓室轮流进行。每个仓室都设有烟气阀门和反吹阀门。某仓室清灰时，其出口阀门关闭，而反吹阀门开启，来自室外大气或反吹风机的反吹气流便因负压的作用而进入箱体，并且由外向内地透过滤袋，使滤袋收缩。积附于滤袋内壁的粉尘层由于挤压和变形而脱离滤袋，落入灰斗。携带部分粉尘的清灰气流则在袋内向下流动，并经由袋口到达灰斗，然后通过进风支管和总管进入其他箱体，掺混到含尘气体中。反吹结束后，出口阀门开启，而反吹阀门关闭，该仓室又恢复过滤，下一个箱体则开始清灰。

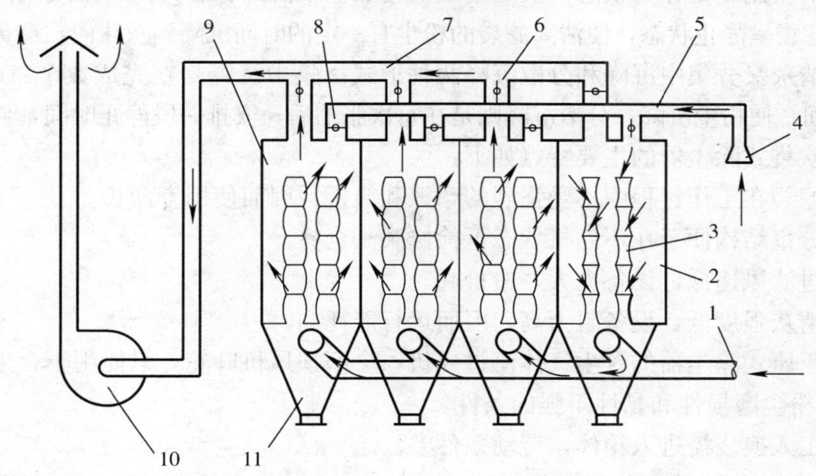

图 6—16　负压式反吹风袋式除尘器结构和原理

1—含尘气体管道　2—清灰状态的袋滤室　3—滤袋　4—反吹风吸入口
5—反吹风管　6—净气出口阀　7—净气排气管　8—反吹阀
9—过滤状态的袋滤室　10—引风机　11—灰斗

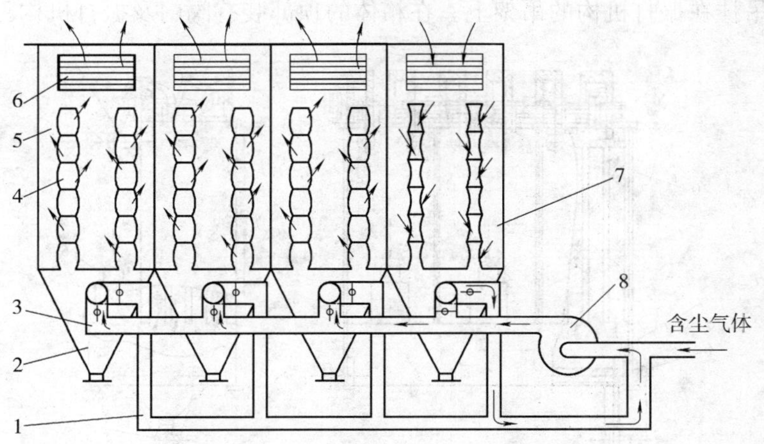

图 6—17　正压式反吹风袋式除尘器结构和原理

1—反吹风管　2—灰斗　3—含尘气体管道　4—滤袋
5—过滤状态的袋滤室　6—百叶窗　7—清灰状态的袋滤室　8—主风机

用于清灰的气流可以取自大气，也可取自净化气。当除尘器之前的负压足以克服滤袋和反吹管路阻力（例如－2 000 Pa）时，系统可不设反吸风机；反之，则应在反吹风管道上增设反吸风机。

反吹清灰有“二状态”（过滤—清灰）或“三状态”（过滤—清灰—沉降）两种制度。各种清灰程序都可由自动控制系统来实现。

二状态清灰是使滤袋交替地缩瘪和鼓胀，通常一次清灰重复进行两个缩瘪和鼓胀过程。

三状态清灰制度是在二状态清灰的基础上增加一个沉降状态，此时烟气阀门和反吹阀门都被关闭，滤袋呈静止状态，使清离滤袋的粉尘有一定的时间沉降到灰斗内，避免二次扬尘。

三状态清灰又分集中沉降和分散沉降两种形式。集中沉降是在完成数个二状态清灰后，集中一段时间，使粉尘沉降；分散沉降则是在每次胀缩后，安排一段静止时间，使粉尘沉降。

分室反吹袋式除尘器的主要特点如下：

第一，滤袋在工作过程中不受强烈的摩擦和皱折，因而使用寿命长。

第二，分室结构便于在不停机状态下检修某一仓室。

第三，过滤风速低，设备庞大，造价高。

第四，清灰强度低，设备阻力高，因而运行能耗高。

第五，正压式除尘器的含尘气体流过风机，会磨损风机叶轮，只能用于含尘浓度小于等于 3 g/m^3、粉尘磨损性和黏性不强的条件。

第六，工人换袋需进入箱体，劳动条件差。

四、机械振打袋式除尘器

机械振打袋式除尘器（见图 6—18）主要由箱体、灰斗和振打机构等组成。由于清灰的需要，除尘器分设若干仓室。置于仓室内的滤袋下端开口，固定于仓室下部的底板上，以帽盖封闭的上端吊挂在振打机构的吊架上。在箱体的顶部装有阀门及振打机构。

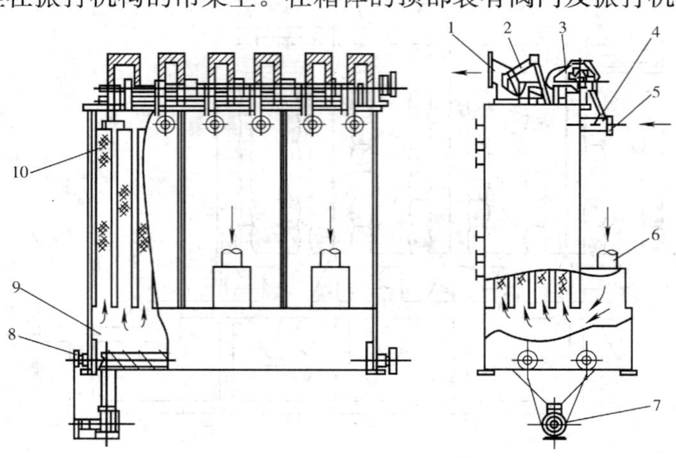

图 6—18　机械振打袋式除尘器结构示意图

1—净气出口　2—排气阀　3—振打机构　4—反吹阀　5—反吹气流进口
6—尘气进口　7—卸灰阀　8—螺旋输灰机　9—灰斗　10—滤袋

含尘气流由进气口进入灰斗，自下而上进入滤袋内部，净化后穿出袋外，从净气出口排出。

滤袋的清灰依靠顶部的振打机构实现。在电动机的驱动下，通过凸轮的作用，按一定的时间间隔逐个带动各仓室的吊架，使滤袋垂直振动，同时关闭排气阀，切断含尘气流通道，并开启反吹阀，室外空气（或净化后的气体）借助压差的作用从反方向进入滤袋，增强振打清灰的作用，使粉尘落入灰斗。清灰结束后，该仓室的排气阀开启，反吹阀关闭，滤袋恢复过滤，而下一仓室的排气阀关闭，反吹阀开启，进入清灰操作。

第五节　袋式除尘器的滤料

一、对滤料的要求

滤料是组成袋式除尘器的核心部分，其性能对袋式除尘器操作有很大影响。选择滤料时必须考虑含尘气体的特征，如颗粒和气体性质（温度、湿度、粒径和含尘浓度等）。性能良好的滤料应容尘量大、吸湿性小、效率高、阻力低，使用寿命长，同时具备耐温、耐磨、耐腐蚀、机械强度高等优点。滤料特性除与纤维本身的性质有关外，还与滤料表面结构有很大关系。表面光滑的滤料容尘量小，清灰方便，适用于含尘浓度低、黏性大的粉尘，采用的过滤速度不宜过高。表面起毛（绒）的滤料（如羊毛毡）容尘量大，颗粒能深入滤料内部，可以采用较高的过滤速度，但必须及时清灰。

二、滤料种类

袋式除尘器的滤料种类较多。按滤料材质分，有天然纤维、无机纤维和合成纤维等；按滤料结构分，有滤布和毛毡两类。

棉毛织物属天然纤维，价格较低，适用于净化没有腐蚀性、温度在 87℃以下的含尘气体。

无机纤维滤料主要指玻璃纤维滤料，具有过滤性能好、阻力低、化学稳定性好、价格便宜等优点。用硅酮树脂处理玻璃纤维滤料能提高其耐磨性、疏水性和柔软性，还可使其表面光滑易于清灰，可在 250℃下长期使用。玻璃纤维较脆，经不起揉折和摩擦，使用上有一定局限性。

随着化学工业的发展，出现了许多新型滤料。尼龙织布的最高使用温度可达 80℃，耐酸性不如毛织物，但耐磨性很好，适合过滤磨损性很强的粉尘，如黏土、水泥熟料、石灰石等。奥纶的耐酸性好，耐磨性差，最高使用温度在 127℃左右。涤纶的耐热、耐酸性能较好，耐磨性能仅次于尼龙，可长期在 137℃下使用，涤纶绒布在我国是性能较好的一种滤料。针刺呢是我国研制的一种新型滤料，它以涤纶、锦纶为原料织成底布，然后再在底布上针刺短纤维，使表面起绒。这种滤料具有容尘量大、除尘效率高、阻力小、清灰效果好等优点。芳香族聚酰胺、聚四氟乙烯等耐高温滤料的出现，扩大了袋式除尘器的应用领域。

此外，国外还出现了耐 447℃以上高温的金属纤维毡，但价格昂贵，不便大量采用。

20 世纪 60 年代以来，国外广泛采用毛毡滤料，特别是针刺毛毡，其纤维主要是聚酯或诺梅克斯，毛毡滤料制造工艺简单，造价较金属纤维毡低，同时除尘效率也有明显提高。

几种常用滤料的性能见表 6—1。

表 6—1　　几种常见滤料的主要性能

滤料名称	直径/μm	耐温性能/℃		吸水率/%	耐酸性	耐碱性	强度
		长期	最高				
棉织物（植物短纤维）	10～20	75～85	95	8	很差	稍好	1
蚕丝（动物长纤维）	18	80～90	100	16～22			
羊毛（动物短纤维）	5～15	80～90	100	10～15	稍好	很差	0.4
尼龙		75～85	95	4.0～4.5	稍好	好	2.5
奥纶		125～135	150	6	好	差	1.6
涤纶（聚酯）		140	160	6.5	好	差	1.6
玻璃纤维（用硅酮树脂处理）	5～8	250		4.0	好	差	1
芳香族聚酰胺（诺梅克斯）		220	260	4.5～5.0	差	好	2.5
聚四氟乙烯		220～250		0	很好	很好	2.5

第六节　影响袋式除尘器工作的因素

选用袋式除尘器时必须考虑处理风量、运行温度、粉尘理化性质、烟气理化性质、入口含尘浓度、工作制度、工作压力、工作环境等。

一、含尘气体的温度

含尘气体的温度是选用滤料的首要因素之一。滤袋的选择主要决定其能处理含尘气体的温度，并对袋式除尘工程的造价和运行费用有显著的影响。

含尘气体的温度应注意长期连续温度和瞬间最高温度。通常将 130℃以下称为常温，高于 130℃称为高温。

在干燥条件下，聚酯纤维可经受 130℃的温度；亚酰胺、芳香族聚酰胺、聚对苯甲酰胺（芳纶）等纤维可经受 190℃以下的温度；聚四氟乙烯可长期应用于 250℃的温度。

对于高温烟气，可以直接选用高温滤料，也可以在采取冷却措施后选用中温或常温滤料，宜通过技术经济分析比较后确定。

二、含尘气体的湿度

含尘气体湿度表示气体中含有水蒸气的多少程度，通常用含尘气体中的水蒸气体积百分率 X_w 或相对湿度表征。在通风除尘领域，当 X_w 大于 8%时，或者相对湿度超过 80%时，称为湿含尘气体。对于湿含尘气体在选择滤料及系统设计时应注意以下几点：

1. 湿含尘气体使滤袋表面捕集的粉尘润湿黏结，尤其对吸水性、潮解性粉尘，甚至会引起糊袋。为此应选用表面光滑、容易清灰的滤料。

2. 当高温和高湿同时存在时会影响滤料的耐温性，尤其对于聚酰胺、聚酯、亚酰胺等水解稳定性差的材质更是如此。在设计时应选用抗水解的滤料。

3. 对高湿含尘烟气，宜采用圆形滤袋，尽量不采用形状复杂，布置十分紧凑的扁平滤袋。

4. 在高湿含尘烟气系统设计时，选定的除尘器工况温度应高于气体露点温度 10～20℃，对此可采取混入高温气体（热风）以及对除尘器筒体加热保温等措施。

三、含尘气体的腐蚀性

通常在化工废气和各种炉窑烟气中常含有酸、碱、氧化剂、有机溶剂等多种化学成分。不同纤维的耐化学性是不一样的，需要根据烟气的成分选择适宜的滤料。

滤料材质的耐化学性往往受温度、湿度等多种因素的交叉影响。例如，在滤料市场最广泛使用的聚酯纤维，在常温下具有良好的力学性能和耐酸碱性，但在较高的温度下，对水气十分敏感，容易发生水解作用使强度大幅度下降；聚丙烯纤维具有较全面的耐化学性能，但在超过 80℃的工况下，也会明显恶化；亚酰胺纤维比聚酯纤维具有更高的耐温性，但在高温条件下耐化学性差一些，聚苯硫醚纤维具有耐高温和耐酸碱腐蚀的良好性能，适宜用于燃煤烟气除尘，但抗氧化剂的能力较差；聚酰亚胺纤维可以弥补其不足，但水解稳定性又不理想；作为塑料王的聚四氟乙烯纤维具有最佳的耐化学性，但价格较贵。在选用滤料时，必须根据含尘气体的化学成分，抓住主要因素，择优选定材质。

四、含尘气体的可燃性和爆炸性

金属冶炼和化工生产过程产生的烟尘中，有的含有氢、一氧化碳、甲烷、丙烷和乙炔等可燃性气体。它们在与氧、空气或其他助燃性气体形成混合物的浓度在一定范围内，遇火源即产生爆炸。这一浓度范围称为该气体或若干气体的混合物爆炸极限。可燃气体达爆炸极限的最低浓度称为爆炸下限，爆炸极限的最高浓度称为上限。气体温度升高时爆炸极限扩大，但压力升高时，爆炸极限可能扩大也可能缩小。

常见可燃性气体的爆炸极限见表 6—2。

表 6—2　　爆炸性气体的爆炸极限及爆炸危险度

序号	气体名称	爆炸极限/%						纯氧爆炸危险度指数
		空气中			纯氧中			
		下限	上限	危险度	下限	上限	危险度	
1	乙炔	2.5	80.0	31.00	2.5	93.0	36.20	1.17
2	乙醚	1.9	36.0	17.95	2.1	82.0	38.05	2.12
3	氢	9.0	75.0	17.75	4.0	94.0	22.50	1.27
4	乙烯	3.1	32.0	9.32	3.0	80.0	25.67	2.75
5	一氧化碳	12.5	74.0	4.92	15.5	94.0	5.05	1.C3

续表

序号	气体名称	爆炸极限/%						纯氧爆炸危险度指数
		空气中			纯氧中			
		下限	上限	危险度	下限	上限	危险度	
6	丙烷	2.2	9.5	3.32	2.3	55.0	22.91	6.90
7	甲烷	5.3	15.0	1.83	5.1	61.0	10.96	5.99
8	氨	15.5	27.0	0.74	13.5	79.0	4.85	6.65
9	硫化氢	4.0	44.0	10.0	—	—	—	—

五、粉尘的形状和粒径分布

粉尘的形状分为规则形和不规则形，一般地，自然界形成的气溶胶微粒和高温燃烧过程生成物为规则形粉尘，大多数工艺过程产生的尘粒为不规则形粉尘，粉碎研磨工艺形成最典型的不规则粉尘。规则形颗粒表面光滑，比表面积小，在经过滤料时不易被拦截凝聚，不规则形颗粒形状特殊，表面粗糙，比表面积大，在经过滤料时容易被拦截凝聚。

对微细粉尘应采用强力清灰方式。选择滤料可考虑以下措施：纤维宜选用较细、较短、卷曲形，不规则断面形；结构以针刺毡为优；采用超细面层的针刺毡；通过表面喷涂、浸渍或覆膜等新技术实现表面过滤。

微细粉尘难以捕集，捕集后形成的粉尘层较密实，又不利于清灰，粗颗粒易捕，捕集后形成的粉尘层较疏松，有利于清灰。从某种意义上讲，粗细搭配的混合尘无论对过滤还是清灰都是有利的。长期以来对高浓度尘采取多级除尘，把粗细粉尘分开处理的传统观念和做法已经改变了。

六、粉尘的附着性和凝聚性

粉尘的凝聚力与尘粒的种类、形状、粒径分布、含湿量、表面特征等多种因素有关，可用安息角表征，一般为30°～45°。安息角小于30°称为低附着力，流动性好；安息角大于45°称为高附着力，流动性差。粉尘与固体表面黏性大小还与固体表面的粗糙度、清洁度相关。

对于袋式除尘器而言，如果粉尘附着力过小，将削弱捕集粉尘的能力，而附着力过大又会造成粉尘凝聚、清灰困难。

对于附着性强的粉尘宜选用粉尘剥离性能好的滤料，滤料的浸渍、涂布、覆膜技术有助于提高滤料的剥离性，改善除尘器的清灰性能。

对于黏性粉尘，若采用起绒的织物滤料，当绒面接触粉尘时，绒毛可沾附黏连粉尘并扩展到整个过滤表面，致使清灰十分困难，造成运行阻力居高不下，因而是不可取的。

七、粉尘的吸湿性和潮解性

当粉尘的湿度增加后，颗粒的凝聚力、黏性力随之增加，流动性、荷电性随之减小，黏附于滤袋表面，久而久之，清灰失效，粉尘层板结。

有些粉尘（如 CaO，$CaCl_2$，KCl，$MgCl_2$ 等）吸湿后进一步发生化学反应，其性质和形态均发生变化，称为潮解，继而糊住滤袋表面，这是袋式除尘器最忌讳的。

对于吸湿性、潮解性粉尘，应选择粉尘剥离性能好的滤料。

八、粉尘的磨损性

粉尘的磨损性与尘粒的性质、形态以及携带尘粒的气流速度、粉尘浓度等因素有关。

表面粗糙、尖棱形不规则的颗粒比表面光滑、球形颗粒的磨损性大 10 倍。粒径为 90 μm 左右的尘粒的磨损性最大，而当粒径减小到 5～10 μm 时磨损性已十分微弱。

磨损性与气流速度的 2～3 次方成正比，与粒径的 1.5 次方成正比，因此，气流速度及其均匀性对磨损性影响很大，必须严格控制。

粉尘的磨损性可用磨损系数 K_a 表征，由专用测量装置测量。各种飞灰的磨损系数通常为（1～2）10^{-11} m^2/kg。铝粉、硅粉、碳粉、烧结矿粉等属于高磨损性粉尘。对于高磨损性粉尘宜选用耐磨性好的滤料。

九、粉尘的可燃性和爆炸性

分散在空气（或可燃气）中的某些粉尘，在特定的浓度状态下，遇火花会发生燃烧爆炸。粉尘的可燃性与其粒径、成分、浓度、燃烧热以及燃烧速度等多种因素有关。多数爆炸性粉尘粒径在 1～150 μm 范围内，粒径越小，比表面积越大，越易点燃。粉尘中的惰性成分（灰分等）小于 11%时尚能引燃。粉尘的爆炸浓度下限一般为几十至几百克每立方米，粉尘的燃烧热和燃烧速度越高，其爆炸威力越大。

燃烧气氛主要指氧含量、可燃气体含量、气体湿度、温度和压力。氧含量越高越易爆炸，通常 5%～8%为安全限度。可燃性气体与可燃粉尘共存时可以降低爆炸浓度下限和最小点燃能量。气体含湿量促使粉尘凝聚，消耗点燃能量，降低燃烧温度，因而是一种安全因素。高温和高压可以扩大爆炸浓度范围，激化燃烧和爆炸烈度。

火源通常是由摩擦火花、静电火花、带入炽热颗粒物等引起的。粉尘的最小着火能量一般为 10 mJ 到数百毫焦耳，相当于气体着火能量的 100 倍。对于易燃易爆粉尘宜选用阻燃型、消静电滤料。此外，在除尘设备和系统设计中还须采取其他必要的阻燃防爆措施。

第七节　袋式除尘器的维护管理

在各类除尘装置中，袋式除尘器因除尘性能优越而被大量应用。但袋式除尘器的运行操作中实际经验与理论相比，经验占很大比重。如果平时不重视运行管理，即使优良的设备也不能发挥其性能，甚至会出现种种故障，难以正常运行。因此，袋式除尘器的维护管理是非常重要且必须重视的问题。

一、维护要点

袋式除尘器使用需注意以下事项：

1. 在购置袋式除尘器之前，必须根据生产工艺条件，充分研究有关除尘器的技术资料，考虑能否满足严格的环保要求及大约每5年更换一次滤料等成本，按综合因素进行技术经济比较，从而确定设备的规格性能。

2. 严格按照厂家提供的图样和技术说明书的要求进行运转，在没有充分根据和理由之前不应随意变更运行条件，以防出现因运行条件变化引起的故障。

3. 要了解和掌握袋式除尘器及组成除尘系统各部分的技术要求和操作要点，注意各部分匹配的合理性。

4. 要时常注意滤袋的工作情况，发现异常，要分析原因，及时处理。

5. 经常注意并记录进入袋式除尘器的气体温度、湿度和压力，使除尘器在规定的参数下运行，切忌在低于气体露点温度下运行。

袋式除尘器维护要点见表6—3。

表6—3　　袋式除尘器维护要点

项　目	维护要点
维护遵守的法规	国家和地方有关法律、法规，以及大气环境质量标准、污染物排放标准等
电源	①注意风机启动（熔丝容易熔断，避免单相运行使电动机烧毁） ②必须用有继电器的电气开关 ③严格遵守制造厂规定的电气配线方法 ④管理电源开关的工作人员要相对稳定
吸尘罩	①注意腐蚀、磨损 ②防止安装位置的移动 ③注意与管道连接部分的脱落 ④不能无计划地增加排风口 ⑤正确使用阀门，避免阀门关闭过紧，使风量降低 ⑥严禁操作者把烟头、纸屑、垃圾随便扔进罩内
管道	①注意管道连接部分脱落及腐蚀穿孔 ②不能随便增加支管 ③注意支架的牢固程度 ④定期进行管道内有积灰的检查
除尘器	①必须规定粉尘的清灰制度，定期清除粉尘 ②处理高温气体时，应防止因冷却而引起的结露现象 ③粉尘排出口、检查门要安全密封 ④正确管理设备配件 ⑤根据使用情况和滤袋材质，定期更换滤袋
通风机	①注意振动、声音异常（叶片附着的粉尘应及时清除） ②叶片有损伤要及时更换叶轮 ③检查传动带松紧程度 ④纠正传动带罩的歪斜、错位 ⑤轴承部位定时加油，有损坏及时更换
其他	①露天部件应每隔1～2年刷一次防锈漆 ②冬季有水时应防冻结 ③抽入易燃气体的吸尘罩应挂上“严禁烟火”的牌子 ④应采取防止研磨作业的火花进入除尘系统的措施 ⑤对易燃粉尘应有防爆措施 ⑥大型除尘系统应有防静电措施

二、维护注意事项

袋式除尘器维护工作中容易被忽视的原因有三个：第一，袋式除尘器运行稳定、损坏和事故较少；第二，袋式除尘器的损坏往往表现为滤袋的损坏，而滤袋的寿命没有确切的定义，使用寿命的长短也因滤袋质量和使用场合而异；第三，中小型袋式除尘器不设专职管理维护人员。因此，必须对袋式除尘器的维护管理予以充分重视，并注意以下事项：

1. 维护必须按表 6—3 的要点进行维护管理。

2. 维护管理人员应熟知维护知识和除尘器的特殊要求。

3. 查出问题之前，不可冒失操作，以免造成各种故障。

三、维护管理

为了保持袋式除尘器有效运行，必须重视维护检修工作，发现问题及时处理，可避免出现大故障。操作者应根据使用条件、制造厂产品说明书以及维修机构和操作者经验等，确定每台设备的维修内容及维修时间，做到按计划维护检修。

为了便于维修作业，必须设置必要的梯子、通道以及照明设备等，其中，手持灯电源应是安全电压。

在设备运转过程中，不管是密闭型还是开放型，都绝对禁止有毒、有害气体进入系统。在设备停止运转时，也需要用空气将系统内部的气体置换出去，利用仪器检测，确认安全后方可作业。同时，不宜单人操作。在检查作业时，为了不使设备被人开动，作业人员要自己携带操作盘的钥匙，并且在操作盘上挂“严禁启动”的牌子，还必须切断开关的总电源。

1. 箱体维护管理

袋式除尘器的箱体是固定的，箱体维修分内外两部分。外部维护主要是检查油漆、防水、螺栓及周边密封情况。内部维修主要是要注意选择耐腐蚀涂料，及时涂装在易腐蚀或已腐蚀的部位，如钢板之间及钢板与角钢之间的焊接部分、安装滤袋的花板边缘等。缝隙维修是检查并更换密封垫等。

2. 阀门维护管理

包括运转中的维修和停车时的维修。维修项目包括阀门开闭是否灵活、准确，密封性是否良好，是否变形及破损。

3. 清灰机构维护

袋式除尘器的类别不同，清灰机构也不同。清灰效果的好坏，一般用安装在控制盘或除尘器箱体上的压差计的读数来表示。阻力超过规定值，表明滤袋挂灰太多，此时应对清灰机构进行必要的调节或检修。也包括运行维修和停车时维修。

(1) 运行时的维修项目

1) 根据压差计读数了解清灰状况，压差过大或过小均属异常。

2) 检查振动声音是否异常，找出异常原因调至正常。

3) 压缩空气的压力是否符合要求，压力过低会造成清灰不良，压差偏大。

4) 电磁阀和振动电动机的动作状况，电磁阀动作异常往往是清灰不良的直接原因。

5）换向阀门的动作及密封状况，电磁阀动作状况。

6）反吹风阀门的动作状况及密封情况。

7）反吹风机的工作情况及反吹风量，反吹风量不足会导致清灰效果差。

（2）停车时的维修项目

1）振打清灰方式。振打清灰一般是分室清灰，清灰时阀门关闭，气流停止通过，由机械振动的作用进行清灰，清灰间隔用定时器进行自动控制。因此，维护的要点为检查并确认控制盘动作程序、检查各分室阀门、检查机械振动装置动作状况、检查滤袋的安装状况和松紧程度是否适当等。

2）反吹风清灰方式。停车维修要点为检查阀门的动作及密封情况；检查反吹风管道的粉尘堆积情况及反吹风管上调节阀开度是否适当、到位；检查滤袋的拉力等。

3）脉冲喷吹清灰方式。这种清灰方式的运动部件很少，金属构件的维护工作少。但是，脉冲控制系统很容易结露、堵塞、动作不灵敏，需要十分注意维护。

维护要点包括：检查电磁阀、脉冲阀以及脉冲控制仪等的动作情况；检查固定滤袋的零件是否松动，滤袋的拉力是否合适，滤袋内支撑框架是否光滑，对滤袋的磨损情况如何；在北方地区，应注意防止喷吹系统因喷吹气流温度低导致滤袋结露或冻结现象，以免影响清灰效果。

4）振动反吹联合清灰方式。维护要点包括：检查并确认排气阀和反吹阀门动作是否准确、灵活，密封性如何；检查动力传递与振动动作是否正常；检查滤袋的拉紧程度。

4. 滤袋及吊挂机构

滤袋是除尘器的心脏，滤袋维修是维修中工作量最大的部分。运行中的滤袋状况，可由压差计的读值和变化反映出来。对大型袋式除尘器，每天都要把阻力值记录下来，及时分析和检查滤袋的破损、老化及堵塞等情况并采取必要的措施。

第八节　常见故障诊断与排除

袋式除尘器常见故障及排除方法见表6—4。

表6—4　袋式除尘器常见故障及排除方法

故障现象	产生原因	排除方法
设备阻力过高	1. 滤袋堵塞 （1）含尘气体结露导致粉尘黏结在滤袋上 （2）箱体漏水使滤袋潮湿 （3）粉尘吸湿性强而在滤袋上黏结	采取加热、保温措施，提高箱体内温度，或同时更换滤袋；补漏，使箱体密封
	2. 滤袋使用时间过长，粉尘进入滤料深层	更换滤袋
	3. 过滤风速过高 （1）设计选型不合理 （2）风机的调节阀门开启过大	增加过滤面积 将阀门开度调节至合理位置
	4. 结构阻力过高（除尘器设计不合理，除尘器入口和出口管段及阀门风速过高）	修改设计 扩大除尘器入口和出口管段及阀门断面

续表

故障现象	产生原因	排除方法
设备阻力过高	5. 连接压力计的管路堵塞或一根连接管脱落	检查压力计进出口及连接管路，加以疏通或更换
	6. 清灰周期过长	调整清灰程序，缩短清灰周期
	7. 清灰强度不足 (1) 选择的清灰方式能力太弱，不适应烟尘特性 (2) 对于反吹风袋式除尘器，反吹风量太小，清灰时间不够，三通阀关闭不严 (3) 对脉冲喷吹袋式除尘器，喷吹压力过低，喷吹时间过短	选择强力清灰方式（或改造除尘器） 调整清灰程控器和清灰气流动力机械
	8. 清灰机构发生故障	及时修理或更换
	9. 内滤式滤袋张力不够	调整张力至合适程度
	10. 灰斗积存大量粉尘，甚至堵塞进气通道（卸灰装置出现故障、卸灰周期过长）	查明原因及时排除 调整卸灰制度
设备阻力过低	1. 过滤风速过低（因设计选型所致）	延长清灰周期
	2. 处理风量过小（因风机调节阀门开启过小，或管道堵塞所致）	调节阀门开启程度，疏通管道
	3. 压力计的连接管路堵塞，或一根连管脱落	检查压力计进出口及连接管路，加以疏通或更换
	4. 清灰周期过短，过量清灰	调整清灰程序，延长清灰周期
	5. 滤袋严重破损或滤袋脱落	检查滤袋，更换破损滤袋，重新装好脱落滤袋
排气含尘浓度过高	1. 滤袋破损	检查并更换破损滤袋
	2. 滤袋脱落	检查并重新装好滤袋
	3. 滤袋安装不好 (1) 滤袋绑扎不紧，导致滤袋与花板之间或滤袋与底部连接导管之间存在间隙 (2) 靠弹性元件安装的滤袋未使滤袋与花板的袋孔完全贴合	检查并重新装好滤袋
	4. 花板破裂导致泄漏	修补花板
	5. 分隔尘气和净气的隔板破裂	修补隔板
	6. 分支管道旁通阀开启或关闭不严	关闭旁通阀，若阀门不严则及时修理
	7. 所选滤料捕尘效率过低，不适应烟尘特性	更换效率更高的滤料
滤袋破损	1. 滤袋安装位置不当，滤袋之间或滤袋与箱体板壁之间摩擦	检查并调整间距
	2. 粉尘直接冲刷滤袋	检查调整或改造含尘气体入口导流装置；若有破损及时修理
	3. 破损滤袋未及时更换，导致邻近滤袋被吹破	检查并更换破损滤袋
	4. 外滤式滤袋因框架质量不好而破损	除去框架上的毛刺，采用节点光滑或经过喷涂、电镀处理的框架
	5. 火星进入箱体烧坏滤袋	设置机械式预除尘器捕集火星；若已有预除尘器，则增强其效果

续表

故障现象		产生原因	排除方法
滤袋破损		6. 可燃性粉尘或气体燃烧爆炸而烧毁滤袋	控制气体中的含氧浓度；控制可燃粉尘或气体的浓度；尽量避免空气漏入除尘系统；防止火星落入；采用具有导电性能的滤料；加强温度控制和超温报警
		7. 沉积在滤料上或箱体内的可燃粉尘燃烧	增强除尘器的清灰能力，避免滤袋表面积粉过厚；箱体内避免一切可能积存粉尘的平台；尽量避免空气漏入除尘器；当需要打开箱体时，事先应尽量清除滤袋和箱体内的粉尘，并务必先使其充分冷却，或向箱体充入一定数量的蒸气
		8. 水解及酸、碱的腐蚀	采取保温、加热措施，尽量避免腐蚀作用；采用耐腐蚀性能好的滤料
灰斗存积大量粉尘		1. 卸灰不及时	增加卸灰次数
		2. 卸灰口漏风	增设卸灰阀；若已有卸灰阀，则增强卸灰阀密封性
		3. 卸灰机构能力过小，或卸灰不畅（例如卸灰通道被粉尘黏结）	换用较大的卸灰装置，或检查、清理、维修
		4. 粉尘在灰斗下部架桥	采用振动器或人工敲击的方法将其振塌并由卸灰口卸出
		5. 粉尘因潮湿而产生附着甚至黏结	疏通排灰口并清除积灰，加强对灰斗的保温、加热措施
清灰机构故障	振动清灰方式	1. 分室阀门关闭不严	检查、修理
		2. 振动电动机损坏	更换
		3. 振动机构及传动件损坏或螺钉松动	更换损坏零件，紧固螺钉
	反吹清灰方式、反吹—振动联合清灰方式	1. 换向阀门关闭不严	检查、修理
		2. 反吹阀门开启过小	检查阀门开度
		3. 反吹阀门或管道被杂物堵塞	疏通
		4. 反吹风量调节阀门开启过小或损坏	调整阀门开度或修理
		5. 反吹风机损坏	修理或更换
	脉冲喷吹清灰方式	1. 脉冲阀关闭迟缓或处于常开状态，导致稳压气包内压力过低。其原因为节流孔堵塞、弹簧弹力过小或失效、控制阀损坏、膜片上的垫片脱落、膜片破损	疏通节流孔；重新安装膜片；更换弹簧；更换或修理控制阀；更换膜片
		2. 脉冲阀开启迟缓，甚至处于常闭状态，导致清灰无力或完全不能清灰。其原因为排气孔堵塞、膜片与垫片的紧固螺栓松动、膜片有砂眼或微小破口、控制阀失效、弹簧弹力过大、控制信号中断	疏通排气孔；紧固螺栓；更换膜片；更换控制阀；更换弹簧；接通控制信号
		3. 脉冲阀与喷吹管之间漏气过大或喷吹管完全脱落	重新装好喷吹管
		4. 清灰程序控制仪工作失常或损坏	检查、修理

续表

故障现象		产生原因	排除方法
清灰机构故障	回转反吹及脉动反吹清灰方式	1. 反吹管漏气	加强密封
		2. 传动机构损坏	更换损坏的零部件
		3. 脉动阀阀片磨损	更换阀片

第九节　袋式除尘器的应用

袋式除尘器作为一种高效除尘器，广泛地用于各种工业部门的尾气除尘。它比电除尘器结构简单、投资少、运行稳定，可以回收高比电阻粉尘；与文丘里洗涤器相比，动力消耗小，回收的干颗粒物便于综合利用。因此对于微细的干燥颗粒物，采用袋式除尘器捕集是适宜的。

一、水泥行业

袋式除尘器在水泥行业的应用占据了主导地位。随着产业政策的调整，水泥工业中立窑小水泥生产线大幅度减少，新型干法水泥生产线快速增加。水泥行业对袋式除尘器的需求很大，以往回转窑的窑头、窑尾除尘主要采用电除尘器，现在，多采用袋式除尘器。另外，过去的窑头、窑尾的电除尘器不能达标排放，现改造为袋式除尘器，取得了很好的效果，烟尘排放浓度一般都在 30 mg/m^3 以下，有的可达到 10 mg/m^3 以下。电改袋项目潜在市场仍然很大。

袋式除尘器设备的大型化工作进展显著。水泥行业中生料磨、水泥磨、窑头、窑尾用袋式除尘器处理的风量越来越大，水泥行业电袋除尘器也是袋式除尘行业 2009 年的一个亮点。

二、钢铁与有色冶金行业

钢铁行业是袋式除尘器的第一大用户，袋式除尘器在钢铁行业所占比例已经占到 95%。包括原料、焦化、石灰、高炉槽上槽下、出铁场、铁水预处理、铸铁机、转炉二次除尘、炼钢电炉、轧钢等工序的尘源点除尘。袋式除尘技术比较成熟、可靠、稳定，除了高效除尘，还可回收利用许多宝贵的资源。

钢铁行业袋式除尘技术最显著的进步和应用表现在高炉煤气的净化。烟气净化的传统工艺是用湿法，能耗高、水资源消耗大、腐蚀性强、水处理投资费用高，因此将湿法改为干法是节能减排最显著的成就。10 年来，中小型高炉煤气袋式除尘技术基本普及。目前，大型高炉煤气袋式除尘表现出强劲的势头，2007 年 3 200 m^3 高炉煤气袋式除尘器净化已获成功。干法净化高炉煤气采用袋式除尘技术取代了传统的双级文丘里管湿法除尘技术。其突出的优点是总投资节约 30%，占地节省 50%，生产每吨铁节水 200 kg，节电 70%以上，回收的煤气含水量低，且热值明显提高。应用该技术同时可减少管理人员，大幅减少烟尘排放量和废水排放量。

钢铁工业的烧结机机头、机尾除尘大都采用电除尘器。目前烟尘排放标准提高到

50 mg/m^3，一些城市和企业排放标准限值达到 20～30 mg/m^3。对于小于 10 μm 的微细颗粒物，使用常规电除尘器高效率捕集难度较大，如增加电场或将电场断面扩大，其投资、能耗、运行费用都将显著增加，仍难以达标排放。近年来许多企业开始采用袋式除尘器或电改袋。烧结机机头烟气净化的主要任务是脱硫，在半干法脱硫中袋式除尘器可得到广泛应用。烟尘排放浓度可大幅度降低到 20～30 mg/m^3，运行稳定，不受烧结机工况波动的影响，厂区和周边环境大大改善。

转炉炼钢二次烟气和电炉烟气均采用的是脉冲袋式除尘器，也是钢铁行业除尘器大型化的应用场所，处理风量达（1～1.5）×10^6 m^3/h。转炉烟气的一次除尘目前大多还采用的是湿法，从节能减排政策的要求来看，用袋式除尘取代湿法除尘意义重大，但因为安全方面的技术瓶颈，该问题成为世界性难题，需要攻关。

铁合金电炉烟气均采用的是袋式除尘器，并使用高温滤料。根据国家的产业政策，小型铁合金炉逐渐被淘汰，因此大型袋式除尘器在铁合金电炉烟气净化方面前景广阔。

电解铝行业主要采用袋式除尘烟气净化技术，随着电解槽的加大，处理（1～3）×10^6 m^3/h 风量的袋式除尘器也越来越多。

有色冶金铜、铅、锌等冶炼炉窑的烟气净化应采用袋式除尘器，整体上看有色冶金行业的环保相对落后，改造工作任务艰巨，对袋式除尘器的需求较大。

三、电力行业

随着排放标准的严格化，火电厂燃煤锅炉烟气净化中袋式除尘器的应用比例迅速增加。电厂的袋式除尘主流技术有两种：一是长袋低压脉冲技术；二是以德国鲁奇公司为代表的低压回转喷吹技术。

电厂袋式除尘器所用滤料主要为 PPS、PPS＋PTFE 针刺毡。

四、垃圾焚烧行业

垃圾焚烧和危险废物焚烧、医疗废物焚烧项目日益增加，其烟气量比火电厂、钢铁、水泥小得多。垃圾焚烧炉排放的烟尘含有害成分，污染严重。垃圾焚烧炉除尘均采用袋式除尘器，烟尘排放可控制在 10 mg/m^3 甚至 5 mg/m^3 以下。我国的垃圾处理基本不分选，成分复杂。故垃圾焚烧炉工况恶劣，烟气的腐蚀性强，含有硫化物、氮氧化物、氯化氢、溴化物等，含湿量又很高。因此，对袋式除尘器的要求很高，特别是对滤袋的性能要求很高。所用滤料材质有 PTFE、P84、玻纤等，随烟气处理工艺的不同而有所差别。

业内普遍认为选用 PTFE 滤料作为垃圾焚烧除尘系统的滤袋比较合理，其他滤料均难以抵御垃圾焚烧炉烟气的腐蚀，使用寿命较短。

第十节　袋式除尘器的新技术进展

近几年，我国袋式除尘技术的发展主要体现在主机、滤料、自动控制的质量和技术水平的提高上。

一、袋式除尘技术的研发与创新

近几年，我国袋式除尘器对于烟气的高温、高湿、高浓度以及微细粉尘、吸湿性粉尘、磨损性粉尘、易燃易爆粉尘有了更强的适应性；并且在加强清灰、提高效率、降低消耗、减少故障、方便维修方面达到了更高的水平，特别是在设备大型化，处理 2×10^{6} m^{3}/h 以上超大型烟气除尘方面；耐高温、耐腐蚀滤料的研发、生产以及耐高温、耐腐蚀特种纤维的研究、开发、生产等方面均有所突破。袋式除尘技术的开发和创新的具体表现在以下几方面：

1. 袋式除尘器设备结构大型化，以适应大型锅炉机组和钢铁、水泥炉窑的烟气净化。

2. 低阻、高效袋式除尘器结构的创新，以适应节能减排的需要。

3. 以强力清灰为特征的脉冲技术升级，以满足长滤袋（7 m 以上）清灰要求。

4. 开发出气流分布技术和计算机数字模拟技术，以满足滤袋长寿命的要求。

5. 特殊滤料 PPS、PTFE 国产纤维的开发，以满足电厂、垃圾焚烧烟气净化的滤袋寿命要求。

6. 电袋复合式除尘器的研发和应用，以适应节能减排的需要。

7. 复合式袋式除尘器的研发和应用，以满足干法脱硫工艺的需求。

8. 脉冲阀性能和质量的技术升级，以满足除尘器可靠性要求。

9. PLC、DCS 控制技术升级和模块化产品，以分别满足大型和中小型除尘系统的控制要求。

以上新的技术和产品已广泛应用于我国经济建设的各个行业。

二、耐高温、耐腐蚀滤料的研发和生产取得突破

滤袋是袋式除尘器的核心部件之一。随着袋式除尘器在各行业的广泛应用，面临的实际工况越来越复杂，这就要求滤袋产品能适应理化性质更为复杂的工况。现在新上马的新型干法水泥生产线较多，很多采用了玻纤覆膜滤料或 P84 滤料，并取得了较好的效果。烟尘排放浓度都在 30 mg/m^{3} 以下，不少项目的烟尘排放浓度还低于 10 mg/m^{3}。P84 针刺毡还可适当提高过滤风速、减少设备体积和钢耗量，从而可减少初期投资，使滤袋安装更方便。燃煤锅炉烟气的净化除尘都采用袋式除尘器，滤料基本都是采用 PPS 针刺毡，有的还在 PPS 纤维中掺进少量的 P84 针刺毡，也有少数在 PPS 针刺毡表面覆膜并取得了很好的效果的，烟尘排放浓度小于 30 mg/m^{3}，有的还能达到小于 10 mg/m^{3}。

针对我国垃圾的复杂成分和焚烧时恶劣的工况条件，业内专家一致认为，垃圾焚烧炉配用的袋式除尘器采用 PTFE 针刺毡滤袋较为合理。2008 年国产 PTFE 滤料和 PTFE 加玻纤机织布在垃圾焚烧炉袋式除尘器上取得了一些应用效果，开辟了我国高端滤料使用的先河。

耐高温、耐腐蚀的合成纤维以前在国内不能自行生产，主要依靠从日本、欧洲和美国进口；2006 年国内几家滤料公司研发成功用做滤袋的基布和高温缝线，并已制成 PTFE 针刺毡，用于垃圾焚烧和燃煤锅炉，可耐 240℃的高温和各种酸、碱腐蚀，为国产 PTFE 滤料的广泛采用打下了良好基础。

PPS 纤维主要用于电厂的袋式除尘器，市场巨大。以前全球只有日本两家公司可以生产，长期以来供不应求。我国自行研发的 PPS 纤维，打破了日本企业的垄断，2008 年已达

到批量生产，为国内大批量采用PPS针刺毡作出了贡献。

三、袋式除尘器自动控制技术的进步

袋式除尘器的自动控制已普遍采用PLC单片机，工控机（IPC）也已进入该领域。中小型设备多采用单片机或集成电路为核心的控制技术。新型PLC单片机以PLC为核心，前接压差、温度等变送器，后有数据通信接口，除能实现对除尘器的运行参数（如压差、温度）进行实时控制，还能作为集散系统的终端设备与主机进行数据通信，进入工厂的管控网络接受远程控制。自动控制系统普遍加强了自身的抗干扰性能，在供电电压波动、季节温度变化、粉尘侵扰等不利条件下，不少产品都能可靠运行。自控系统的功能更为齐全，可对清灰进行程控，自动监测记录并显示除尘设备系统的温度、压力、压差、流量参数、超限报警（周期、持续时间等）。对各控制参数的调节也更加方便。大型袋式除尘器的自动控制系统以PLC单片机或工控机为核心，完善的智能、网络化控制技术得到了很好的应用；国内有企业已经开发出了完全施行清、卸灰控制的“傻瓜式”大型袋式除尘器专家控制系统，并开始在一些工程中应用。

第十一节　塑烧过滤板除尘器

塑烧过滤板除尘器的应用得益于粉体处理技术的发展。由于微尘，特别是直径5μm以下的粉尘对人体健康危害最大，在这种情况下，对于使用除尘器的用户就会要求除尘器具有捕集微尘效率高、体积小、维修保养方便、使用寿命长等特点。尤其在价格昂贵的粉体的破碎、分级、分离、混合、输送、储藏等的生产工艺中，对回收和捕集的要求更为迫切。塑烧过滤板除尘器应运而生。从1985年起至今，已在德国、日本、英国、美国等国家应用了多台，广泛应用于水泥、冶金、化工、医药、食品加工等行业。

一、塑烧过滤板除尘器的基本原理

塑烧过滤板除尘器和普通袋式除尘器的除尘机理大致相同，所不同的是塑烧过滤板除尘器采用波浪形塑烧过滤板为过滤元件，过滤机理属于表面过滤，主要是筛分效应。清灰过程完全是脉冲气流直接由内向外穿过滤片作用在粉体层上，使过滤板表层的粉尘呈片状落下。在清灰过程中，塑烧过滤板无变形或振动，因此，脉冲反吹气流的作用力不会像织物滤料变形后被缓冲吸收而减弱。

二、塑烧过滤板除尘器的主要特点

1. 材质特点

波浪形塑烧过滤板的材质由几种高分子化合物粉体、特殊的结合剂严格组成后进行铸型、烧结，形成一个多孔母体，然后在母体表面的空隙里填充一层氟化树脂，再用特殊黏合剂加以固定而制成的。目前的产品有耐热70℃、100℃及160℃三种。

2. 形状特点

塑烧过滤板外部形状特点是像手风琴箱那样的波浪形，若把它们展开成一个平面，相当

于扩大了 3 倍的表面积。波浪形塑烧过滤板的内部分成 8 个或 18 个空腔，这样的设计除了考虑元件的强度之外，更为重要的是气体动力学的需要，它可以保证在脉冲气流反吹清灰时，同时清去过滤板上附着的粉尘。

3. 结构特点

塑烧过滤板的母体基板厚约 5 mm。经过对时间、温度的精确控制烧结后，在其内部形成直径大约 70 μm 的均匀孔隙。然后由氟化树脂填充涂层处理使孔隙达到 1 ～2 μm。独特的涂层不仅只限于过滤板表面，而且深入孔隙内部。成孔率与孔隙的均匀性是保证过滤板良好透气性的关键，每块过滤板均需经过严格的钠焰检验方能最终确定是否可以使用。塑烧过滤元件具有刚性结构，其波浪形外表及内部空腔间的筋板，具备足够的强度保持自己的形状，而无须钢制的骨架支撑。刚性结构的不变形的特点与袋式除尘器反吹时滤布纤维被拉伸产生形变现象的区别，也就使得两者在瞬时顶峰排放浓度有很大差别。塑烧过滤板结构上的特点，还使得安装与更换过滤板极为方便。操作人员在除尘器外部，打开两侧检修门，固定拧紧过滤板上部仅有的两个螺栓就可完成一片过滤板的装配。

4. 性能特点

（1）粉尘捕集效率高。塑烧过滤元件的捕集效率是由其本身特有的结构和涂层来实现的，它不同于袋式除尘器的高效率是建立在黏附粉尘的二次过滤上。从实际测试的数据看，一般情况下除尘器排气含尘浓度均可保持在 2 mg/m^3 以下。虽然排放浓度与含尘气体入口浓度及粉尘粒径等有关，但通常对于 2 μm 以下超细粉尘的捕集效率仍可保持 99.9% 的超高效率。

（2）压力损失稳定。由于波浪形塑烧过滤板是通过表面的氟化树脂涂层对粉尘进行捕捉的，其光滑的表面使粉尘极难透过与停留，即使有一些极细的粉尘可能会进入空隙，但即刻会被设定的脉冲压缩空气流吹走。所以在过滤板母体层中不会发生堵塞现象，只要经过很短的时间，过滤元件的压力损失就趋于稳定并保持不变。这就表明，特定的粉体在特定的温度条件下，阻力损失仅与过滤风速有关而不会随时间的延长而上升。因此，除尘器运行后的处理风量将不会随时间而发生变化，这就保证了吸风口的除尘效率。

（3）清灰效果好。氟化树脂本身固有的惰性与其光滑的表面，使粉体几乎无法与其发生物理化学反应和附着现象。过滤板的刚性结构使得脉冲反吹气流向空隙喷出时，滤片无变形。脉冲气流是直接由内向外穿过滤片作用在粉体层上，所以滤片表层被气流托附的粉尘，在瞬间即可被消去。脉冲反吹气流的作用力不会如同布袋变形后被缓冲吸收而减弱。

（4）强耐湿性。由于制成滤片的材料及涂层具有完全的疏水性，水喷洒其上后，凝聚的水珠将汇集成水流淌下。故纤维织物滤袋因吸湿而形成水膜，从而引起阻力急剧上升的情况在塑烧过滤板除尘器上不复存在。这对于处理冷凝结露的高温烟尘和吸湿性很强的粉尘如磷酸氨、氯化钙、纯碱、芒硝等，将会得到很好的使用效果。

（5）使用寿命长。塑烧滤片的刚性结构消除了纤维织物滤袋因骨架磨损引起的使用寿命问题。使用寿命长的另一个重要表现还在于滤片的无故障运行时间长，它不需要经常维护与保养。良好的清灰特性将保持其稳定的阻力，使塑烧过滤板除尘器可长期有效地工作。事实上，如果不是温度或一些特殊气体未被控制好，塑烧过滤板除尘器的使用寿命将会相当长。即使因偶然的因素损坏滤片，也可用特殊的胶水粘贴后继续使用，并不会因黏合缝而带来不良影响。

（6）除尘器结构紧凑小型化。由于过滤片表面形状呈波浪形，展开后的表面积是其体面积的 3 倍。故装配成除尘器后所占的空间仅为相同过滤面积袋式除尘器的一半，附属部件也因此小型化，所以具有节省空间的特点。

（7）维护保养极为方便。尽管塑烧过滤板除尘器的过滤元件几乎无须任何保养，但在特殊行业，如颜料生产时的颜色品种更换，喷涂行业的涂料更换，药品食品生产时的定期消毒等，均需拆下滤板进行清洗处理。此时，塑烧过滤板除尘器的特殊构造将使这项工作变得十分容易，操作人员在除尘器外部即可进行操作，卸下两个螺栓即可更换一片过滤板，作业条件得到根本性改善，而袋式除尘器却常常因肮脏的环境无人愿意从事换袋工作。

三、塑烧过滤板除尘器的主要性能指标

1. 除尘效率

塑烧过滤板除尘器对于微米级和亚微米级的粉尘都有很好的除尘效果。通常对于 1 μm 以上超细粉尘的捕集效率可达 99.999％ 。

2. 设备阻力

塑烧过滤板除尘器压力损失通常只在 1 300～2 200 Pa，较一般袋式除尘器稍高；相对于长袋低压脉冲袋式除尘器一般不大于 1 400 Pa 的设备阻力，塑烧过滤板除尘器设备阻力较高。

3. 过滤风速

塑烧过滤板除尘器的过滤风速一般为 0.8～1.3 m/min。

4. 处理风量

塑烧过滤板除尘器处理风量可以从几立方米每小时至数十万立方米每小时，过滤面积从不足 1 m^2 到数千平方米。而袋式除尘器单台处理风量可达数百万立方米每小时，过滤面积高达 7×10^4 m^2。

5. 经济性

决定塑烧过滤板除尘器经济性的主要因素是适应不同温度的过滤元件的材质。相对袋式除尘器，塑烧过滤板除尘器价格昂贵，处理同样风量使用器材的费用为袋式除尘器的 2～6 倍。由于其构造和表面涂层，故在其他除尘器不能使用或使用效果不好的场合，塑烧过滤板除尘器能发挥良好的使用效果。

四、常见的塑烧过滤板除尘器结构

根据过滤单元的布置方式，塑烧过滤板除尘器有立式和卧式两种结构。

1. 立式塑烧过滤板除尘器（HSL 型）

立式塑烧过滤板除尘器的结构如图 6—19 所示。含尘气流经风道进入中部箱体（尘气箱），当含尘气体由塑烧过滤板的外表面通过塑烧过滤板时，粉尘被阻留在塑烧过滤板的表面上，洁净气流透过塑烧过滤板从塑烧过滤板内腔进入净气箱，并经排风管道排出。随着塑烧过滤板表面粉尘的增加，可按压差、定时控制方式自动清灰，启闭脉冲阀，将压缩空气喷入塑烧过滤板内腔中，反吹掉聚集在塑烧过滤板外表面的粉尘。粉尘在气流及重力作用下落入料斗之中。

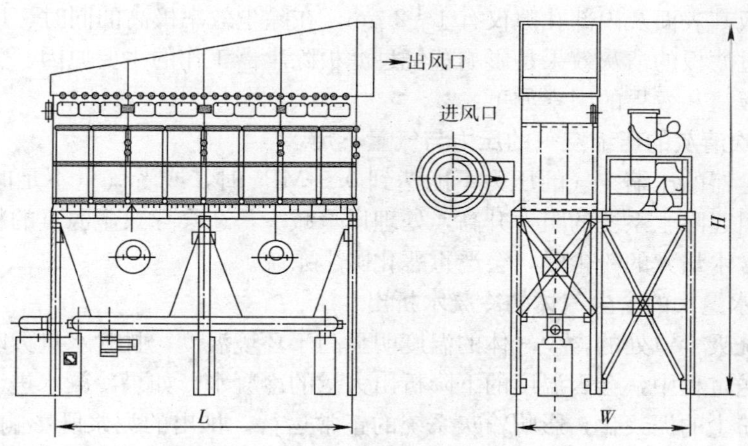

图 6—19　立式塑烧过滤板除尘器外形图

2. 卧式塑烧过滤板除尘器（DELTA 型）

卧式塑烧过滤板除尘器的结构如图 6—20 所示。工作原理与立式相同。但是由于塑烧过滤板横向卧式布置，上一层粉尘清灰下落时，会有一部分沉降在下一层塑烧过滤板上，造成过滤板的阻力增加。

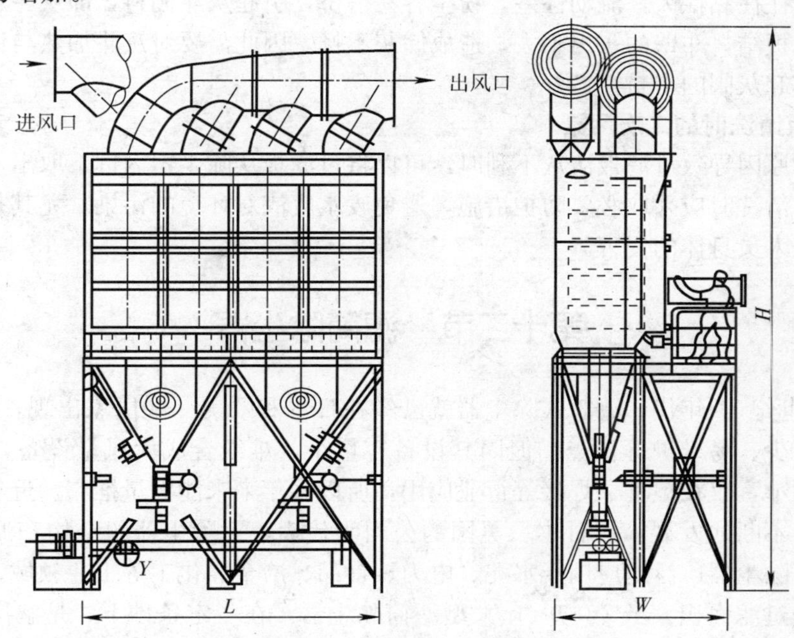

图 6—20　卧式塑烧过滤板除尘器外形图

五、影响塑烧过滤板除尘器工作的主要原因

塑烧过滤板除尘器的过滤板是由高分子材料制成，具有防油、防水、防静电等诸多优

点。由于过滤板其表面及内部孔隙仅有1～2 μm，在除尘效率极高的同时，过滤板的阻力也较高，因此对过滤板的清灰效果是影响塑烧过滤板除尘器工作的主要原因。

影响过滤板清灰效果的因素如下：

1. 脉冲喷吹清灰的压缩空气的压力与气量不足

当到达除尘器的压缩空气的压力不能达到0.5 MPa时，或者气量不足时，将造成过滤板表面积灰，引起除尘系统的阻力升高，处理风量减少，还会导致尘源点的粉尘外逸。尤其是处理含油、含水量大的粉尘时，会严重恶化除尘系统。

2. 带温含水量大的含尘气体的冷凝水析出

当除尘系统吸尘罩处的含尘气体的温度明显高于环境温度，且含水量大时，含尘气流在除尘管道的输送过程中，会因温度的下降析出大量的冷凝水。如果冷凝水进入除尘器，将造成除尘灰斗内粉尘的泥浆化，影响输灰系统的正常运行。排出的泥浆既影响粉尘的后处理，又容易造成对环境的二次污染。为避免冷凝水进入滤筒除尘器，应保障除尘管道有一个向上的坡度与除尘器连接，或者有一垂直管段，使气流向上进入除尘器，并在最低点设置排水装置。同时做好除尘管道和除尘器的保温。

3. 除尘灰斗内粉尘的板结与棚料

塑烧过滤板除尘器在处理含油、含水量大的粉尘和吸湿性很强的粉尘方面具有明显的优势。这类粉尘往往黏性大，流动性差，粉尘容易搭桥，引起灰斗棚料，即灰斗上部的灰下不去；或者粉尘板结，斗壁的灰出不去，造成卸灰不畅。因此需要对灰斗加热与保温，及时排灰，同时保障卸灰阀的密封性良好。

4. 过滤板清洗时的二次污染

由于种种原因导致过滤板清灰不利时，可以将过滤板从除尘器内拆下取出，在除尘器外部进行清洗。清洗时应采取必要防护措施，避免废水废渣对环境的污染，尤其是避免有毒有害物质对清洗人员身体的侵害。

第十二节　滤筒除尘器

早在20世纪70年代，滤筒式除尘器就已经在日本和欧美一些国家出现，具有体积小、效率高、投资少、易维护等优点，但因其设备容量小，难组合成大风量设备，过滤风速偏低，应用范围窄，仅在粮食、焊接等行业应用，所以多年来未能大量推广。近年来，随着新技术、新材料不断地发展，以日本、美国的公司为代表，对除尘器的结构和滤料进行了改进，使得滤筒除尘器广泛地应用于水泥、电力、食品、冶金、化工等工业领域，整体容量增加数倍，成为过滤面积大于2 000 m^2 大型滤筒除尘器。在一定条件下，是解决传统小型普通滤料袋式除尘器对超细粉尘收集难、过滤风速高、清灰效果差、滤袋易磨损破漏、运行成本高的最佳解决方案之一。

一、滤筒除尘器的基本原理

滤筒除尘器和覆膜袋式除尘器的除尘机理大致相同，所不同的是滤筒除尘器采用折叠成褶的硬化滤筒作为过滤元件，过滤机理属于表面过滤。清灰过程是由压缩空气以极短的时间流入滤筒，使滤筒膨胀变形产生振动，并在逆向气流冲刷的作用下，附着在滤袋外表面上的粉尘被剥离落入灰斗中。

滤筒的工作原理如图 6—21 所示。

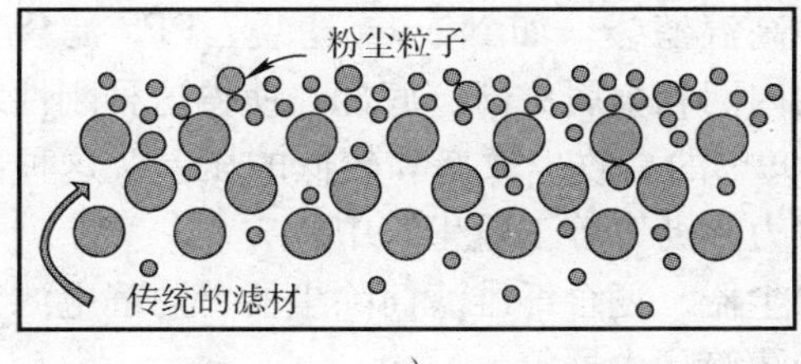

a)

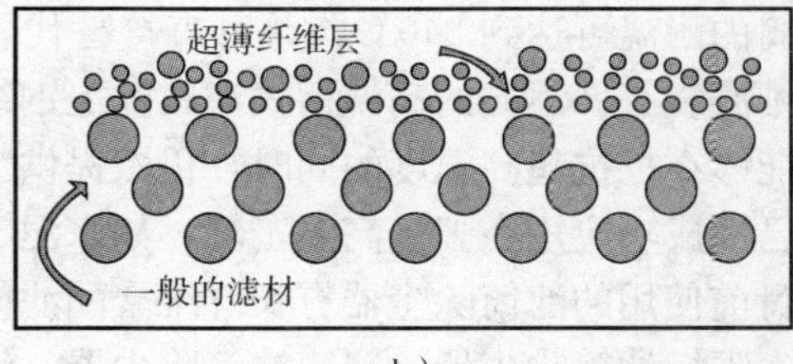

b)

图 6—21　滤筒的工作原理示意图

a) 传统的滤料　b) 滤筒的滤料

滤筒用滤料的特点是，把一层亚微米级的超薄纤维黏附在一般滤料上，在该黏附层上纤维间排列非常紧密，其间隙为 0.12～0.6 μm。极小的筛孔可把大部分亚微米级的尘粒阻挡在滤料表面，使其不能深入底层纤维内部（见图 6—21b)。因此，在除尘初期即可在滤料表面迅速形成透气性好的粉尘层，使其保持低阻、高效。由于尘粒不能深入滤料内部，因此具有低阻、便于清灰的特点。

二、滤筒除尘器的主要特点

1. 滤筒的构造

滤筒是用计算过长度的滤料折叠成褶，首尾粘合成筒，其构造如图 6—22 所示。滤筒的内层和外层均为金属网（或硬质塑料网)，中间为褶形的滤料，上、下用顶盖和底座固定。滤料的长度由粉尘的性质和粉尘的浓度决定，一般不超过 2 000 mm。由于采用了密集型的折叠，使其过滤面积大为增加。极大的过滤面积是滤筒的突出特点。

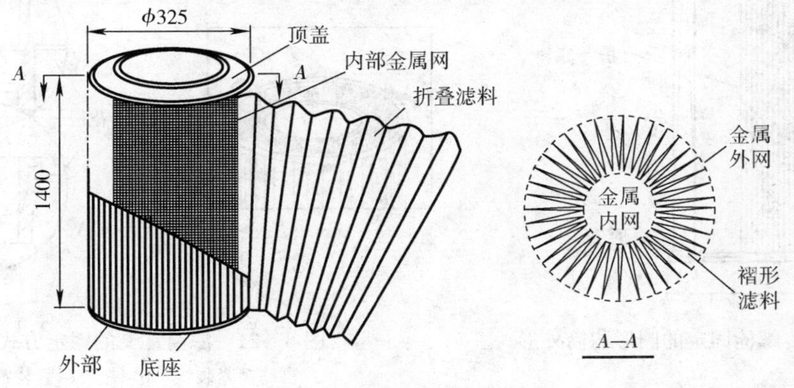

图 6—22　滤筒构造示意图

2. 滤料材质特点

滤料是滤筒式除尘器的核心部分，也是滤筒式除尘器的关键。材质要求刚性强，使其作为褶式滤筒滤料无须依赖支撑材料，一个褶式滤筒替代了滤袋和笼架等部件。同时该过滤材料抗潮性能好，强度高，清灰容易，使用寿命长，可减少除尘器的维护工作量。需根据处理粉尘的性质和除尘器工况温度，采用不同的材质。当过滤气体为常温或低于 100℃时，一般采用 PS 高分子涂层纤维滤料；如用于低于 165℃时则应采用 PSU 高分子涂层纤维滤料。高温滤筒的耐温可达到 240℃，并可直接替代各种高温滤袋，如 Nomex 滤袋、PPS 滤袋、玻璃纤维滤袋等。不同的高温褶式滤料配上钢结构内网和金属头部、底部，使得这种刚性结构滤件能够在抵抗超高温度的同时，仍然提供 99.99%的高收尘效率和较低的压差。这种高温滤筒已经成功应用在多个高温工况，如水泥、电力和沥青等工业生产中。

目前使用的滤筒除尘器有长纤维聚酯滤筒除尘器、复合纤维滤筒除尘器、防静电滤筒除尘器、阻燃滤筒除尘器、覆膜滤筒除尘器、纳米滤筒除尘器等。

3. 滤筒的固定方式

滤筒可以用螺栓固定在花板上，并垫有橡胶垫，用螺栓固定的圆形滤筒的外形如图 6—23 所示。花板下部分为过滤室，上部分为净气室。滤筒除了用螺栓固定外，更常见的固定方式是自动锁紧装置和橡胶压紧装置（见图 6—24），这两种方法对安装和维修十分方便。

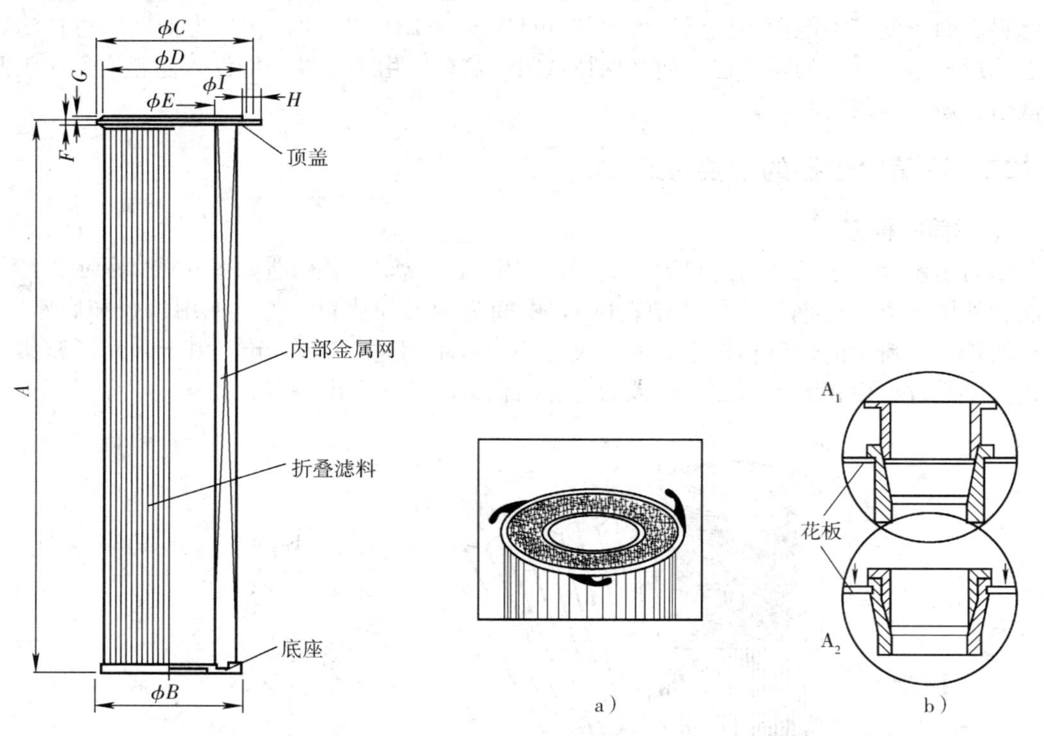

图 6—23　螺栓固定的圆形滤筒外形

图 6—24　滤筒常见的固定方式

a）自动锁紧装置　b）橡胶压紧装置

4. 滤筒除尘器的结构特点

滤筒除尘器的结构是由进风管、排风管、箱体、灰斗、清灰装置、导流装置、气流分流分布板、滤筒及电控装置组成，类似气箱脉冲袋除尘结构。

滤筒在除尘器中的布置很重要，既可以垂直布置在箱体花板上，又可以倾斜布置在花板上，从清灰效果看，垂直布置较为合理。花板下部为过滤室，上部为气箱脉冲室。在除尘器入口处装有气流分布板。滤筒除尘器的结构如图 6—25 所示。

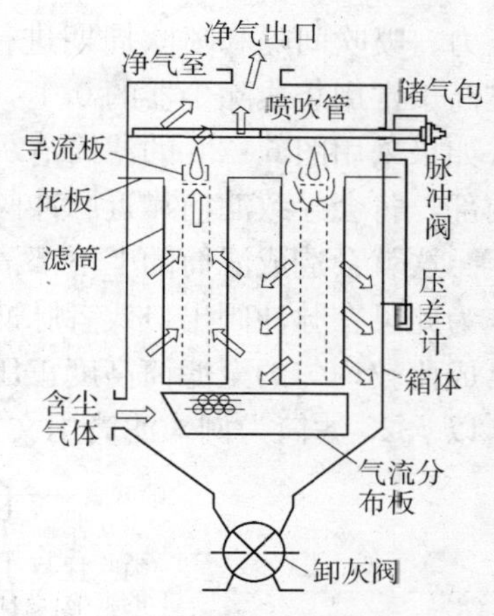

图 6—25　滤筒除尘器的结构示意图

三、滤筒除尘器的清灰系统

滤筒除尘器特别适合安装在室内生产线中，或者作为移动式除尘器应用，处理风量不超过 1×10^4 m^3/h。由于需要特殊加工，折叠式滤筒每平方米的滤料面积相对比滤袋大，而且滤筒的清灰系统要求比较高，风速一般在 0.8 m/min 以下，比滤袋低，所以滤筒式除尘器的造价也就比袋式除尘器稍高。

由于滤筒本身是一个硬固体，不再配置骨架，所以滤筒的清灰与传统的滤袋清灰不同。图 6—26 所示为滤筒除尘器的清灰示意图。该图是用一个脉冲阀喷吹三个排在一起的滤筒，滤筒的总过滤面积应有限制。不同规格的滤筒所配置的清灰系统不同，必须重新设计。

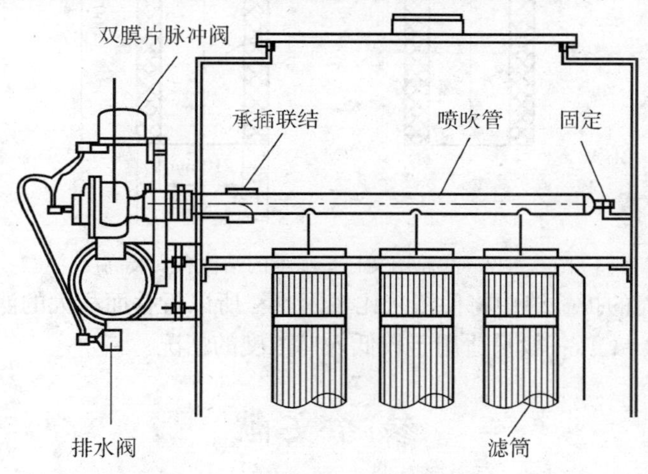

图 6—26　滤筒除尘器的清灰示意图

滤筒除尘器的阻力随滤料表面粉尘层厚度的增加而增大，阻力达到某一规定值时，进行清灰，此时脉冲控制仪控制电磁脉冲阀的启闭。当脉冲阀开启时，气包内的压缩空气通过电磁脉冲阀经喷吹管上的小孔喷射出一股高速、高压的引射气流，从而形成一股相当于引射气流体积 1～2 倍的诱导气流，一同进入滤筒内，使滤筒内出现瞬间正压并产生鼓胀和微动；沉积在滤料上的粉尘脱落，掉入灰斗内，灰斗内的粉尘通过卸料器，连续排出。

这种脉冲喷吹清灰方式是按滤筒顺序清灰，脉冲阀开闭一次产生一个脉冲动作，所需的时间为 0.1～0.2 s；脉冲阀相邻两次开闭的间隔时间为 1～2 min，全部滤筒完成一次清灰循环所需的时间为 10～30 min。由于设备为调压脉冲清灰，所以根据设备阻力情况，应对喷吹压力、喷吹间隔和喷吹周期进行调节。清灰系统所需的压缩空气压力为 0.5～0.7 MPa，明显高于常用袋式除尘器的 0.15～0.3 MPa 清灰压力。

如果采用图 6—26 的滤筒清灰方法，即脉冲气流没有经过文丘里喷嘴就直接喷吹进入滤筒内部，将会导致滤筒靠近脉冲阀的一端（上部）承受负压，而滤筒的另一端（下部）承受正压。这就会造成滤筒的上下部清灰不同而可能缩短使用寿命，并使设备不能有效清灰。

为此可在脉冲阀出口或者脉冲喷吹管上安装滤筒用文丘里喷嘴。把喷吹压力的分布情况改良成比较均匀的全滤筒高度正压喷吹。

以 ϕ325 滤筒为例，滤筒用文丘里喷嘴的结构和安装高度如图 6—27 所示。

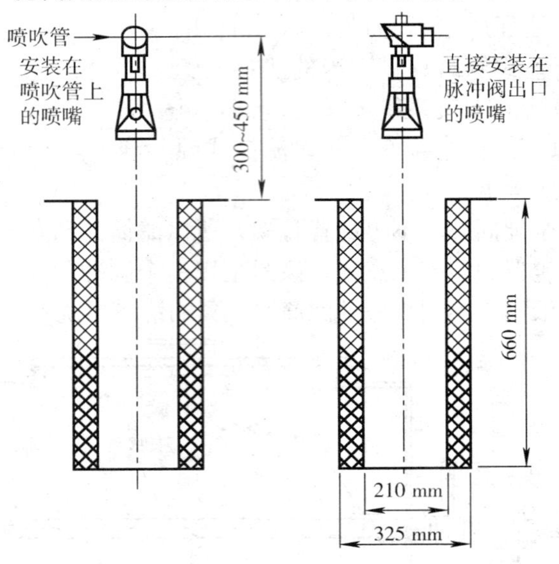

图 6—27　滤筒用文丘里喷嘴的结构和安装高度

灰尘堆积在滤筒的折叠缝中将使清灰比较困难。所以折叠面积大的滤筒（每个滤筒的过滤面积达到 20 ～22 m^2）一般只适用于较低入口浓度的情况。

参考文献

1. 陈隆枢．袋式除尘器．袋式除尘工程技术论坛（内部资料）．中国环保产业协会袋式除尘委员会，2009

2. 胡满银，赵毅，刘忠．除尘技术．北京：化学工业出版社环境·能源出版中心，2006

3. 孙一坚．工业通风．北京：中国建筑工业出版社，1994

4. 谭天佑，梁凤珍．工业通风除尘技术．北京：中国建筑工业出版社，1984

5. 余云进，彭丽娟，陈朝东．除尘技术问答．北京：化学工业出版社环境·能源出版中心，2006

6. 张殿印，王纯．除尘器手册．北京：化学工业出版社，2005

第七章 电除尘器

电除尘器是含尘气体在通过高压电场进行电离的过程中，使尘粒荷电，并在电场力的作用下使尘粒沉积在集尘极上，将尘粒从含尘气体中分离出来的一种除尘设备。电除尘过程与其他除尘过程的根本区别在于，分离力（主要是静电力）直接作用在颗粒上，而不是作用在整个气流上，这就决定了它具有分离颗粒耗能小、气流阻力也小的特点。由于作用在颗粒上的静电力相对较大，所以即使对亚微米级的颗粒也能有效地捕集。

电除尘器的主要优点是：压力损失小，一般为 200～500 Pa；处理烟气量大，可达10^5～10^6 m^3/h；能耗低，为 0.2～0.4（kW・h）/1 000 m^3；对细粉尘有很高的捕集效率，可高于 99%；可在高温或强腐蚀性气体下操作。

在收集细粉尘的场合，电除尘器已是主要的除尘装置之一。

第一节 电除尘器的基本原理

虽然在实践中电除尘器的种类和结构形式繁多，但都基于相同的工作原理。其原理涉及悬浮颗粒荷电，带电颗粒在电场内迁移和捕集，以及将捕集物从集尘表面上清除等三个基本过程。

高压直流电晕是使颗粒荷电的最有效办法，广泛应用于静电除尘过程。电晕过程发生于高压电极和接地极之间，电极之间的空间内形成高浓度的气体离子，含尘气流通过这个空间时，尘粒在百分之几秒的时间内因碰撞俘获气体离子而导致荷电。颗粒获得的电荷随颗粒大小而异。一般来说，直径 1 μm 的颗粒大约获得 30 000 个电子的电量。

在电场中，荷电的尘粒在电场力作用下做定向迁移。荷正电的颗粒向负极（电晕极）移动，荷负电的颗粒向正极（集尘极）移动。大量尘粒带有负电荷而在电场力作用下向集尘极运动，落到集尘极上被捕集。

通过振打除去接地电极上的颗粒层并使其落入灰斗，当颗粒为液态时，比如硫酸雾或焦油，被捕集颗粒会发生凝集并滴入下部容器内。

为保证电除尘器在高效率下运行，必须使颗粒荷电，并有效地完成颗粒捕集和清灰等过程。

一、电晕的发生

电除尘器是利用两电极间的电晕放电进行工作的。在两块平行金属板之间施加电压，则形成一个均匀电场，由于电场中任一点的电场强度均相同，故不能形成电晕。而当电位差达到某一临界值时，电场中任意一点的电场强度均匀地增加到某一定值，以致整个电场被击穿而发生火花放电的短路现象。这种配置方式不能形成电晕，这就是电除尘器不能采用均匀电场的缘故。

为了使电除尘器中的气体电离又不致将整个电场击穿而产生短路现象，必须采用非均匀电场。即在放电极周围有最大的电场强度，而在离放电极较远的地方，电场强度较小。适合这种条件的电场，只能是其中一极的曲率半径小于另一极的曲率半径，如一根导线对着一个圆筒，或一根导线对着一块平板。在导线附近，电力线密集，电场强度很大；在靠近圆筒和平板处，电力线稀疏，电场强度很弱。

电晕出现后，在电除尘器之间，划分出两个彼此不同的区域。一个是围绕着放电极附近形成的电晕区，通常仅限于放电极周围几毫米范围内。在此区域内，放电极表面的高电场强度使气体电离，产生大量自由电子及正离子，这时所产生的电子移向接地极，正电子移向负极（即放电极本身）。另一个是电晕外区，是从电晕区以外到达另一个电极之间的区域。它占据电极间的大部分空间，其中电场强度急剧下降，并不产生气体电离，但因电晕区内产生的离子或电子进入这一区域后，碰撞到其中的中性分子，使之形成与放电极供电电压极性相同的正离子（正电晕放电）或负离子（负电晕放电），粉尘的荷电主要在这一区域。

电晕特性取决于许多因素，包括电极的形状、电极间距离，气体组成、压力、温度，气流中要捕集的粉尘的浓度、粒度、比电阻以及它们在电晕极和集尘极上的沉积等。

二、尘粒荷电

尘粒荷电是电除尘器基本过程之一，目的是使烟气中的粉尘荷电，为下一步将烟气中的粉尘分离出来创造条件。

1. 无粉尘情况下电场空间电荷分布情况

在电场中，尘粒荷电及所带电量（即荷电量）的多少与尘粒的粒径、电场强度和停留时间等因素有关。先不考虑荷电粉尘，从电晕电离分析可知，在负电晕电场中，从放电极到收尘极，形成了各种带电粒子的分布，如图 7—1 所示。

2. 粉尘荷电的两种基本形式

在绝大部分的电场空间中充满着负离子，烟尘进入后，就有了负离子与尘粒结合的可能。离子在电场中得到一定动能并与尘粒碰撞使其荷电，称为碰撞荷电；离子做不规则热运动而与尘粒碰撞使其荷电，称为扩散荷电。对于工业电除尘器来说，碰撞荷电与扩散荷电是同时起作用而往往又以碰撞荷电更显突出，粒径的大小在这里起了关键作用。粒径与荷电机理的大致关系见表 7—1。

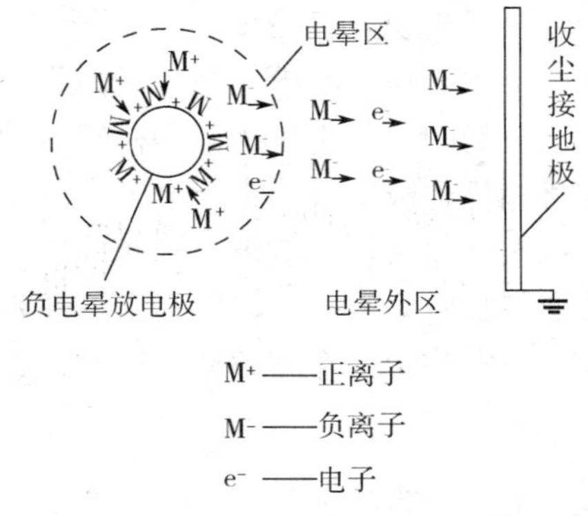

图 7—1 电场中带电粒子的分布

表 7—1　　粒径与荷电机理的大致关系　　μm

粒径	荷电机理
＜0.1	扩散荷电为主
0.1～1	扩散荷电与碰撞荷电都重要
＞1	碰撞荷电为主

目前电除尘器可捕集粉尘的最小粒径可达 0.01 μm，如果粉尘比电阻符合要求，从原理上都可以利用电除尘技术，对那些比电阻过高的烟尘也可以通过烟气调质来改善比电阻值，电除尘技术在粒径上显示了良好的适应性，电除尘器的应用范围也越来越广。

三、颗粒的捕集

1. 驱进速度

烟气以垂直于电力线方向进入电场，在碰撞荷电与扩散荷电两种机理共同作用下，粉尘被荷电。从电场空间电荷分布规律可知，粉尘中的很少一部分随烟气途经放电极附近与正离子结合带正电，其余绝大部分与负离子结合而带负电，在电场力作用下，向与各自极性相反的电极驱进，终点是电极，随后在振打力与自身重力共同作用下克服各种阻力，最终落入灰斗，这是工业上普遍采用的干式负电晕除尘器的荷电粉尘捕集过程（也称收尘过程）。在这个过程中涉及两个问题，一是荷电粉尘向电极的运动速度大小，这与除尘效率密切相关；二是沉积到电极上的粉尘如何清理以保证电除尘器长期有效可靠地工作。

荷电粒子向电极的运动速度称为驱进速度，常用 ω 表示。驱进速度与电场的结构、烟气的物理性质及电除尘器的操作参数、运行工况等有关。从驱进速度的概念可知，驱进速度越高、粉尘被捕捉得越快，其随气流被带出现场的可能性越小，其形成的空间电荷对电晕电离的影响也越小，除尘效率就越高，著名的多依奇（Deutsch）公式揭示了两者之间的关系：

$$\eta=[1-\exp(-\omega A/Q)]\times 100\% \qquad (7—1)$$

式中 η——除尘效率，%；

Q——处理烟气量，m^3/s；

A——收尘极板面积，m^2；

ω——驱进速度，m/s。

由于各种因素的影响，由式（7—1）计算得到的理论捕集效率要比实际值高得多。为此，实际中常常将在一定的除尘器结构形式和运行条件下测得的总捕集效率值，代入多依奇公式反算出相应的驱进速度值，并称为有效驱进速度，以 ω_e 表示。可利用有效驱进速度表示工业电除尘器的性能，并作为类似除尘器设计的基础。

对于工业电除尘器，有效驱进速度变化于 0.02～0.2 m/s 范围内。表 7—2 列出了各种工业粉尘的有效驱进速度。

表 7—2　　各种工业粉尘的有效驱进速度　　m/s

粉尘种类	驱进速度	粉尘种类	驱进速度
粉煤炉飞灰	0.1～0.14	冲天炉尘	0.03～0.04
纸浆及造纸锅炉尘	0.065～0.1	干法水泥窑尘	0.04～0.06
高炉尘	0.06～0.14	湿法水泥窑尘	0.08～0.115
铁矿烧结粉尘	0.05～0.2	石膏	0.16～0.20
焦炉尘	0.06～0.16	石灰回转窑尘	0.05～0.08
铜焙烧炉尘	0.037～0.042	焦油	0.08～0.23
硫酸雾	0.061～0.071	有色金属转炉尘	0.073

许多电除尘器效率的实际测量表明，对于粒径在亚微米区间的颗粒，除尘效率有增大的趋势。例如粒径为 1 μm 的颗粒的捕集效率为 90%～95%，对粒径 0.1 μm 的颗粒，捕集效率可能上升到 99%或更高，这说明电除尘过程是去除微小颗粒的有效办法。测量表明，在许多情况下最低捕集效率发生在 0.1～0.5 μm 的粒径区间。

2. 比电阻

荷电粉尘到达电极后，会因其自身导电性能的好坏，粒径的大小，黏附性的高低等不同对电场工作特性产生各种不同的影响，其中比电阻是电除尘技术中一个重要概念，也是影响除尘性能的一个极其重要的参数。

组成粉尘的各类成分的导电性能与温度、湿度等决定了比电阻的大小，如燃煤锅炉飞灰比电阻随温度变化，在温度较低（<100℃）时以表面导电为主，温度较高（>250℃）时以体积导电为主，在 100～250℃温度范围内则表面导电与体积导电共同起作用。同时，飞灰比电阻最高时对应的温度，与电站锅炉通常设计的烟气温度比较接近。在降低比电阻的措施中，烟气调质（如加入 SO_3）是增加粉尘的表面导电特性，采用高温电除尘技术是因为高温时粉尘的体积比电阻减小。

3. 振打原理及合理的振打制度

荷电粉尘到达电极后，在静电力与黏附力的作用下附集在电极上形成一定厚度的粉尘层，工业电除尘器中通常设计有振打装置，能给电极一个足够大的加速度，在已捕集的粉尘层中产生惯性力，用来克服粉尘层在电极上的附着力，将粉尘层打下来。吸附力中的静电力与电场强度、粉尘层所荷电荷及比电阻等因素有关，也就是说与电场的二次电压、电流密切相关。

收尘极板上的粉尘层受到振打后脱离电极，一部分会在自身重力的作用下落入灰斗，而另外一部分会在下落过程中扬起，重新回到气流中去。已被电极捕捉的粉尘重新回到气流中去，称为粉尘的二次飞扬。二次飞扬影响电除尘效率，也无谓地浪费电能，其在电除尘过程中是不能完全避免的，但又需要努力去控制减少它，除了设计有利于克服二次飞扬的收尘极结构外，选取一个合理的振打制度很重要。理论与实践都可证明，让粉尘层在电极上形成一定厚度后（一般数毫米）再予以振落，让粉尘呈饼状下落比较合理，很薄的粉尘层由于质量轻，所需的振打力要大，反而不容易振落，而且薄粉尘层容易被粉碎，从而引起较大的二次飞扬。

电除尘器常为多级电场串联，前级电场的入口烟尘浓度要大大高于后级电场的入口浓度，其振打间隔时间就要比后者小得多。为了更好地克服二次飞扬，减少因振打引起的扬尘直接随烟气逸出的可能，最后两级电场的收尘极（阳极）振打是不同时进行的。由于常规电除尘器中放电极（阴极）上粉尘的数量很少，其振打清灰引起的二次飞扬可以不考虑。为了放电极有足够电场强度，要求放电极始终保持较好的清洁状态，故阴极振打间隔时间一般较短。

第二节　电除尘器的分类

一、根据收尘极和放电极在电除尘器中配置不同分类

1. 单区电除尘器

颗粒的荷电和捕集是在同一个区域中进行的，即收尘极系统和放电极系统都在一个区域。工业烟气除尘多用这种除尘器，因而单区两字通常被省略。

2. 双区电除尘器

双区电除尘器具有前后两个区域。前区安装放电极，称为电离区，粉尘进入此区首先荷电。后区安装收尘极，称为收尘区，荷电粉尘在此区域被捕集。双区电除尘器的电压等级较低，通常采用正电晕放电。它主要用于空气调节系统的空气净化。近年来，利用双区电除尘器的原理设计的电除尘器用于工业废气的净化，例如用于沥青烟尘和高炉煤气的净化，也取得了较好的效果。

二、单区电除尘器按其结构不同分类

1. 按烟气在电场中的流动方向分类

分为立式和卧式电除尘器。

立式电除尘器中的气流是自下而上垂直运动的。一般用于烟气流量较小、除尘效率要求不太高的场合。立式电除尘器较高，气体通常直接排入大气，所以在正压下运行。它的主要优点是占地面积小。现在应用较少。卧式电除尘器内的气流是沿水平方向流动。与立式电除尘器相比，它的优点是按照不同除尘效率的要求，可任意增加电场长度和电场个数；能分段供电；适合于负压操作，引风机的使用寿命较长。目前应用广泛。

2. 按清灰方式分类

可分为干式和湿式电除尘器。

干式电除尘器的清灰方式是通过冲击振动来剥离电极上的粉尘，收集的粉尘是干燥的，便于综合利用。湿式电除尘器的清灰方式是用水冲洗电极，一般只在易爆气体净化或烟气湿度过高，设有泥浆处理设备时才采用。

3. 按电极形状分类

可分为板式、管式和棒式电除尘器。

板式电除尘器的收尘极呈板状。为了减少粉尘的二次飞扬和增加极板的刚度，通常将极板轧制成不同的凹凸槽形。管式电除尘器收尘极由一根或一组管子构成，放电极位于管子中心。棒式电除尘器目前已不多见。

4. 按电极距离的大小分类

可分为常规电除尘器和宽间距电除尘器。

常规电除尘器同极距离一般为 250～400 mm。板式电除尘器同极间距超过 400 mm 的称为宽间距电除尘器。宽间距电除尘器除了间距加大以外，在本体结构上与常规电除尘器没有根本的区别。但由于间距的加大，供电机组电压的提高，有效电场强度大，板电流密度均匀，驱进速度提高，有利于净化高比电阻粉尘，目前板式电除尘器常用 400 mm 的同极间距。

第三节　电除尘器的结构

电除尘器主要由两大部分组成，一部分是电除尘器本体，用于实现烟尘净化，另一部分是电气系统，包括产生高压直流电的供电装置和低压控制装置。

目前应用最广泛的是板卧式电除尘器，其一般结构如图 7—2 所示。主要部件组成如图 7—3 所示。

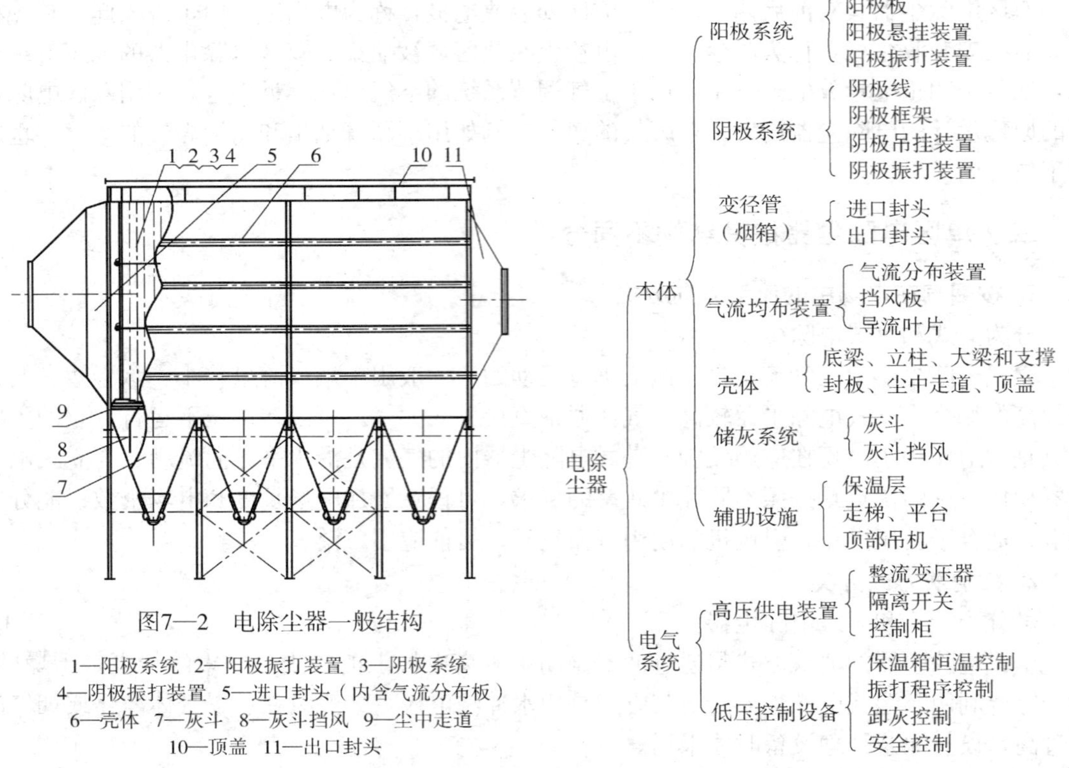

图7—2　电除尘器一般结构

1—阳极系统　2—阳极振打装置　3—阴极系统
4—阴极振打装置　5—进口封头（内含气流分布板）
6—壳体　7—灰斗　8—灰斗挡风　9—尘中走道
10—顶盖　11—出口封头

- 电除尘器
  - 本体
    - 阳极系统：阳极板；阳极悬挂装置；阳极振打装置
    - 阴极系统：阴极线；阴极框架；阴极吊挂装置；阴极振打装置
    - 变径管（烟箱）：进口封头；出口封头
    - 气流均布装置：气流分布装置；挡风板；导流叶片
    - 壳体：底梁、立柱、大梁和支撑；封板、尘中走道、顶盖
    - 储灰系统：灰斗；灰斗挡风
    - 辅助设施：保温层；走梯、平台；顶部吊机
  - 电气系统
    - 高压供电装置：整流变压器；隔离开关；控制柜
    - 低压控制设备：保温箱恒温控制；振打程序控制；卸灰控制；安全控制

图 7—3　电除尘器本体主要部件组成

一、放电电极（电晕电极）

放电电极又称电晕极，通常采用阴极放电电极（简称阴极），它是电除尘器的主要部件之一，其作用是与阳极收尘板一起形成非均匀电场，产生电晕电流。它由阴极线、阴极框架、阴极吊挂装置等部分组成。由于阴极在工作时带高电压，所以，阴极与阳极及壳体之间应有足够的绝缘距离和绝缘装置。

1. 阴极线

阴极线又称放电线或电晕线，有多种形式，图 7—4 所示为目前国内常用的几种阴极线形式。

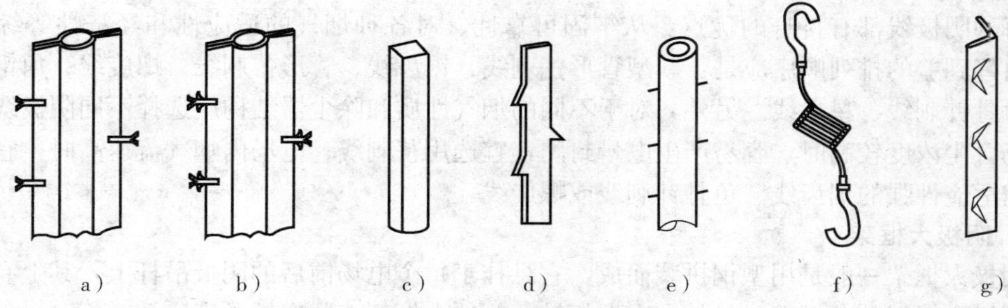

图 7—4　国内常用的阴极线形式

a）管形芒刺线　b）新型管形芒刺线　c）星形线　d）锯齿线　e）鱼骨针刺线　f）螺旋线　g）角钢芒刺线

阴极线性能的好坏，直接影响到电除尘器的性能。对于阴极线来说，在相同工况条件下，应具备以下特性：

（1）牢固可靠、机械强度大、不断线、不掉线。电场中往往有数百根至数千根阴极线，其中只要有一根折断或脱落便可造成整个电场短路，使该电场停止运行或处于低除尘效率状态下运行，从而影响整台电除尘器的除尘效率，使出口排放浓度提高，又会导致引风机叶片的磨损，寿命缩短。因此，阴极线在设计、制造时应考虑具有足够的机械强度，还要考虑耐腐蚀、耐高温等要求。

（2）电气性能良好，阴极线的形状和尺寸可在某种程度上改变起晕电压、电流和电场强度的大小和分布。良好的电气性能通常是指阳极板上的电流密度分布均匀、平均电场强度高；对于含尘浓度高、粉尘粒径小及高比电阻粉尘均表现出极大的适应性。

（3）伏安特性曲线理想。指每个独立供电的电场或室，在通电后，伏安特性曲线的斜率大，这意味着起晕电压低、击穿电压高、电晕电流强，在相同的电压下电流大，因而粉尘荷电的概率大。

（4）振打力传递均匀，有良好的清灰效果。电场中带正离子的粉尘积聚在阴极线上，达到一定厚度时，会大大降低电晕放电效果，故要求阴极线黏附粉尘要少，即通过振打，阴极线上积聚的粉尘能轻易脱落。

（5）结构简单、制造容易、成本低。

在同极距为 400 mm 的情况下，以上几种常用阴极线的起晕电压与线电流密度见表 7—3。

表 7—3　常用阴极线起晕电压和线电流密度

名称	起晕电压/kV	线电流密度 mA/m
管形芒刺线	15	1.3
鱼骨针刺线	15	1.243
锯齿线	20	1.88
角钢芒刺线	20	2.02
螺旋线（ϕ2.7 mm）	28	0.87
星形线	35	0.993

每种阴极线都有自身的优点。从牢固可靠性、对各种烟气的适应性和经济性等综合来看，由好到差的排列顺序应是：新型管形芒刺线、锯齿线、管形芒刺线、螺旋线、角钢芒刺线、鱼骨针刺线、星形线。另外，对于不同的烟气性质和除尘器结构应选择不同阴极线。如一电场含尘浓度较高时，容易产生电晕封闭，宜选用芒刺线；电场内烟气流速高时，宜选用对风速适应性强的锯齿线、鱼骨针刺线或螺旋线。

2. 阴极大框架

阴极大框架一般是用型钢拼装而成，它悬挂于每个电场前后的阴极吊杆上，其上有用以安装阴极小框架的角钢等，另外在有振打轴一侧的大框架上装有轴承底座。

3. 阴极小框架

阴极小框架的作用有：支撑并固定阴极线使之按一定间距和方向排列；传递振打力，确保阴极线的清洁。

4. 阴极吊挂装置

阴极吊挂装置的作用有：承担电场内阴极系统的荷重及经受振打时产生的机械负荷；使阴极系统与壳体之间绝缘，并使阴极系统处于负高压工作状态。

二、收尘电极

收尘电极又称阳极，是由阳极板、上部悬挂装置及下部振打撞击杆等零部件组装后的总称。

1. 阳极板

阳极板又称收尘极板，其作用是捕集荷电粉尘，通过振打机构冲击振打，使极板发生冲击振动或抖动，使极板表面附着的粉尘呈片状或团状脱离板面落到灰斗中，达到除尘的目的。

对阳极板性能的基本要求如下：

（1）极板表面的电场强度分布比较均匀。

（2）极板受温度影响的变形小，且有较好的刚度。

（3）有良好的防止粉尘二次飞扬的性能。

（4）振打力传递性能好，且极板表面的振打加速度分布较均匀，清灰效果好。

（5）与放电极之间不易产生闪络放电。

（6）在保证以上性能的情况下，质量要轻。

卧式电除尘器的阳极板形式较多，如鱼鳞形、波纹形、棒帏形、Z 字形、小 C 形、大 C

形等，目前国内普遍生产和应用的为Z形极板、480C形、CW形。图7—5所示为三种阳极板断面示意图。

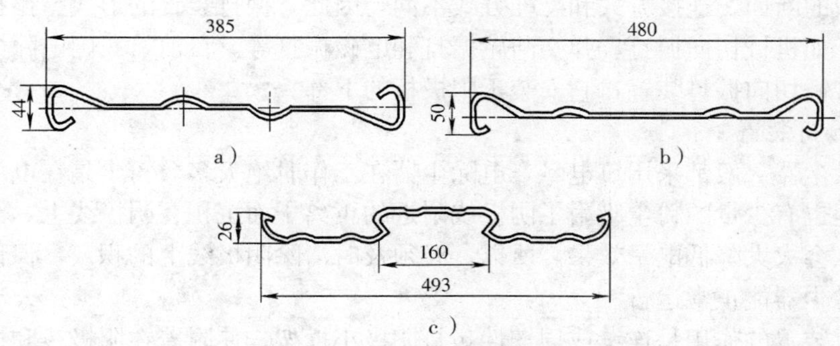

图7—5　阳极板断面形状

a）Z形极板　b）480C形极板　c）CW形极板

2. 阳极板悬挂方式

阳极板最常见的悬挂方式有紧固型和自由型，其中自由悬挂方式又分为不偏心悬挂和偏心悬挂两种。

三、气流分布装置

烟气进入电除尘器一般都是从小断面的烟道过渡到大断面的电场内，为了减少涡流，使进入电场的烟气分布均匀，并减少高速气流、涡流对阳极板和灰斗产生的冲刷作用．要在烟气进入电场前的烟道和电除尘器的进口封头处加装导流板和气流分布板，才能保证设计所要求的除尘效率。

最常见的气流分布板有百叶窗式、多孔板分布格子、槽形钢式和栏杆型分布板等，而以多孔板使用最为广泛。通常采用厚度为3～5 mm的钢板，孔径为40～60 mm，分布板层数为1～3层，一般开孔率为50%～60%。

电除尘器正式投入运行前，必须进行测试、调整，检查气流分布是否均匀，对气流分布的具体要求如下：

第一，任何一点的流速不得超过该断面平均流速的±40%。

第二，在任何一个测定断面上，85%以上测点的流速与平均流速不得相差±25%。

四、振打清灰装置

1. 阳极振打装置

极板清洁与否直接影响电除尘器的除尘效率，因此，为了清除极板板面的粉尘，极板需要进行恰当的周期性振打，通过振打使吸附于极板上的粉尘落入灰斗并及时排出，这是保证电除尘器有效工作的重要条件之一。

对振打装置的基本要求如下：

（1）应用适当的振打力。

（2）能使极板各点上获得满足清灰要求的加速度。

(3) 能够按照粉尘的类型和浓度不同，适当调整振打周期和频率。

(4) 运行可靠，能满足主机大修、小修周期要求。

由于极板的断面、连接方式和悬挂方式不同，因此，振打装置的形式、振打的位置也是多种多样的，如机械切向振打、弹簧凸轮振打和电磁振打等。目前，我国电除尘器基本上采用旋转式挠臂锤切向振打装置，它安装于阳极板的下部。

2. 阴极振打装置

工业电除尘器一般都采用负电晕，电除尘器在工作时绝大多数粉尘是在电场力作用下向阳极沉积，但也有少量的粉尘吸附了阴极线附近的正离子而沉积在阴极线上，当粉尘沉积到一定厚度时，会大大降低电晕效果。所以，必须及时清除阴极线上的积灰，保证阴极线正常放电，使电除尘器能正常运行。

阴极振打装置的作用是连续或周期性敲打阴极小框架，使附着在阴极线和框架上的粉尘被振落。其主要目的是阴极系统的清灰而不是收尘。

阴极振打与阳极振打的振打原理基本相同，主要区别在于：阴极振打轴、锤带有高压电，所以必须与壳体及传动装置相对绝缘。

阴极振打与阳极振打一般均要求间断振打，阴极、阳极振打及前后相邻电场振打时间尽量错开，以避免引起较大的二次扬尘，影响效率。

五、外壳及灰斗

1. 外壳（壳体）

电除尘器壳体是密封烟气、支撑全部质量及外部附加载荷的结构件，其作用是引导烟气通过电场，支撑阴极、阳极和振打设备，形成一个与外界环境隔离的独立的收尘空间。

壳体的结构不仅要有足够的刚度、强度及气密性，而且要考虑工作环境下的耐腐蚀性和稳定性，同时结合选材、制造、运输和安装等，要使壳体结构具有良好的工艺性和经济性。一般要求壳体的气密性即漏风率小于5%。

壳体的材料根据被处理烟气的性质而定，一般用钢材制作，个别有用钢筋混凝土和砖砌壳体。烟气腐蚀严重的，可采用砖、混凝土或耐腐蚀钢制作或用以作壳体内衬。为保持壳体内温度高于烟气的露点温度，壳体要求外敷保温层。一般一台钢结构的电除尘器壳体耗钢量占总质量的40%～60%，所以它是影响电除尘器经济性的重要因素。

2. 灰斗

灰斗是收集并短时储存粉尘的容器，位于壳体下部，焊接在底梁上。其形状有锥形、槽形（船形）两种形式。为了使粉尘能顺利下落，灰斗壁与水平面夹角一般不小于60°。对于造纸碱回收、燃油锅炉等配套的电除尘器，由于其粉尘细、黏度大，灰斗壁与水平面夹角一般不小于65°。

锥形灰斗应用广泛，每个灰斗的长度对应于一个电场，灰斗的容积根据所捕集的粉尘密度、粉尘量与安息角决定。

六、电除尘器的供电装置

电除尘器的供电装置是指将交流低压变换为直流高压的电源和控制部分，包括升压变压器、高压整流器、控制元件和控制系统的传感元件等四个部分，如图 7—6 所示。电除尘器供电装置的性能对除尘效率影响较大。

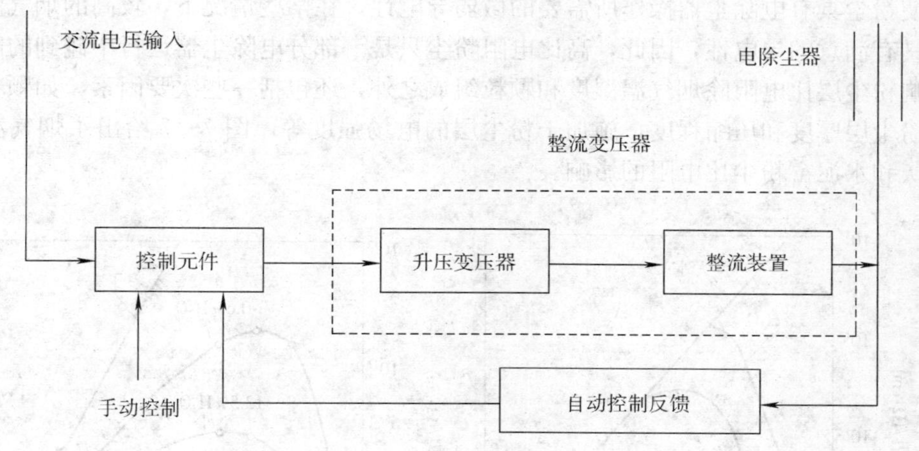

图 7—6　电除尘器供电装置

对电除尘器供电装置的要求是：在除尘器工况变化时，供电装置能快速地适应其变化，自动地调节输出电压和电流，使电除尘器在较高的电压和电流状态下运行；另外，电除尘器一旦发生故障，供电装置应能提供必要的保护，对闪络、拉弧和过流信号能快速鉴别和作出反应。

高压供电装置是一个以电压、电流为控制对象的闭环控制系统。包括升压变压器、高压整流器、控制元件和控制系统的传感元件等四个部分。

高压供电装置的控制方式有火花频率控制、最佳电压控制、间歇供电控制等。

电除尘器用低压控制装置主要指对电除尘器的阴阳极振打电动机、绝缘子室的恒温进行自动控制的装置；对支撑电除尘器放电极的绝缘子、高压整流变压器等设备及维护人员的安全进行保护的装置。该装置主要有程控、操作显示和低压配电三个部分。

第四节　影响电除尘器工作的因素

一、粉尘比电阻对电除尘器工作的影响及改善措施

1. 粉尘的导电性

为了在电晕极和集尘极之间输送离子电流，沉积在集尘极表面的粉尘必须具有一定的导电性，为此所需要的最小导电率是 10^{-10} Ω・cm。与普通金属相比，其导电率是很小的，但与硅和大部分塑料等性能良好的绝缘体比较，其导电率就大得多了。导电率低于大约 10^{-10} Ω・cm，即电阻率大于 10^{11} Ω・cm 的粉尘，通常称为高比电阻粉尘。高比电阻粉尘将影响电除尘器的操作和性能。

液态雾滴和某些固体微粒本来就是可导电的，因此不存在高比电阻引起的困难。然而，

工业电除尘器所处理的许多粉尘，由硅酸盐、金属氧化物和类似的无机化合物组成，这些物质在干燥状态是良好的绝缘体，因此会给电除尘器运行带来困难。烟气中存在的水汽和化学物质能使粉尘具有电除尘器操作所需要的微弱导电性，在某些情况下，较高的烟气温度也会使粉尘具有满意的导电性，因此，高比电阻粉尘只是一部分电除尘器运行中碰到的问题。

影响粉尘层比电阻除烟气温湿度和颗粒组成之外，还包括一些次要因素，如颗粒大小和形状，粉尘层厚度和压缩程度，施加于粉尘层的电场强度等，图 7—7 给出了烟气温度和湿度对飞灰和水泥窑粉尘比电阻的影响。

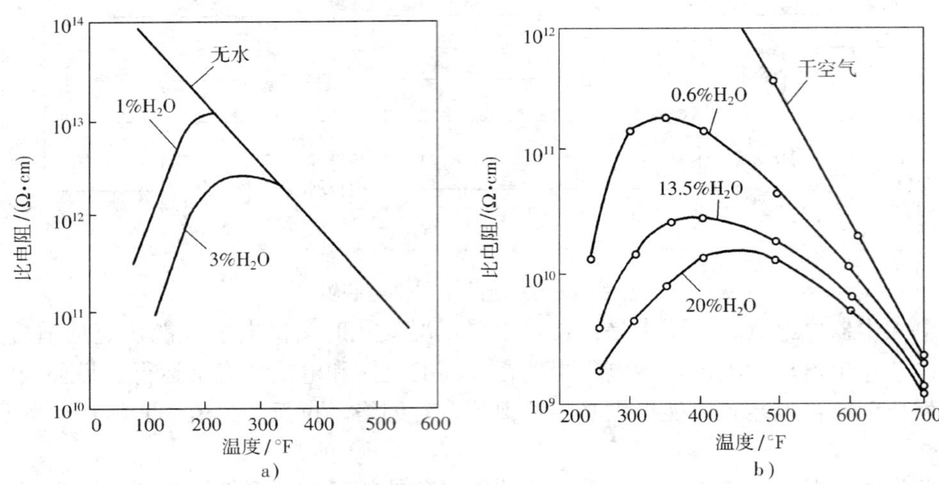

图 7—7　烟气湿度和温度对粉尘比电阻的影响

a）飞灰　b）水泥窑粉尘

对于粉尘比电阻的测量，现场测量的数据只为在实验室测量的结果的 1/1000～1/100 是常见的，因此，在评价电除尘器的操作性能时应以现场测得的粉尘比电阻数据为依据。

2. 高比电阻粉尘对电除尘器性能的影响

现已公认，高比电阻粉尘将会干扰电场条件，并导致除尘效率下降。假如电除尘器设计已经考虑了这些不利影响，采用有效的自动控制系统或适当调整供电系统，电除尘器仍可达到较高效率和稳定的操作。

许多工业部门的实践表明，可以近似取 10^{10} Ω·cm 为比电阻临界值。当低于 10^{10} Ω·cm 时，比电阻几乎对除尘器操作和性能没有影响；当比电阻在 10^{10}～10^{11} Ω·cm 时，火花率增加，操作电压降低；当高于 10^{11} Ω·cm 时，集尘板粉尘层内会出现电火花，即会产生明显反电晕。反电晕的产生导致电晕电流密度大大降低，进而严重干扰颗粒荷电和捕集。

基于对直径 20 cm 的管式电除尘器的理论计算，图 7—8 给出了粉尘比电阻对伏安特性的影响。根据现场综合试验，图 7—9 所示为飞灰比电阻对有效驱进速度的影响。

3. 克服高比电阻影响的方法

实践中克服高比电阻影响的方法有保持电极表面尽可能清洁，采用较好的供电系统，烟气调质，以及发展新型电除尘器。

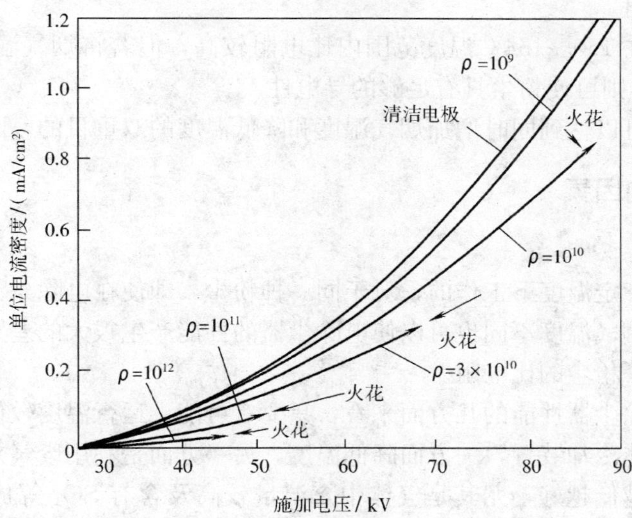

图 7—8 粉尘比电阻对除尘器伏安特性的影响

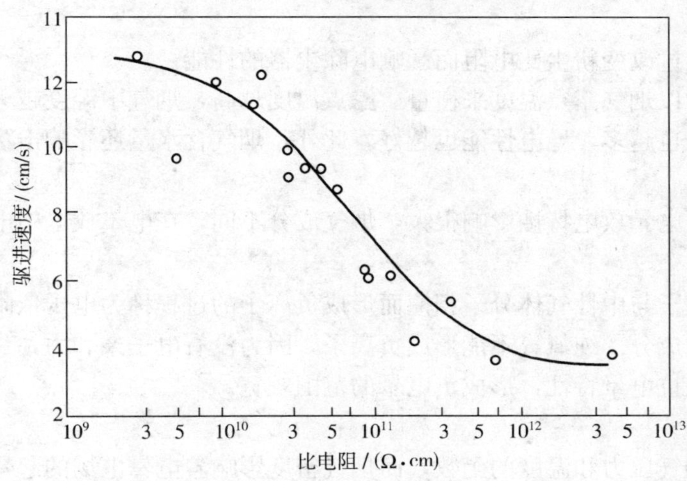

图 7—9 飞灰比电阻对有效驱进速度的影响

理论上讲，保持电极表面清洁是可以消除高比电阻影响的，虽然在实践上保持电极表面完全无粉尘是不可能的，但提高振打强度可以使电极表面粉尘层的厚度保持在 1 mm 以下。这样就能基本上消除了高比电阻的不利影响。

增加烟气湿度，或向烟气中加入 SO_3、NH_3 及 Na_2CO_3 等化合物，可使粒子导电性增加，此种方法称为烟气调质。到目前为止，最常用的化学调质剂是 SO_3。早在 1915 年，它就被用于有色金属熔炼炉烟气，近年来又用做燃用低硫煤的烟气调质剂。钠的化合物用做燃煤烟气调质剂始于 20 世纪 70 年代，某些煤种含钠量较高（以 Na_2O 质量计，在 0.2%左右），可使飞灰具有足够的导电性。实验室和现场研究表明，向煤中加入少量的钠化合物可以减小飞灰的比电阻。

许多工业粉尘在150～154℃温度范围内比电阻较高，但若将烟气温度降至130℃以下，或升至350℃以上，则可使粉尘具有足够的导电性。

向烟气中喷水可以达到同时增加烟气湿度和降低温度的双重目的，因此特别有效。

二、其他影响因素

1. 烟气温度

电除尘器是在一定温度下工作的，对于同一种粉尘，即使在电除尘器规格和技术性能均相同的情况下，仅烟气温度不同也可以使电除尘器的性能产生很大的差别，这主要是因为烟气温度不同而改变了粉尘的比电阻。

从温度影响电除尘器性能的几方面来看，只要有可能，运行温度较低为好。所以有的电除尘器前面装有气体冷却装置，一方面降低温度，另一方面是利用废气余热。但是，电除尘器操作温度也不是越低越好，尤其是气体中含湿量较高及含有 SO_3 等成分时，温度过低容易产生冷凝结露，造成清灰振打困难、电极腐蚀、绝缘体爬电等故障，结果使电除尘器不能正常运行。因此，烟气温度必须高于露点温度。

2. 烟气湿度

烟气湿度能通过改变粉尘比电阻而影响电除尘器的性能。

烟气湿度通常以烟气露点温度来衡量。露点温度越高，烟气中湿度越大，吸收或凝结在粉尘表面上的水分也越多，导电性能也越好。此外，烟气含水量还影响击穿电压。

3. 烟气成分

烟气成分对负电晕放电特性影响很大，烟气成分不同，在电晕放电中电荷载体的有效迁移率也不同。

在电场中，电子与中性气体分子相撞而形成负离子的过程称为电子依附，其概率在很大程度上取决于烟气成分。纯氮气不能形成负离子，因为没有电子亲和力，二氧化硫等气体具有非常稳定的高阻抗电晕特性，形成负电晕的范围较宽。

4. 烟气压力

烟气密度是烟气压力和温度的函数，而烟气密度影响着电晕电场的起晕电压、电晕极表面电场强度、空间电荷密度和离子迁移率的大小，从而影响电除尘器的放电特性和除尘性能。

5. 粉尘浓度

电除尘器对粉尘的浓度有一定的适应范围，超过这个范围，电流随着含尘浓度的增加而逐渐减少。当含尘浓度达到某一极限时，通过电场的电流趋近于零，这种现象称为电晕闭塞。

此外，粉尘粒径、粉尘密度、粉尘黏附力、烟气流速等也是影响电除尘器性能的因素。

第五节　电除尘器的维护管理

严格的维护保养制度和切实可行的检修规程是电除尘器长期高效安全可靠运行的保障。建立现代化的专业管理机构是保证电除尘器持久稳定和高效运行的首要条件。多年实践证明，凡是电除尘器运行状况好的，基本上均设有专业管理组织机构。同时，还应制定必要的规章制度，加强正常运行中的检修管理工作。

使用电除尘器的不同行业对其结构、用途的要求有所不同，因此，不同行业的电除尘器有不同的维护保养和检修规程。下面按照通用原则制定有关制度与规程。

一、电除尘器的维护保养

1. 设备管理

电除尘器的定期维护工作见表 7—4。

表 7—4　　电除尘器的定期维护工作

定期维护项目	周期
容易磨损的各机械传动部位加油 高压控制柜及晶闸管冷却风机转动部分加润滑油 振打、排灰减速机加油 高压隔离开关、安全机械锁机械传动部位加油、检查、调整	1 周 3 个月 3 个月 6 个月
用示波器测量电压自动调节器的工作情况并作记录。要求电压自动调整器工作电源符合制造厂要求，触发脉冲对称，反馈波形对称、丰满	3 个月
清洗控制柜内滤网	3 个月
检查温度测量装置是否正常，调整或更换测温元件	1 年
检查浊度仪镜头表面有无异物污染，并进行清理 清理浊度仪的空气过滤器 更换滤筒	半年 半年 1 年或按制造厂规定周期
整流变压器及阻尼电阻	半年
常用易耗品如熔断器、指示灯、润滑油等检查、清点、补充	1 个月
在控制室、电缆层、整流变压器及电力变压器、配电室处应配置消防器材，并定期检查更换	按消防器材规定周期

2. 电除尘器运行操作

电除尘器必须设立专职运行值班人员，值班人员应具备初级电工和电除尘器值班工的基本知识，并经安全规程和运行规程考核合格后方可值班。电除尘器运行有一系列操作规程，运行中的检查也必不可少。表 7—5 为电除尘器运行中检查部位和次数。

表 7—5　　　　电除尘器运行中检查部位和次数

项目	检查部位	检查次数	正常状态	异常的处理
烟囱	排烟	2 次/日	无浓度增加	检查各部位
振打装置	传动及振打系统	3 次/日	正常振打	检查各部位
壳体	壳体上各部件	1 次/日	人孔门气密性好，不漏风 保温层无脱落 法兰口不漏风 顶板不锈蚀	加石棉绳密封 修补 修补 修补
卸灰装置	减速电动机分格轮	3 次/日 1 次/日	卸灰阀运行正常 无漏灰现象	检查各部位 补漏
电源部分	二次电流 电压表 绝缘子室	3 次/日 1 次/日 1 次/日	电晕电流工作电压符合规定值 电加热器无断线 热风系统正常	检查电源装置各部件 更换 检查风机管道

二、大修项目

1. 机械部分的大修项目

机械部分的大修项目包括电场本体清扫、阳极板检修、阳极振打装置检修、阴极悬挂装置和大小框架及极线检修、阴极振打装置检修、灰斗及卸灰装置检修、壳体及外围设备和进出口封头及槽形板检修、加热系统检修、减速机解体大修等。

2. 电气部分的大修项目

电气部分的大修项目包括整流变压器检修、电除尘器的高压回路检修、高压控制系统及安全装置检修、电气低压部分检修等。

三、小修项目

小修主要是处理运行中不能消除的缺陷，主要是电场内部故障及一些只能在停机时才能处理的公用系统的故障。主要包括阳极板、阳极振打装置、阴极系统、阴极振打装置、灰斗卸灰装置、进出口封头及加热系统、整流变压器及高压回路、高压控制设备、电气低压设备等方面。

表 7—6 为电除尘器小修的主要内容。

表 7—6　　　　电除尘器小修的主要内容

部位	项目	检修内容
本体外部	人孔门	密封与否
		是否腐蚀
	振打传动装置	减速机润滑油位
		减速机是否漏油
		保险片是否完好
	灰斗卸灰装置	卸灰阀是否磨损
		灰斗是否漏风
		输灰装置工作是否正常

续表

部位	项目	检修内容
电场内部	气流分布板	是否堵塞
		是否变形
	电极间距	是否有局部变小现象
		与振打锤、阻流板相对位置是否发生变化
	绝缘子和保护套	是否有灰尘黏附、破损
		保护套是否腐蚀
收尘极系统	收尘极板	是否有过分的堆灰现象
		是否腐蚀变形
		是否与下部阻流板碰磨
		振打砧螺栓是否松动
	振打装置	锤与砧是否对中
		接触点是否明显变形
		振打轴承是否过度磨损
		是否漏气
		振打锤螺栓是否紧固
放电极系统	放电极	是否肥大
		是否断线
		是否异常变形
		是否腐蚀
	振打装置	绝缘轴是否污染
		绝缘轴是否有裂纹
		阻尘绝缘板是否变形
		保温箱内是否清洁、保温
电气部分	控制盘	计量仪表是否有缺陷
		各接头是否有松弛现象
		各种整定值是否正确
	整流装置	绝缘油位是否符合规定
		高压衬套、低压接头部分是否污损
		各个接头是否有松弛现象
	其他	高压开关绝缘子、母线支撑绝缘子、穿墙套管是否污损
		各个接头、螺栓是否松弛
		接地电阻是否正常
		绝缘电阻是否正常

第六节 常见故障诊断与排除

在实际运行中，电除尘器最常见的故障为阴极线断线、振打锤脱落、灰斗堵灰、绝缘子击碎，如能防止这四大故障的发生，则电除尘器运行的可靠性就会大大提高。

电除尘器一般故障及处理方法见表 7—7。

表 7—7　　电除尘器一般故障及处理方法

部位	现象	原因分析	处理办法
放电极	放电极断线	安装质量不好 局部应力集中 极线上积灰拉弧 疲劳破坏 烟气腐蚀	摘去断线 改进制作工艺 改进振打及放电极形状 减少框架及放电极的晃动 改善放电极的材质
	放电极肥大	粉尘潮湿、黏性大 振打力不足	提高烟气操作温度 调整振打频率、增加振打锤头质量
	放电极或框架晃动	气流分布不均匀 支撑部分松动	校正气流 将绝缘子固定
收尘极	局部粉尘堆积严重	振打锤不对中 振打力不足或出故障 漏风 漏雨	调整振打装置 调整振打装置 加强密封 堵漏
	极板变形	粉尘高温蓄热 安装不当 灰斗满灰	调整振打力 修复、调整 清灰（卸灰）
振打机构	保险片断裂	停用时间长，转动部分锈死 保险片安装不正确 锤柄断裂 轴窜动引起卡锤 轴承过度磨损	清洗，重新安装 重新调整 更换锤柄 限制轴向位移 更换或调整轴承
	掉锤头	锤柄或销钉强度不够	加大销钉及锤柄尺寸，改进加工工艺
	振打力变小	锤头和振打砧过度磨损 积灰过多，运行受阻 锤头和振打砧不对中	更换锤头和振打砧 清除灰堆 重新调整
	电动机烧损	过负荷	消除卡轴或卡锤因素
高压绝缘子	机械破损	受力不均匀 扭曲 自身缺陷	上下垫子找正 调整大框架和振打装置 更换
	电击穿	堆积粉尘 表面结露	定期清扫、改进结构 安装或修复加热装置 堵塞局部漏风处 提高保温箱温度

续表

部位	现象	原因分析	处理办法
引风机	轴承座振动	叶轮积灰不均匀 风机轴和电动机轴不同心	定期清理 调整
	风机轴承温升过高	轴承间距过大或过小 润滑油不良或变质	调整间隙 更换
排灰装置	灰斗及卸灰装置阻塞	灰斗内粉尘搭桥 排灰装置进入异物 排灰灰斗容量不足 粉尘结块 阀门角度过小 阀门漏风 阀门磨损	安装振动器 清除 换用大容量灰斗 清除 改进阀门内部结构 修补漏气部分 更换
入口部分	入口管道内积灰	气流偏离 整流板安装位置不当 粉尘粒径粗浓度大 烟气流速低	加隔板和整流板 重新调整 停车时清扫 将管径改小
	气流速度不均匀	多孔板上粘灰 气流分布装置设计不当	停车时清扫或加振打 现场重新调整
操作盘	二次电流大	两极之间短路 绝缘子内壁结露 放电极振打装置瓷轴污染或结露 电缆或电缆头对地击穿 灰斗积灰多，两极短路 放电线断线	消除两极间短路的杂物 擦净，提高保温箱温度 擦净，提高保温箱温度 更换 排除积灰 更换
	二次电流正常或偏大，电压低	两极间距变小 两极间有杂物 绝缘子粘灰受潮漏电 保温箱出现正压 电缆击穿或漏电	调整极间距 清除杂物 提高保温箱温度 采取改进措施 更换
	二次电压正常，电流降低	板、线积灰严重 振打未开或部分失灵 电晕极肥大 电晕闭塞	清除积灰 检查修理振打装置 分析原因，对症处理 降低风速、提高电压
	二次电流不稳定	放电线折断 工况急剧变化 绝缘套管或电缆绝缘不良	剪去残留放电线 消除烟气工况不稳定因素 检查对地放电点，现场处理
	整流电压和一次电流正常，二次电流无显示	毫安表并联电容损坏 变压器至毫安表接地 毫安表指针卡住	查出原因，消除故障

续表

部位	现象	原因分析	处理办法
高压整流	电位器置零时，输出电压比正常值大	位移绕组的电路开路或短路 电流调节电位器调节不当 电源电压波动较大	查出故障，进行处理 将电位器调至恰当位置
	调节电位器，电压无变化	给定电源无电压输出 磁放大器工作绕组开路或元件损坏 饱和电抗器控制绕组开路	检查整流元件和电位器 检查绕组或元件
	电位器调到最大，电压达不到需要值	电源电压偏低 移相电流调整不当 控制电路中元件损坏	改变电压器抽头 调节移相电流 检查元件
	磁化电流自动变大，饱和电抗器产生高温	主回路电源电压太低 电流负反馈电路故障 移相电流控制电路故障	检查电源电压 检查线路
	高压硅整流装置跳闸	电场内部出现短路 电场出现开路 整流装置内部故障	找出短路或开路部位 寻找原因
电缆	绝缘破坏	转折处绝缘破坏 电缆端部处理不当 漏油	更换 重新修复 改干式电缆
	电缆头漏油	施工质量问题 密封填料问题 电缆本身问题	返工 修复 更换

第七节　电除尘器的应用

一、电力工业

燃煤电厂是电除尘器应用最多的工业部门。1956 年，我国电厂的第一台电除尘器安装在吉林热电厂，但当时的电除尘器设备结构陈旧，除尘效率低。20 世纪 70 年代起，国产系列电除尘器开始应用于电厂。随着我国环境保护力度的增加，烟尘排放标准日趋严格，电除尘器除尘效率高、运行费用低的特点被人们逐渐认识并接受。到 1990 年，全国 6 MW 及以上的火电机组中，已有 33.19%的锅炉容量采用了电除尘器，特别是新建的大型火力发电机组，绝大多数都采用了电除尘器。目前，燃煤电厂多采用电除尘器、袋式除尘器。

煤的含硫量对电除尘器效率的影响很大。某电厂对试验设备测定结果显示：标准烟煤含灰量约 20%，含硫量分别为 2%和 0.5%时，对应的除尘效率为 99.75%和 90%。飞灰中的含碳量也影响电除尘器的效率，飞灰中未完全燃烧的碳粒越多，电除尘器的效率越低。

我国火力发电厂燃用的煤种多变，用电除尘器净化低硫无烟煤或贫煤飞灰的技术难度大，为了满足电力生产和环保的需要，多年来，对电除尘器的应用进行了科研攻关，带辅助电极型的电除尘器和宽间距电除尘器等已在电力工业中不断得到应用。

二、水泥工业

我国工业部门应用电除尘器最早和较普遍的是水泥行业。20 世纪 50 年代我国相继从民主德国、丹麦等引进立式或卧式电除尘器应用于水泥厂湿法回转窑上。80 年代从德国鲁奇公司引进系列电除尘器的设计和制造技术，国产系列宽间距电除尘器普遍在水泥回转窑推广应用。

水泥厂废气流量大，温度高，含尘浓度大，用机械除尘器或袋式除尘器除尘效果都不理想，电除尘器则越来越受到欢迎。目前，水泥厂的主要生产设备如回转窑、冷却机、磨机和烘干机等，多采用电除尘器。一些辅助生产设施如破碎机、传送带运输机、水泥库和下料口等，以及中小型水泥厂的烘干机、熟料磨、水泥包装等大多采用管式电除尘器。

三、钢铁工业

钢铁工厂是我国应用电除尘器最早、数量最多的部门之一。自 1964 年包头钢铁公司烧结厂建成两台 40 m^3 立式电除尘器以后，烧结机机尾烟尘净化几乎都采用电除尘器。此后，电除尘技术在吹氧平炉、镁砂煅烧、白云石煅烧、高炉原料及出铁场、烧结机头和耐火材料厂、沥青烟尘的净化、高炉煤气净化等方面得到应用。屋顶电除尘器用于转炉、电炉二次烟尘的净化。

此外，电除尘器也在有色冶金、造纸、塑料制品等行业得到应用。

第八节　电除尘器的新技术进展

近年来，随着社会对环境保护要求的提高，国内外环保工作者做了大量的工作，电除尘技术取得了丰硕成果，比较典型的有：电凝并电除尘器、机电多复式双区电除尘器、电袋式复合电除尘器、透镜式电除尘器、移动电极电除尘器、泛比电阻电除尘器、（湿）膜电除尘器、恒流高压电源、高频高压开关电源、中频（变频）高压开关电源、三相高压硅整流电源等。以下介绍其中几种较为成熟的电除尘技术。

一、电凝并电除尘技术

工业生产过程中产生的大量微细粉尘特别是亚微米烟尘难以收集。虽然电除尘器是处理大量烟气最常用的收尘设备，但对于微细粉尘的收集效率比袋式除尘器低。这是因为微细粉尘不但荷电困难，而且在电场内受到的迁移黏滞阻力也大，驱进速度很低。如能利用微尘的凝聚特性将其聚结成较大的粉尘团，便可间接有效地收集微米级和亚微米级粉尘。

电凝并分为四类：直流电场中异极性荷电粉尘的凝并，直流电场中同极性荷电粉尘的凝并，交变电场中同极性荷电粉尘的凝并以及交变电场中异极性荷电粉尘的凝并。实验证明异极性荷电粉尘在交变电场中的凝并是这四种方法中凝并速率最高的方法。其原理是，粉尘在预荷电区荷以异极性电荷后，引入到加有高压电场的凝并区中，荷电尘粒在交变电场力作用下产生往复振动，由于颗粒间的相对运动或速度差，以及异性电荷的相互吸力，使得颗粒相互碰撞、吸收、凝并，最后在收尘区被捕集下来。

Indigo 技术公司（澳大利亚）是研究这类技术的成功代表之一，他们的 Indigo 凝聚器采用的是双极聚合器。虽然双极电凝聚技术在国内外有大量研究成果报道，但 Indigo 凝聚器有其独特优势。其原理如图 7—10 所示。

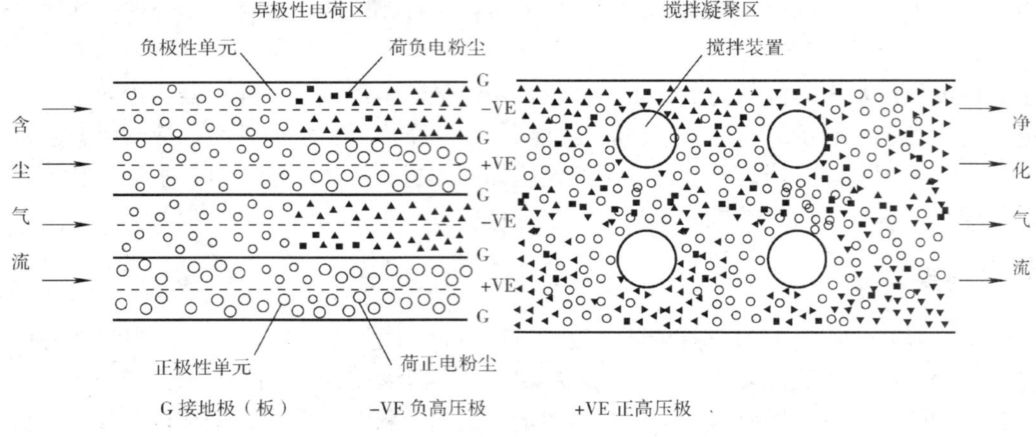

图 7—10　双极性静电凝聚过程原理图

它含有两项专利技术，能使细尘附着到粗尘上而为电除尘器所捕集。第一项是流动凝聚（FAP），它是一个物理过程，并不需要供电。这是基于强化流动使大小不同的颗粒有选择性地混合，增强粗细颗粒之间的物理作用，从而促使其相互碰撞，形成聚合的粒团，减少细颗粒的数目。曾在 Adelaide 大学用激光荧光法（LIF）做了许多试验，证实 FAP 确实能减少细颗粒。第二项是双极静电凝聚（BEAP），如图 7—10 所示，它需要电力使灰尘荷电。它有两个关键作用，可减少细颗粒的排放。第一，双极荷电器有一组正、负相间的平行通道，气体和灰尘通过时，按其通道的正或负，分别获得正电荷或负电荷，这样灰尘一半荷正电，另一半荷负电。第二，专门设计的对粒径有选择性的混合系统（SSMS），既能使气体中荷正电的细颗粒与从相邻负极性通道流出的荷负电的粗颗粒混合，又能使荷负电的细颗粒与荷正电的粗颗粒混合。由于静电力随着距离的加大而迅速减小，因此重要的是 SSMS 要能使得细颗粒尽可能地接近带相反极性的大颗粒，以保持足够的静电力促使颗粒凝聚在一起。

Indigo 凝聚器不同于预荷电器，它强调的是颗粒凝聚，使颗粒分别带正、负电荷而凝并，成为较大的中性颗粒后进入电除尘器。电除尘的真正困难在于捕集微细颗粒，它们凝并成大颗粒后，效率自然就提高了。同样道理，Indigo 凝聚器也能提高袋式除尘器等其他除尘器捕集微细颗粒的效率。

Indigo 凝聚器通常装在常规电除尘器的进口烟道内，与电除尘器组成电凝并电除尘器，凝聚器内气体流速在 10 m/s 以上。高流速能使其接地极板不需要像电除尘器那样振打就能保持洁净。对于 100 MW 的发电机组，Indigo 凝聚器只需要 5 kW 左右的电力。可见其运行费和维护费都很低。安装时，不管是在水平段还是垂直段，双极荷电器和 SSMS 总共只需要 5 m 的直管段即可。因此，Indigo 凝聚器的一次投资比其他电除尘器提效方法节省，受现场条件的制约也小。

自 2002 年起，凝聚器陆续用于工业装置，在不同煤种情况下测定，证实凝聚器对电除尘器的提效作用基本上和煤的成分和性质无关。尤其是装设了 Indigo 凝聚器之后，飞灰的比电阻看起来不再影响其减排的效果。飞灰中的细颗粒越多，Indigo 凝聚器的改善作用越强。

Indigo 凝聚器除了能显著减少进入电除尘器的微粒之外，还明显地改善了供电。前级电场的电流由于空间电荷减少而增长了 40%以上。后级电场中由于微粒减少，因电晕极积灰而导致的功率下降减少了 50%，因此所有粉尘的收集效率都提高了。

测试数据表明，凝聚器能够在原电除尘器的基础上削减：质量排放浓度 30%～60%；浊度 50%～80%；$PM_{2.5}$微粒排放浓度 70%～90%。

由此可见，电凝并电除尘器已为商业应用所证实，是降低排放浓度、减轻烟气浊度、减少 $PM_{2.5}$微粒排放的行之有效的设备，能显著削减大型工业装置排放的有害微粒。由于其受煤灰成分和比电阻等因素的影响小，投资、运行费和维护费都很低，且体积小，工厂制造、安装停机只需几天，所以适用性强，具有很大的商业吸引力。

二、移动电极电除尘技术

沉积在收尘极上的高比电阻微细粉尘用振打方式很难清除，它在电除尘器中形成的反电晕导致除尘性能下降，靠增大振打力不仅不能解决问题，而且还会降低设备使用寿命，加大粉尘的二次飞扬，使除尘效率进一步降低。

移动电极电除尘技术成功地解决了这一难题。其基本原理是，将收尘极做成可以上下移动的形式，再用旋转的刷子在下部灰斗内刷掉被捕集的粉尘，始终保持收尘极表面相对清洁，且清灰在非气流区进行，从而有效地防止反电晕的形成和粉尘振打二次飞扬的发生，确保高效除尘。移动电极 ESP 典型方案如图 7—11、图 7—12、图 7—13 所示。

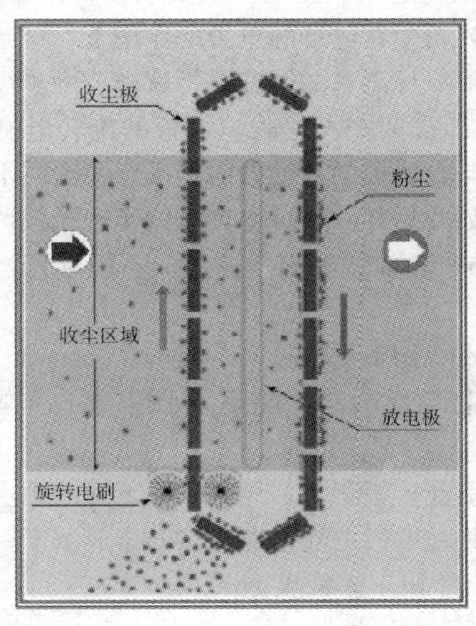

图 7—11　移动电极示意图

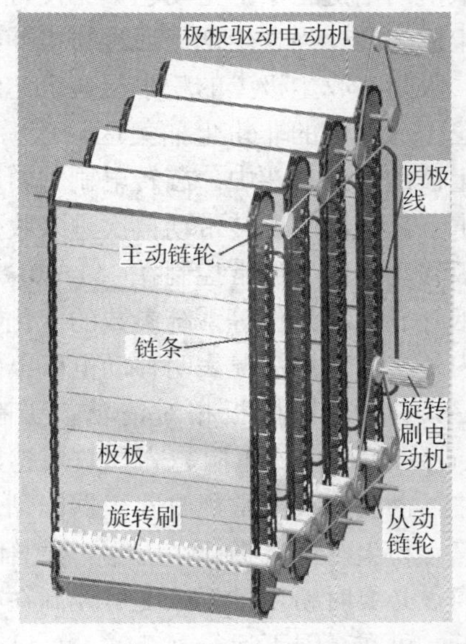

图 7—12　移动电极电场示意图

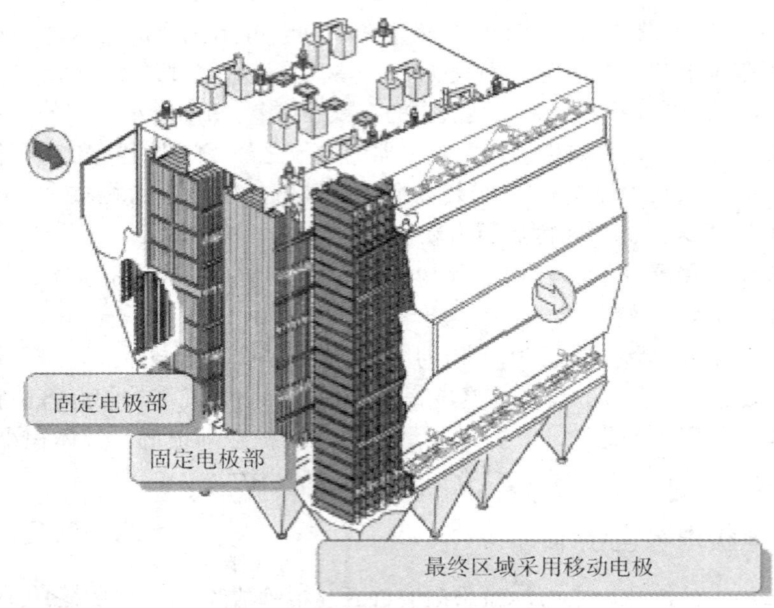

图 7—13　移动电极电除尘器典型方案

移动电极电除尘器通常由位于烟气上游的常规固定电极电场和位于下游的一个移动电极电场组成，固定电极电场的数量根据烟气入口粉尘浓度等参数来定，条件是要保证进入下游移动电极电场的粉尘浓度在 1 000 mg/m^3 以下。这不仅是为了保证粉尘排放浓度，同时也是为了减少移动部件的磨损，延长使用寿命。移动电极电场采用可移动的收尘极板和可旋转的刷子。其收尘极由若干个分离的条状极板（板边带管子）通过链条连接组成链板，再由传动轮（上下两个链轮中的主动轮）驱使链板回转往复运动。放电极被安装在粉尘捕集区内，位于收尘极之间。当含尘烟气通过粉尘捕集区时，粉尘在电场静电力的作用下，被条状收尘极吸附，吸附在收尘极上的粉尘层还未达到足以形成反电晕的厚度时，就被移到了没有烟气通过的位于灰斗内的非粉尘捕集区，该粉尘层随即被两把夹住收尘极板的旋转电刷彻底清除，粉尘被刮落到灰斗中。旋转电刷的转动方向与收尘极的移动方向相反，被清刷干净的收尘极板由下部链轮的反转带动再次进入收尘区，如此循环。通过变频可以实现无极调速达到收尘极板移动速度（通常控制在 0.1～0.5 m/min）和旋转电刷角速度的不同配比，以适应煤种、烟气、工况条件等系统参数的变化。

国内外实际应用情况表明移动电极电除尘技术有如下优点：

第一，移动电极极板相对清洁，受粉尘比电阻影响小，能高效收集高比电阻（$\rho>10^{11}$ Ω·cm）粉尘，比电阻越高，效果越显著。

第二，彻底解决了常规电除尘器因黏性粉尘引起极板积灰，导致效率下降的顽疾。

第三，粉尘二次飞扬几乎为零，显著降低了移动电极电除尘器出口的排放浓度。

第四，必要时粉尘排放浓度可控制在 20 mg/m^3 以下，甚至更低。

第五，可在高温下运行（350℃），已有在 330℃温度长期运行的实例。

第六，节省场地、空间和能源。一个移动极板电场相当于 1.5～3 个固定极板电场的作用。

第七，适用收集的粉尘范围广。如燃煤锅炉、CO燃烧炉、钢锭焚烧炉、污泥焚烧炉、烧结机、玻璃熔化炉、水泥回转窑等排放的烟粉尘。

总的来看，移动电极电除尘器不仅适用于常规电除尘器难以收集的高比电阻粉尘、微细粉尘和黏性粉尘等，而且还特别适用于特殊煤种和煤种多变的炉窑所产生的粉尘，以及设备场地受限的情况（如旧电除尘器的改造或场地狭小的项目）。能以相对较小的集尘面积实现较高的除尘效率，以相对较少的设备投资达到较大的环境效益。

三、高频高压开关电源技术

电除尘器要获得高除尘效率，除了要有好的本体结构外，还需匹配一个好的供电电源。电除尘器供电最早采用机械整流，供电质量和水平很低。随着电子技术的发展，自20世纪70年代开始，晶闸管控制高压硅整流（SCR电源）逐步成为了电除尘器主要的配套电源。其采用工频50 Hz移相交流调压的原理，设备经过多年的改进，目前采用计算机（单片机）控制，工艺成熟，控制方式和功能完善。

但是众所周知，SCR电源是利用一次侧的两个反并联晶闸管进行调压，其输出电压受晶闸管导通角控制。为了使输出电压和电流连续和当电场内发生火花放电时保护晶闸管，往往需要在电路中设置较高的阻抗值（25%～35%），使得SCR电源的转换效率较低（通常为64%左右）。加之SCR电源产生的峰值电压比平均电压高25%，易在电除尘器电场中触发火花放电，限制了加在电极上的平均电压，使电除尘器的输入功率下降，直接影响电除尘器的收尘效率。此外，交流移相控制造成电网侧谐波严重，两相供电造成电网负载不平衡，一次电流和电网缺相损耗很大。

20世纪90年代末期，电除尘行业开始研究开发一种基于高频开关技术的SMPS电源（见图7—14）。该技术输入采用三相50 Hz工频电源，经整流、滤波、高频逆变、升压、高频整流，产生纹波极小的输出电压波形，输出的二次电压峰值与平均电压非常接近，从而避免了由于峰值电压造成的电场击穿，有效地提高了输入电场的电功率。如果配合相应的功能模块软件，它能根据烟气工况要求，自动输出适合电除尘器运行工况的电压及电流波形，有效地提高除尘效率。同时，该类电源具有体积小、质量轻、成套设备集成一体化、转换效率

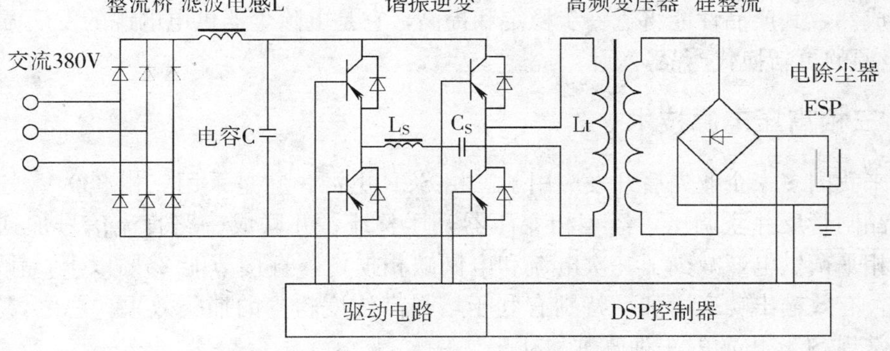

图7—14 三相整流IGBT桥式串联谐振高频开关电源

（额定负荷时约为 95%）和功率因数高、采用三相平衡供电对电网影响小等优点，比 SCR 电源节能 20%以上。高频电源与工频电源输出对比如图 7—15 所示。

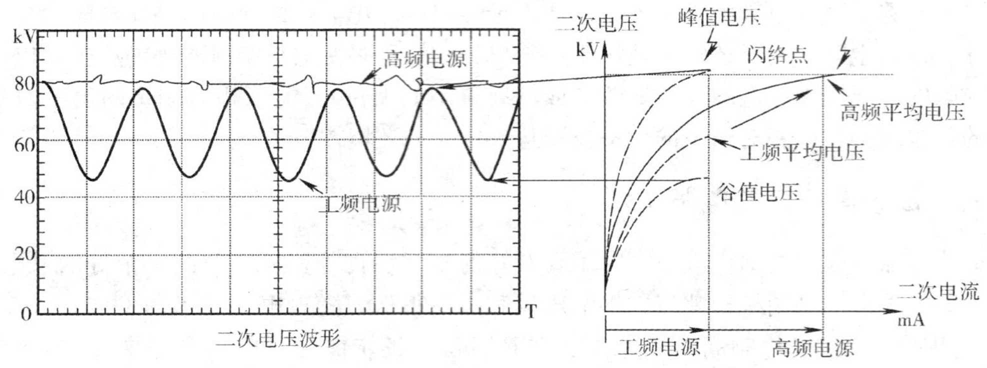

图 7—15 高频电源与工频电源输出对比图

SMPS 电源还能包含完整的振打器和加热器等低压设备的控制，因此无须配套相应的控制柜和控制室，可直接置于电除尘器的顶部，不仅节省投资和占地，而且与高压供电的联控进一步强化了电除尘器的收尘效果。在各种不同使用条件下，SMPS 电源使电除尘器出口排放浓度降低 30%左右，甚至某些排放水平在 70～80 mg/m³ 的电除尘器，换上 SMPS 电源后排放浓度降至 20～30 mg/m³。此外，由于体积小、质量轻，使得 SMPS 电源在包装、长途运输和吊装方面都有明显的优势。

由于谐振式 SMPS 电源的固有特性，只要电路参数合适，负载对电路的影响就小，因而就有类似恒电流输出的特性，这样当电除尘器本体内部出现闪络、拉弧、短路时，电流增幅较小，这不仅仅对开关器件的安全有利，对于熄灭火花，保护本体电极也是很有利的。SMPS 电源的频率（20～50 kHz）是 SCR 电源的 400～1 000 倍，它的电流可在几十微秒内得到控制，而常规电源有 10 ms 的响应时间，所以 SMPS 电源比常规 SCR 电源可以更快地熄灭火花，同时也可以更快地恢复电压。SMPS 电源的应用，为电除尘器的升级提效提供了一个新的技术途径。虽然 SMPS 电源的成本高，但运行成本较低，随着产品批量生产及普及，其制造成本将会有所下降，它所展现出的卓越性能，是其他电源无法比拟的。随着技术的发展和成熟，其产品性能将进一步稳定和提高，它是电除尘器供电电源的发展方向，是传统 SCR 电源的更新换代产品。

四、三相高压电源技术

近年来我国多家企业先后开发应用了三相 SCR 电源，它是采用三相 380 V 交流电通过三路六只晶闸管反并联调压，经三相变压器升压整流，并联成一路直流信号加到 ESP 上，实现了三相平衡供电，减少了一次电流和电网缺相损耗，直接节能 25%以上，输出的二次电压平稳，有效输出功率增加，特别有利于增强高浓度粉尘的捕集效果。总之，三相 SCR 电源是对常规 SCR 电源的一种改进和补充。

1. 三相高压电源技术优点

三相－SCR 移相调压电源与单相－SCR 电源输入/输出波形对比如图 7—16 所示。三相－SCR 移相调压电源与单相－SCR 电源相比有如下优点：

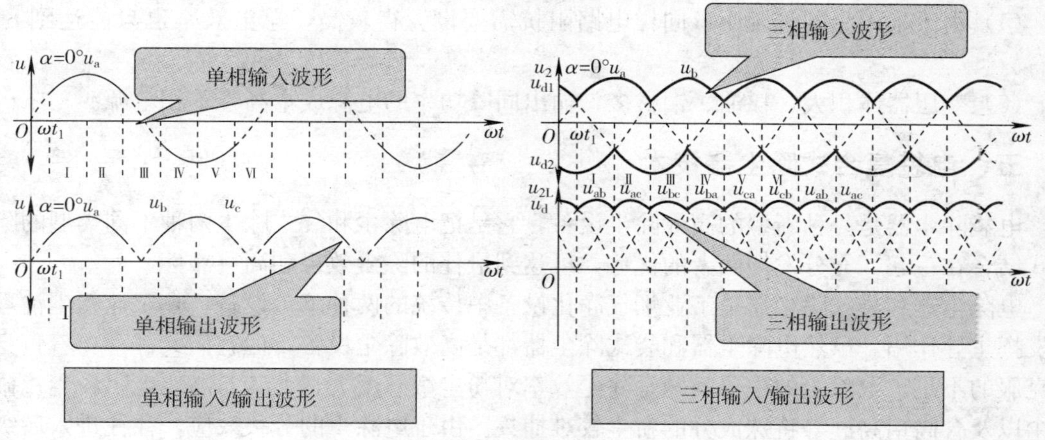

图 7—16　三相与单相电源输入/输出波形对比

(1) 输出直流电压峰值低。三相整流变压器绕组采用△/Y 联结 6 脉波直流输出，△/△＋Y 联结 12 脉波直流电源输出。单相－SCR 电源其脉冲系数为 0.67，如 72 kV 等级输出峰值电压为 72×（1＋0.67）＝120.24 kV。而三相－SCR 电源，当绕组△/Y 联结时，其脉冲系数为 0.057，输出峰值电压为 72×（1＋0.057）＝76.1 kV。当绕组为△/△＋Y 联结时，脉冲系数为 0.014，峰值电压为 72×（1＋0.014）＝73 kV。在全导通状态下与单相—三相两者峰值直流电压输出相比，三相－SCR 电源降低了 36.7%或 39.3%，运行电压提高 30%以上，运行电流增加 2～3 倍。大大降低了火花率，提高了运行的稳定性。

(2) 脉动系数的降低，大大提高了运行电压和电流。对复杂工况及电除尘器闪络频繁场合的适应能力大大增强。改造中三相电源若放在一级电场，则改善了二、三、四级电场运行电压和电流，实践证明可减排粉尘达 30%以上。

(3) 三相电源供电改变了对电网的失衡和对相邻设备的干扰，整流变绕组△联结消除了三倍次谐波。当△/△＋Y 联结时，则消除了奇倍次谐波。

(4) 输出电压峰值低，降低了对整流变压器一次、二次绕组的耐压和绝缘要求，整流二极管耐压也可减少 30%～40%。

(5) 一次、二次相电流明显减少，如 1 A/72 kV 整流变压器单相－SCR 电源 i_1＝253 A，i_2＝1 A，i_2 平均值为 0.5 A，而三相电源一次绕组三角形联结时，i_L＝123 A（线电流），i_f＝74 A（相电流），二次电流 i_2＝0.367 A（平均值），i_2＝0.577 A（有效值），i_2＝0.816 A（基波电流），铜材减少 30%，铁心减少 23%，二极管通过电流减少。

2. 三相高压电源技术缺点

与高频、中频电源比，三相－SCR 电源有如下不足：

(1) 三相－SCR 电源是移相调压，就难免比不上高频和中频电源调幅调压，因移相本身在现场运行时不会是理想状态的全导通，因此纹波还有些大，谐波不能完全消除，脉动系数相对高频电源还较大。当然，绕组采用△/△+Y 联结可减少纹波。

（2）闪络火花控制无法在 180°内关断，冲击电流大于单相电源。

（3）间隙脉冲供电有难以完满实现的弊端。

（4）由于采用晶闸管调压，同样电路阻抗需要设置得较高，总电效率也只能达到 80%左右。

（5）变压器体积大，耗油、铜材多，输出同等功率的电源成本高于单相电源。

五、电袋复合式除尘器技术

电袋除尘器是一种新型的高效除尘设备，它是把电除尘和袋式除尘两种不同类型的除尘方式结合在一起，充分发挥两者的优势，可达到最佳的除尘效果和高可靠性。

电除尘器和袋式除尘器是工业烟气净化设备中传统的两种除尘设备，在工业粉尘治理中都发挥主导作用。虽然电除尘器和袋式除尘器都是高效除尘设备，但它们又都存在着自身难以克服的不足。电除尘的主要问题是除尘效率对粉尘敏感度大，尤其对高比电阻粉尘、微细粉尘以及含高铝高硅等特殊成分的粉尘较难捕集。由于电除尘的分级效应，往往进入后级电场的粉尘既细，比电阻又高，使得电除尘器后级电场除尘效率低下。如果将电除尘器的后级电场改用袋式除尘器则问题迎刃而解。同时也彻底解决了因电除尘清灰引起的二次扬尘问题。袋式除尘的主要问题则是设备阻力大、滤袋相对而言不耐高温、使用寿命短、运行维护费用高、高温滤袋价格昂贵。将袋式除尘前段改用电除尘则问题也迎刃而解。烟气先经过前级电除尘，充分发挥其捕集中高浓度粉尘效率高（80%以上）和低阻力的优势。电除尘段的降温作用又缓解了高温烟气对滤袋的伤害，其延时效应使得袋式除尘器有足够的时间来打开旁通阀，避免异常高温损坏滤袋。此外，由于电除尘彻底除去了大颗粒粉尘，起到了火星捕集器的作用，有效地防止了大颗粒高温粉尘（火星）对滤袋的伤害。剩余的低浓度（只有常规袋式除尘的 1/5 以下）细微粉尘进入后级袋式除尘器，不仅减轻了对滤袋的磨损和冲刷，而且前级的荷电效应又提高了粉尘在滤袋上的过滤特性，使滤袋的透气性能和清灰性能得到改善，阻力明显减小，可提高过滤风速、减少过滤面积（滤料用量），延长清灰周期，大大提高滤袋和脉冲阀的使用寿命，降低运行维护费用 。由于电袋复合式除尘器的这些优势，近年来在我国引起了高度重视，在许多改造和新建项目中被广泛采用。目前电袋复合式除尘器主要有串联式电袋除尘器和嵌入式电袋除尘器两种结构形式，其中串联式（也称前电后袋式）尤其被广泛采用。

串联式电袋除尘器是将独立的电除尘器和袋式除尘器二级串联或是将前级电除尘和后级袋式除尘有机地串联成一体的电袋形式。分区组合型电袋复合除尘器由电区和袋区两部分组成，它在一个箱体内布置电区和袋区，如图 7—17 所示。电区是一个短电场，首先收集烟气中约 80%的粉尘，降低袋区的粉尘负荷，同时使粉尘荷电。荷电粉尘进入袋区被滤袋收集。

20 世纪 60 年代，国外水泥行业就开发应用过这一技术。美国精密工业公司 1970 年开始试验生产名为 Apitron 的电袋，最终成功的 Apitron（Ⅱ型）实际相当于前级管式电除尘和后级袋式除尘垂直串联。试验结果表明，常温下用 Nomex 针刺毡捕集 50%直径小于7 μm的矽尘，施加 38 kV 电压的 Apitron，过滤风速比不加电压时提高 4 倍，设备阻力相当，除

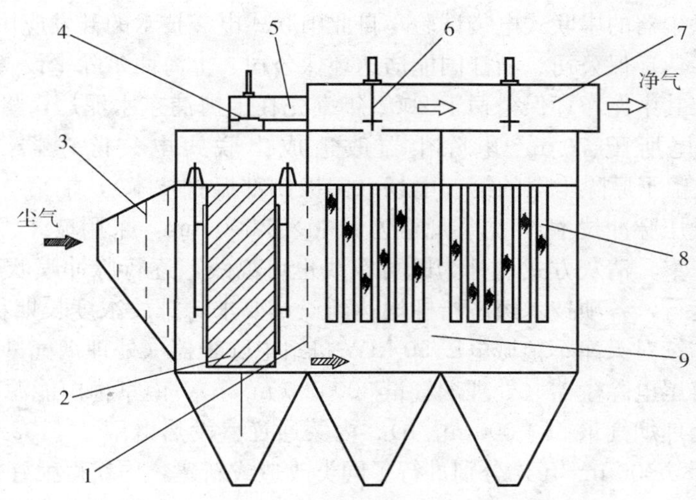

图 7—17　分区组合型电袋复合除尘器结构示意图

1—气流分布装置 b　2—电区　3—气流分布装置 a　4—旁通阀
5—旁路　6—出口烟道阀　7—上箱体　8—滤袋和滤袋框架　9—袋区

尘率更高。

20 世纪 80 年代后期，美国加利福尼亚州 Palo Alto 电力研究所开发了 COHPAC 电袋，主要作为对 ESP 的一种改进手段。其方案是在原有 ESP 的下游加一台袋式除尘器，在美国亚拉巴马州的 E. C Gaston 和得克萨斯州的 Big Brom 等几个发电厂试用后均获得很好效果，能保持排尘浓度小于 10 mg/m^3，气布比高达 2.4～3.6 m/min 时，袋式除尘器阻力维持在 850～1 500 Pa 的范围。尽管 E. C Gaston 电厂 272MW 机组在运行期间煤种有变化，但烟囱出口浊度仍保持在一个较低的水平上。该研究所还设计了另一种串联式电袋，是将布袋安装在电除尘器的最末一个电场或两个电场。

直到 1990 年，欧洲才开始电袋技术的研究和应用。西班牙 Sevilla 大学在该国的 Los Barrios 电厂进行了试验。他们将电除尘器和布袋装置同置于一个壳体内，电除尘器为三个电场，后面是由 32 个布袋组成的滤袋区及辅助装置控制系统，可处理的实际烟气量为 15 000 m^3/h，烟气引自电除尘器前的锅炉烟道。该布袋装置为脉冲式，布袋长 6 m，滤料介质为涂有一层聚四氟乙烯薄膜的 Ryton 毡料，薄膜的作用是使毡料更适应飞灰和烟气性质。为了调节过滤烟速，布袋数量可变换运行，如 16 个、24 个或 32 个布袋参加运行，对应的过滤面积分别为 45 m^2、68 m^2 或 90 m^2，可处理的烟气量范围为 9 000～18 000 m^3/h，气布比的变化范围为 1.5～3 m/min。为了达到最佳清灰效果，安装了多功能清灰控制系统，在运行中对一些参数进行了有效控制，如降压，降低增长率、清灰时间间隔以及每天的清灰周期数。实验结果表明该串联式电袋除尘效率达 99.99%，可除去非常细的粉尘，一次性投资仅为把一台电除尘器完全改造成布袋除尘器的 50%。瑞士的 ELEX 公司自 1998 年以来，先后在意大利、德国等国家的水泥厂应用了串联式电袋除尘器，也获得很好的效果，达到了大幅度提高电除尘器除尘效率、降低成本和运行费用的目的 。

2001 年 11 月国内首次在内蒙元宝山发电厂燃煤锅炉上，成功进行了一种名为高压静电滤槽复合型卧式除尘器的串联式电袋试验，自此串联式电袋技术的开发应用在国内展开，如龙净环保公司、菲达环保公司、浙江国能洁达环保公司、上海西尔除尘设备公司等企业都已形成自己的产品。其中龙净环保公司于 2002 年率先在上海浦东水泥厂，将一条日产1 000 t 熟料的回转窑窑尾所配 70 m^2 电除尘器改造成串联式电袋除尘器，处理烟气量为 240 000 m^3/h，保留了原除尘器的第一电场（阳极侧部振打技术），把第二、第三电场改为布袋除尘（长袋低压脉冲技术），滤袋规格为 ϕ160×6 500 mm，采用玻纤 Tefflon 覆膜滤袋，布袋除尘室数为 6 室，清灰方式设计为既可在线也可离线，逐行脉冲喷吹。该电袋于 2003 年 4 月 2 日投入运行，各项技术经济指标均达到设计要求，排放浓度长期稳定在 30 mg/m^3 以下。近年来又陆续对天津军粮城电厂 50 MW 机组电除尘器（处理烟气量 450 000 m^3/h ）、上海金山水泥厂窑尾电除尘器（处理烟气量 300 000 m^3/h）、南京梅山能源有限公司 50 MW 机组电除尘器（处理烟气量 550 000 m^3/h）、内蒙通辽盛发热电厂 2×135 MW 机组电除尘器（处理烟气量 880 000 m^3/h ）分别进行了同类改造或新建，均获得很好效果 。

嵌入式电袋除尘器是对每个除尘单元，在电除尘中嵌入滤袋结构，电极与滤袋交错排列，烟气先经电除尘后再进入滤袋，最后排入大气。嵌入式电袋的电除尘预先捕集的粉尘在 90%以上，其主要技术特点和原理与串联式电袋相似。不同的是嵌入式的结构比串联式更紧凑，无论是在缓解滤袋清灰时的粉尘再吸附和烟尘对袋的冲刷等方面，还是在提高进入袋除尘和电除尘烟气的气流均匀性方面，都优于串联式电袋。1999 年美国北达科他州的能源环境研究中心（EERC）成功开发了名为 AHPC 的嵌入式电袋，同年 8 月获得美国专利。其内部构造如图 7—18 所示。

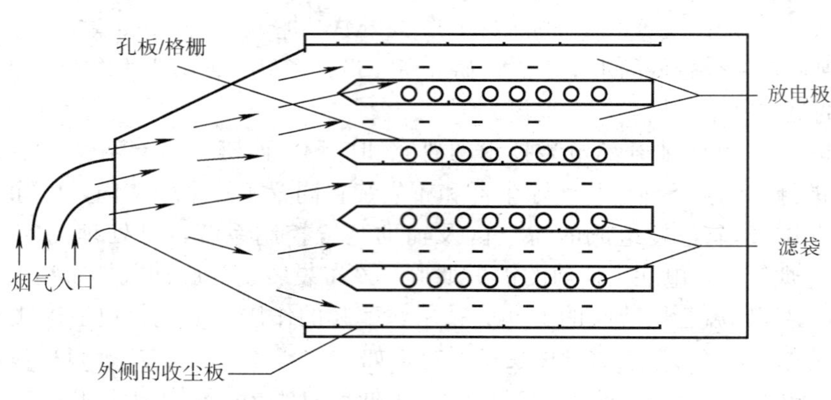

图 7—18　嵌入式电袋构造图

除尘器内部由一行电除尘器部件和一行滤袋相间排列构成。进入除尘器的气流和粉尘首先被导向电除尘区域将大部分粉尘除去，然后还含有一部分粉尘的气体通过多孔极板上的小孔流向滤袋，经滤袋过滤，将剩余的粉尘除去。在滤袋脉冲清灰时，脱离滤袋的尘块经多孔极板回流，在电除尘区域被捕集，这样就大大减少了粉尘重返滤袋的机会。同样的，收尘极板振打清灰时未落入灰斗的粉尘也会被滤袋捕集。滤袋以 GORE－TEX 覆膜滤料制成，多孔极板除了捕集荷电的尘粒外，还能保护滤袋免受放电的破坏。

这一技术的中间试验设备于1999年7月开始运行，处理Otter Tail电力公司大石燃煤发电厂排放的15 000 m^3/h烟气，烟气中含有电除尘器难以捕集的高比电阻飞灰。试验结果表明：气布比3.35～3.66 m/min时，阻力保持在1 600～2 000 Pa，滤袋的清灰频率低，使用寿命延长，除尘率达99.99%以上，排尘浓度只有0.1～0.2 mg/m^3。设备的电除尘部件比普通电除尘器的少一半以上，AHPC嵌入式电袋的大小只有普通电除尘器的1/3左右，因此，投资和运行费用都大大降低。

之后，AHPC在相当于250MW机组的锅炉烟气净化中应用，设备长期运行性能稳定。测试结果表明：气布比高达3.7～4.3 m/min时，除尘器阻力仍稳定在2 kPa以下，总除尘效率在99.993%～99.997%范围内，对$PM_{2.5}$粉尘也有99.9%以上的捕集率。国内天澄环保公司和龙净环保公司等单位也正在进行技术攻关，要获得突破，必须在串联式电袋除尘器的基础上重点解决电极与滤袋嵌入结构布置、电极放电对滤袋的影响和滤袋更换等问题。

随着我国环保标准的日益严格，电袋作为提高电除尘器除尘效率和有效控制微细粉尘的新型除尘设备，显示出了强大的优势，它同时解决了当前两种主力除尘设备常见的三大难题——电除尘器处理高比电阻微细粉尘排放超标的难题，袋式除尘器阻力大、能耗高的难题，以及袋式除尘器滤袋使用寿命短、维护费用高的难题。

综上所述，电袋除尘器不仅适用于新建项目，而且特别适合旧电除尘器的改造。许多原有的三电场电除尘器由于历史的原因，现已不能达标排放，如果采用增加收尘面积的常规改造方案，不仅受到粉尘特性和投资的制约，而且还受到场地条件的限制。随着袋式除尘技术的成熟，将电除尘器改造成电袋，不仅能解决达标排放问题，而且比单纯改造成袋式除尘器的投资、运行费和维护费用低，使用寿命长，对微细粉尘捕集率更高，排放浓度更低，具有更好的技术可靠性和经济性。具体做法是保留第一电场，将第二、第三电场改成袋式除尘即可。所以电袋除尘器是旧电除尘器升级换代的理想选择之一。

以上主要介绍了几种解决这些难题较为成熟的新技术，它们都有着良好的市场前景。随着这些成果的推广应用，所带来的环境效益、社会效益和经济效益将越来越显著。

电除尘技术仍有很大的潜力可挖，关键在于必须坚持不懈，加大投入，科学开发。随着这些疑难问题的解决和潜在能力的发掘，电除尘器的性能和适用性必将取得新的突破和提高。

参考文献

1. 胡满银，赵毅，刘忠．除尘技术．北京：化学工业出版社环境·能源出版中心，2006

2. 黎在时．静电除尘器．北京：冶金工业出版社，1993

3. 孙一坚．工业通风．北京：中国建筑工业出版社，1994

4. 谭天佑，梁凤珍．工业通风除尘技术．北京：中国建筑工业出版社，1984

5. 余云进，彭丽娟，陈朝东．除尘技术问答．北京：化学工业出版社环境·能源出版

中心，2006

6. 张殿印，王纯．除尘器手册．北京：化学工业出版社，2005

7. Kjell Porle，Steve L Francis，等．电除尘器——工业应用，欧洲暖通空调协会联盟（Rehva）/CostG3 组织工业通风系统和设备指导书，2006

第八章　湿式除尘器

湿式除尘器是使含尘气体与液体（一般为水）密切接触，利用水滴和颗粒的惯性碰撞及其他作用捕集颗粒或使粒径增大的装置。湿式除尘器可以有效地将直径为 0.1～20 μm 的液态或固态颗粒从气流中除去，同时，也能脱除气态污染物。它具有结构简单、造价低、占地面积小、操作及维修方便和净化效率高等优点，能够处理高温、高湿的气体，将着火、爆炸的可能性降至最低。但采用湿式除尘器时要特别注意设备和管道腐蚀以及污水和污泥的处理等问题。湿式除尘过程也不利于副产品的回收和综合利用。如果设备安装在室外，还必须考虑在冬天设备可能冻结的问题。再则，要使去除微细颗粒的效率也较高，则需使液相更好地分散，但能耗会相应增大。

在工程上使用的湿式除尘器形式很多。总体上可分为低能和高能两类。低能湿式除尘器的压力损失为 0.2～1.5 kPa，包括喷雾塔和旋风洗涤器等，在一般运行条件下的耗水量（液气比）为 0.5～3.0 L/m^3，对 10 μm 以上颗粒的净化效率可达 90%～95%，高能湿式除尘器的压力损失为 2.5～9.0 kPa，净化效率可达 99.5%以上，如文丘里洗涤器等。

主要湿式除尘装置的性能、操作范围摘要列于表 8—1。

表 8—1　　**主要湿式除尘装置的性能和操作范围**

装置名称	气体流速/（m/s）	液气比/（L/m^3）	压力损失/Pa	分割直径/μm
喷淋塔	0.1～2	2～3	100～500	3.0
填料塔	0.5～1	2～3	1 000～2 500	1.0
旋风洗涤器	15～45	0.5～1.5	1 200～1 500	1.0
转筒洗涤器	（300～750 r/min）	0.7～2	500～1 500	0.2
冲击式洗涤器	10～20	10～50	0～1 500	0.2
文丘里洗涤器	60～90	0.3～1.5	3 000～8 000	0.1

第一节　湿式除尘器除尘机理

一、湿式除尘机理

湿式除尘的机理可概括为两方面：一是尘粒与水接触时直接被水捕获；二是尘粒在水的作用下凝聚性增加。这两种作用都可使粉尘从空气中分离出来。

1. 水与含尘气流的接触形式

水与含尘气流的接触主要有三种形式：水滴、水膜和气泡。具体表现如下：

（1）通过惯性碰撞、接触阻留，尘粒与液滴、液膜发生接触，使尘粒加湿、增重、凝聚。

（2）细小尘粒通过扩散与液滴、液膜接触。

（3）由于烟气增湿，尘粒的凝聚性增加。

（4）高温烟气中的水蒸气冷却凝结时，要以尘粒为凝结核，形成一层液膜包围在尘粒表面，增强了粉尘的凝聚性。对疏水性粉尘能改善其可湿性。

2. 尘粒与水接触的作用机理

使尘粒与水接触的作用机理主要有惯性碰撞、截留和扩散。

（1）惯性碰撞作用机理。尘粒与液滴间的惯性碰撞过程如下：当含尘气流在运动过程中与液滴相遇，在液滴前 x_d 处，气流开始改变方向，绕过液滴流动。而惯性较大的尘粒则要继续保持其原来直线运动的趋势。尘粒在作惯性运动时，主要受两个力的影响，即本身的惯性力及周围气体的阻力。把尘粒从脱离流线到惯性运动结束所移动的直线距离称为尘粒的停止距离，以 x_s 表示。若 $x_s > x_d$，尘粒和液滴就会发生碰撞。在除尘技术中，把 x_s 与液滴直径 d_y 的比值称为惯性碰撞数（亦称斯托克斯数）N_i。

（2）截留作用机理。尘粒随气流绕过液滴过程中，尘粒与液滴的距离小于尘粒半径时，尘粒即与水滴碰撞而被截留。

（3）扩散作用机理。微细粉尘在气体分子撞击下，像气体分子一样作布朗运动而发生扩散，并与水接触而从气流中分离。

二、除尘机理与除尘效率

粒径对除尘效率的影响，扩散和惯性碰撞是相反的。另外扩散除尘效率随液滴直径、气体黏度、气液相对运动速度的减小而增加。在工业上单纯利用扩散机理的除尘装置是没有的，但是，某些难以捕集的细小尘粒能在湿式除尘器或过滤式除尘器中捕集则与扩散、凝聚等机理有关。当处理粉尘的粒径比较细小，在设计和选用湿式除尘器或过滤式除尘器时，应有意识地利用扩散机理。

三、除尘效率计算

目前对湿式除尘器除尘效率的计算，仍然提不出精确的分析方法，因而在实际中主要采用某些近似的计算方法。对于惯性碰撞除尘效率 η_t 可用下列近似式计算：

$$\eta_t = \frac{1}{1+\frac{0.65}{N_i}} \tag{8—1}$$

式中 N_i——惯性碰撞数（也称斯托克斯数）。

第二节　湿式除尘器的分类

湿式除尘器的类型，从不同角度有不同的分类。

一、按结构形式划分

1. 储水式

内装一定量的水，高速含尘气体冲击形成水滴、水膜和气泡，对含尘气体进行洗涤，如冲激式除尘器、水浴式除尘器、卧式旋风水膜除尘器。

这类除尘器具有一个共同特点，即一般都使用循环水，耗水量少，只消耗于蒸发和排除泥浆时的损失。另外，它们都不使用具有细小喷孔的喷嘴喷水，除尘器的各部分没有很小的间缝，不容易发生堵塞，可以处理含尘浓度高的含尘气体。

2. 加压水喷淋式

向除尘器内供给加压水，利用喷淋或喷雾产生水滴而对含尘气体进行洗涤；如文丘里管除尘器、泡沫除尘器、填料塔、湍球塔等。

3. 强制旋转喷淋式

借助机械力强制旋转喷淋，或转动叶片，使供水形成水滴、水膜、气泡，对含尘气体进行洗涤。如旋转喷雾式除尘器。

由于这类除尘器因有机械旋转雾化器，因此气量的变化对雾化影响不大，小型设备也能处理较大气量，占地面积小。但其结构复杂，动力消耗比较大。

二、按能耗大小划分

1. 低能耗型

阻力在 4 000 Pa 以下，对大于 10 μm 的粉尘净化效率可达 90% ～99%。这类除尘器包括喷淋式、水浴式、冲激式、泡沫式、旋风水膜式除尘器。低能耗除尘器如麻石水膜除尘器或带文丘里管的麻石水膜除尘器已在工业锅炉烟气除尘中得到广泛应用。

2. 高能耗型

阻力在 4 000 Pa 以上，对微细粉尘除尘效率高，该类除尘器主要指文丘里管除尘器。常用于炼铁、炼钢及造纸烟气除尘上。

三、按气液接触方式划分

1. 整体接触式

含尘气流冲入液体内部而被洗涤，如自激式、旋风水膜式、泡沫式等除尘器。

2. 分散接触式

向含尘气流中喷雾，尘粒与水滴、液膜碰撞而被捕集，如文丘里管除尘器、喷淋塔等。

四、常见分类方式

目前用于不同工况场合的湿式除尘器，按其结构形式及除尘机理常常分为以下几类。

1. 水膜式除尘器，如旋风水膜除尘器、麻石水膜除尘器。
2. 喷射湿式除尘器，如文丘里管除尘器、喷射式除尘器。
3. 板式除尘器，如旋流板式除尘器、自激式除尘器。

4. 冲击式除尘器，如冲击水浴式除尘器、自激式除尘器。

5. 填料式除尘器，如填料式除尘器、湍球式除尘器。

第三节 湿式除尘器的结构

不同类型的湿式除尘器的结构虽有较大差别，但总体上一般由尘气导入装置、引水装置、水气接触本体、液滴分离器和污水（泥）排放装置组成。

湿式除尘器的优点是结构简单，投资低，占地面积小，除尘效率高，能同时进行有害气体的净化。它适宜处理有爆炸危险或同时含有多种有害物的气体。它的缺点是有用物料不能干法回收，泥浆处理比较困难，为了避免水系污染，有时要设置专门的废水处理设备；高温烟气洗涤后，温度下降，会影响烟气在大气中的扩散。

第四节 湿式除尘器的喷淋装置

一、喷淋装置的喷雾要求

在许多湿式除尘器中，都是借助于水滴来捕集粉尘的。雾化情况不仅影响除尘效果，而且也与能量消耗有关，虽然在有些除尘器中可以利用气流本身的激化而形成水雾，但在大多数情况下都是用各种喷嘴进行雾化的。根据水滴在除尘器中所起的作用不同，对喷雾的要求也不同，一般可分为粗喷、中喷和细喷三种。

1. 粗喷

对喷出的水滴不要求太细（通常大于 1 mm），但要求在设备断面上水滴分布均匀。粗喷的喷淋强度往往很大，每单位气体量的喷水量达 4～6 L/m^3 气体。增加气液两相接触面积不是靠水滴表面积，而是靠被水湿润的填料层表面，如填料塔、湍球塔等。

2. 中喷

要求喷出水滴比较细，这类设备是靠水滴总面积增多来增加气液两相接触面积而进行除尘和降温的。喷淋强度也较大，如空心洗涤塔就属于这类设备。水滴直径通常要求为 0.5～1.0 mm，但不宜过细。微细水滴过多不但容易被气流带走，增加脱水除沫困难，而且也不利于水滴捕获粉尘。在离心式洗涤器中水雾直径允许小到 0.1 mm。这种用途的喷嘴要求喷射角大些。

3. 细喷

要求喷出的水滴非常细，呈雾状，但喷淋强度不大。如在湿式板式电除尘器中，当在不停电情况下进行冲洗时，不允许有大水滴，否则会发生极间击穿。水喷呈雾状使收尘极表面有一层水膜不断流下，把粉尘冲下。在某些特殊情况下，如电除尘器前的喷雾增湿塔（主要用于烟气调质）则要求高压喷雾，使水雾在塔内完全蒸发，这时的水压甚至要求在（40～60）$\times 10^5$ Pa 以上，因而要求增设高压水泵。

二、喷嘴的形式及分类

喷嘴的形式很多，对于在湿式除尘器中常用的喷嘴，根据其结构及作用原理可以分成以下几种：

1. 离心式喷嘴

这类喷嘴是利用水流在喷嘴内作旋转运动，在离心力作用下将水由喷口甩出形成水雾。根据水流旋转运动的形成方式不同，又可分为以下两种形式：

(1) 切向入口离心式喷嘴。喷嘴外壳为蜗牛壳状，水从与喷射方向呈垂直的切线接入，靠外壳的螺旋形将水流的直线运动改变为旋转运动，在离心力作用下，把水分散成细滴。

(2) 轴向入口的喷嘴。水流由轴向进入喷嘴，在喷嘴碗内有一螺旋芯（导水芯），借助于这一螺旋芯把水流由直线运动变为旋转运动，喷嘴外壳和螺旋芯可以做成各种形状，但必须以有利于水的旋转运动和减少阻力系数为原则。

2. 气体雾化型喷嘴

借助于压缩空气、蒸气等的引射，将水带出雾化。它的原理是利用高速气流对于液膜产生分裂作用而把液滴拉成细雾。气体雾化型喷嘴分内混合与外混合两种。

除了用喷嘴雾化水滴外，在湿式除尘器中也采用单纯机械雾化的方法，常见的是将水引向高速旋转的圆盘，水从圆盘上甩出时形成大量雾滴。

三、喷雾装置的性能

评价喷雾装置性能的主要指标有喷水压力 P_w（Pa）、耗水量 V_w（m^3/s）、喷射角 2α、喷水密度（即单位时间、单位面积上的喷水量）W_w（$kg/m^2 \cdot s$）、喷雾射程 l（m）、水滴平均直径 d_w（m）以及水滴大小的分布等。在不同的应用场合，对这些指标的要求也不同，例如对于文丘里管除尘器最重要的是耗水量和水滴直径。

采用机械喷雾所需的耗水量主要取决于喷嘴的结构和水压。

第五节　常用的几种湿式除尘器简介

一、低能和中能湿式除尘器

低能和中能湿式除尘器应用较广，可根据所要求的除尘效率因地制宜地加以选择，通常采用的有喷淋塔、填料式洗涤器、泡沫除尘器、湍球塔、冲击式除尘器、旋风水膜除尘器、麻石水膜除尘器等。

1. 喷淋塔

喷淋塔是在空心塔中借助于喷嘴喷出的水雾以捕集粉尘。气流从塔下部进入，通过气流分布板使气流在塔内得到均匀分布。塔内设置一排或数排喷嘴，喷水压力不低于$(1.5\sim2)\times10^5$ Pa，水雾在重力的作用下向下流动，与含尘气流的方向相反。含尘气流经水雾净化后由上部排出，在气体排出之前设挡水板将气流中的水滴捕集下来，防止带出。在实际应用中，当塔内流速较小（0.6～1.5 m/s）时，水滴的下降末速度大于气流上升速度时，可以不设挡水板。

喷淋塔除尘的主要机理是将水滴作为捕尘体，在惯性、截留、扩散等作用下将粉尘捕集，其中以惯性作用为主。为了提高捕尘效率，特别是惯性捕尘机理，需要提高水滴与气流的相对速度，同时要减小水滴的大小。然而在重力喷淋塔中，这两者是相互矛盾的，即小水滴的末速度较小。因此可以找出一最优的水滴直径，使惯性碰撞的效率最高。

2. 填料式洗涤器

填料式洗涤器是在除尘器中填充不同形式的填料，将喷出的水转变成附着在填料上的水膜，从而增加气与水的接触面。这种洗涤器多用于净化有害气体，近年来也用于净化含尘浓度不高的烟气。根据水流方向与气流方向可以分为交叉流、逆流、顺流三种形式。在实际应用中采用较多的是逆流式洗涤器。

3. 泡沫除尘器

泡沫除尘器的机理如图 8—1 所示。多孔的泡沫板（筛板）是其核心部件。含尘气流进入泡沫板下部空间时，一部分粗粒粉尘因重力作用及泡沫板泄漏下来的水的喷淋作用，得到初步净化。而后气体通过泡沫板的筛孔向上流动，与筛板上面的水层相遇，在泡沫板上形成激烈翻腾的泡沫层，它能够克服尘粒环绕气膜的不利影响，使气液两相充分接触。因此，即使微小的尘粒也能被捕集。

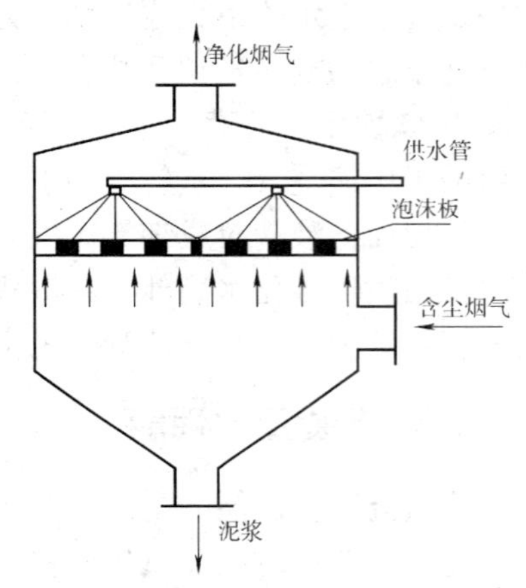

图 8—1　泡沫除尘器机理

泡沫除尘器的阻力由两部分组成：筛板阻力和泡沫层阻力。一般工业生产中，筛板阻力为 98～196 Pa（10～20 mm H_2O），泡沫层阻力为 196～1 470 Pa（20～150 mm H_2O）。

4. 湍球塔

湍球塔可用于同时净化有害气体和除尘。塔内的填料采用轻质的实心或空心塑料球（聚乙烯或聚丙烯）、多孔橡胶球等。采用的填料球的密度 ρ_B（kg/m^3）不应超过水的密度 ρ_W（kg/m^3），即 $\rho_B < \rho_W$。由于气流的作用，填料球处于不断的湍流状态，从而可以不断地清洗，防止堵塞，入口含尘浓度也可允许稍高。

当湍球塔用于除尘时，气流速度取 5～6 m/s，耗水量为 0.5～0.7 L/m^3。当条缝宽4～6 mm 时，筛板的开孔率取 0.4～0.5 m^2/m^2。如果烟气中含有的焦油或粉尘易于沉积，则采用条缝式筛板，开孔率较大，取 0.5～0.6 m^2/m^2。

5. 冲击式除尘器

冲击式除尘器最简单的形式如图 8—2 所示。它由进气管、排气管、喷头、挡水板和水池本体等部分组成。含尘气体从进气管进入后，在喷头处以高速喷出冲击水面，激起大量水花和雾滴，粗大的尘粒随气流冲入水中而被捕集，细小的尘粒随气流折转 180°向上时，通过与水花和雾滴接触而被除下，净化后的气体经挡水板脱水后从排气管排出。

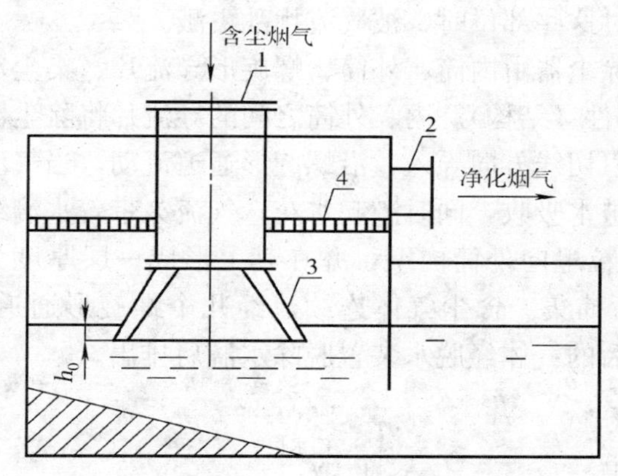

图 8—2　冲击式除尘器

1—进气管　2—排气管　3—喷头　4—挡水板

冲击式除尘器的效率和阻力主要取决于气流的冲击速度和喷头的插入深度，并随着冲击速度和插入深度的增大而增加。当冲击速度和插入深度增加到一定值后，如继续增加，其除尘效率几乎不变化，而阻力却急剧增加。冲击式除尘器喷头的插入深度一般取 20～30 mm（范围有点小），冲击速度为 8～14 m/s，除尘效率一般可达 80%～95%，阻力为 600～1 200 Pa。

这种除尘器的结构简单，造价低廉，可用砖或钢筋混凝土砌筑，耗水量少（0.1～0.3 L/ m^3），适合处理小风量系统，但对细小粉尘的除尘效率不高，泥浆处理比较麻烦。

6. 旋风水膜除尘器

采用喷雾或其他方式，使旋风除尘器的内壁上形成一薄层水膜，可以有效地防止粉尘在器壁上的反弹、冲刷而引起的二次扬尘，从而大大提高旋风除尘器的效率。对于 5 μm 的粉尘，湿式清灰效率可高达 87%，而干法清灰的除尘效率仅为 70%左右。

下面介绍两种旋风水膜除尘器。

（1）立式旋风水膜除尘器。图 8—3 所示为立式旋风水膜除尘器示意图。立式旋风水膜除尘器的入口位于筒体下部，含尘气体切向进入除尘器后，旋转上升，最后由上部出口排出。旋转气流所产生的离心力将尘粒甩向器壁，这与干式旋风除尘器的工作原理相同。但是，水膜除尘器上部设有供水设施，使除尘器筒体内表面形成一层均匀的水膜，粉尘一旦到达器壁，即进入水膜中，以防止粉尘从器壁弹回气流中去。因此，水膜除尘器的净化效率高于干式旋风除尘器，一般在 90%以上，如管理得当，还可达到 95%。

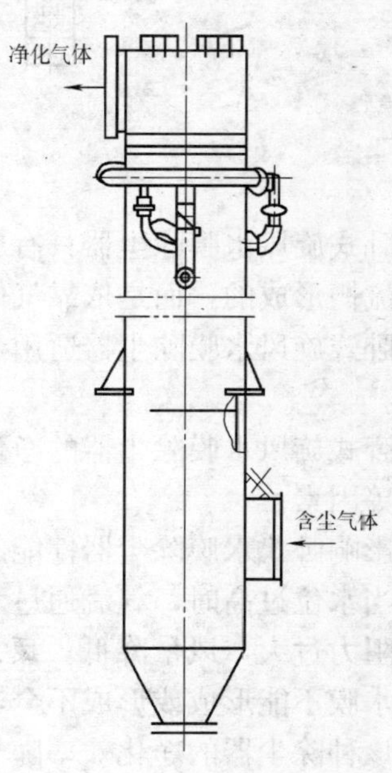

图 8—3　立式旋风水膜除尘器

立式水膜除尘器进口的最高允许含尘浓度为 20 g/m^3，否则应在其前增加一级除尘器，以降低进口含尘浓度。

立式旋风水膜除尘器入口气流速度的选取原则同干式旋风除尘器，通常在 15～22 m/s。速度过高，阻力激增，而且还可能破坏水膜层，造成严重的带水现象。

除尘器筒体内壁布满稳定、均匀的水膜是保证正常工作的必要条件。为此，除选取合理的入口气流速度外，还应保持除尘器的供水压力恒定，筒体内表面不得有突出的焊缝和其他凹凸不平的地方，以免水膜流过这些部位时，被气流扰乱飞溅。

（2）卧式旋风水膜除尘器。卧式旋风水膜除尘器由内筒、外筒、螺旋形导流片、集尘水箱、脱水装置等组成。图 8—4 所示为其主要部件（结构）。内、外筒之间的导流片将除尘器内部分为若干个螺旋形通道。含尘气流沿器壁以切线方向导入，沿螺旋形通道流动，当气流以较高速度冲击集尘水箱的水面时，部分尘粒被水吸收，同时激起水花；气流夹带着水滴继续向前旋转，在离心力的作用下，把水滴和尘粒甩向外筒内壁，并在其上形成一层厚度为 3～5 mm 的水膜，甩至器壁的尘粒则被水膜所捕集。含尘气体连续流经几个螺旋形通道，得以多次净化，使绝大部分尘粒被分离。净化后的气体经脱水装置脱除水滴后排出。

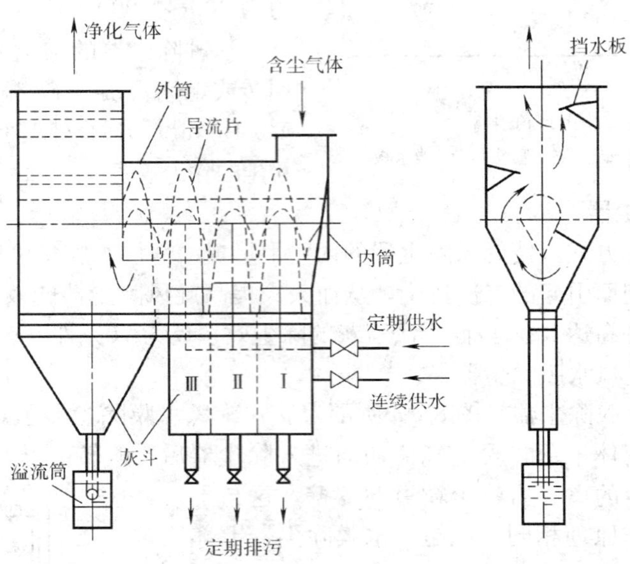

图 8—4　卧式旋风水膜除尘器

卧式旋风水膜除尘器具有旋风、水膜及水浴除尘的机理，其外筒内壁的水膜不是由喷嘴或溢流槽形成的，而是依靠气体冲击水面激溅的水花形成的。

卧式旋风水膜除尘器适用于非黏结性及非纤维性粉尘，其结构适用于常温和非腐蚀性气体。

卧式旋风水膜除尘器的净化效果直接取决于除尘器内部水位高低、水膜形成及气流旋转圈数等因素。

影响卧式水膜除尘器性能的主要因素是除尘器内的水位，水位的高低又关系到水膜的形成。当水位过高时，气流通过水面到内管的底面之间的通道缩小，形成的水膜过分强烈，除尘器阻力过大，风量降低；反之，若水位过低，气流通过水面到内管的底面之间的通道扩大，水膜不能形成或形成不全，两者均可影响除尘器的除尘效率。

该种除尘器的净化效率随气流旋转圈数的增加而提高，但旋转圈数增至 6 圈以上时，阻力成倍增加，而效率则提高不多。

试验表明，这种除尘器内筒与水面的距离在 80～150 mm，螺旋通道内的断面风速在

8～18 m/s的范围内，效果较好。与立式旋风水膜除尘器相比，它可用在风量波动范围较大（20%）的场合，其净化效率稍高，除尘器的高度较低，但占地面积较大，金属消耗量较大。

7. 麻石水膜除尘器

麻石水膜除尘器是用水作为介质与烟气以不同方式接触来达到捕集烟尘的目的。由于传统的湿式除尘器具有结构简单，对烟尘的捕集效率高且稳定，比其他高效除尘器，如电除尘器、袋式除尘器的投资和运行费用低，并对有害气体有一定的净化作用等优点，麻石水膜除尘器在工业锅炉上的应用才逐步扩大。

麻石水膜除尘器有两种形式，即普通麻石水膜除尘器和文丘里管麻石水膜除尘器。普通麻石水膜除尘器是一种圆筒形的离心式旋风除尘器；文丘里管麻石水膜除尘器是在普通的麻石水膜除尘器前增设文丘里管，当烟气通过文丘里管时，压力水喷入文丘里管喉部入口处，呈雾状充满整个喉部，烟气中的尘粒被吸附在水珠上，并凝聚成大颗粒水滴，随烟气进入除尘器筒体进行分离，水滴和尘粒在离心力作用下被甩到筒壁，随水膜流入筒底，再从排水口排出。

普通麻石水膜除尘器和文丘里管麻石水膜除尘器的一般性能见表 8—2。

表 8—2 麻石水膜除尘器的一般性能

性能	普通麻石水膜除尘器	文丘里管麻石水膜除尘器
进口烟气流速/（m/s）	18～22	9.5～13
文丘里管喉部流速/（m/s）	—	55～70
筒体内上升流速/（m/s）	3.5～4.5	3.5～4.5
除尘器效率	≥90%	≥95%
除尘器阻力/ Pa	490	780～1 200
除尘器内烟气温降/℃	约 50	约 60

湖南省是我国最早使用麻石离心水膜除尘器的地区。据资料报道，湖南省在用的3 000余台工业锅炉中，大于 6 t/h 的工业锅炉基本上都采用湿式除尘器，对 10 t/h 以上的抛煤机锅炉，在原锅炉配套的干式旋风除尘器后部再加一级麻石离心水膜除尘器，烟尘排放浓度可以达到排放标准的要求。

湿式除尘器具有一定的脱硫作用，由于水是一种极好的溶剂，当文丘里管离心水膜除尘器在使用清水介质时，也可有 20%左右的脱硫效率，在使用碱性水时脱硫效率还会提高。

二、文丘里管除尘器

在应用惯性捕尘机理时，为了提高对微细粉尘的捕尘效率，一方面要求减小水滴直径，另一方面要求增加水滴与尘粒之间的相对速度。为此在高速气流中（文丘里管的喉口中）引入水流（例如喷雾）时，高速气流可将水雾粉碎成很微小的水滴，同时在水滴未被加速到其末速度前，水滴与粉尘之间的相对速度较高。根据这一原理设计成的文丘里管除尘器，由于喉口中的气流速度高（一般为 40～120 m/s）及粉碎水滴所需要消耗的能量高，因此习惯上称为高能湿式除尘器。

1. 文丘里管除尘器的组成部分

典型的文丘里管除尘器如图 8—5 所示，主要由三部分组成：引水装置（喷雾器）、文丘里管体及脱水器。它们分别在其中实现雾化、凝并和脱水除尘三个过程。

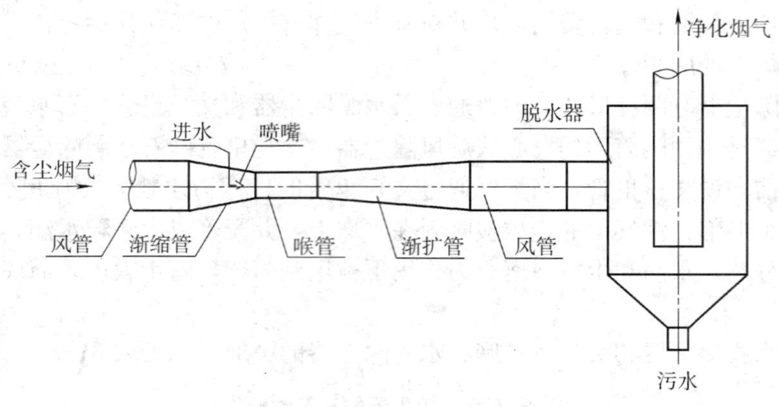

图 8—5　文丘里管除尘器

含尘气流由风管进入渐缩管，气流速度逐渐增加，静压降低。在喉管中，气流速度达到最高。由于高速气流的冲击，使喷嘴喷出的水滴进一步雾化。在喉管中气液两相充分混合，尘粒与水滴不断碰撞凝并，成为更大的颗粒。在渐扩管中气流速度逐渐降低，静压增高。最后含尘气流经风管进入脱水器。由于细颗粒凝并增大，在一般的脱水器中就可以将尘粒和水滴一起除下。

2. 文丘里管除尘器的结构

文丘里管除尘器有着各种不同的形式，可以根据各种特征进行分类。

（1）外形。按文丘里管的外形分为圆形和矩形。

（2）组合方式。按文丘里管的组合方式分为单管和多管组合式，多管组合式如图 8—6 所示。

（3）供水方式

1）轴向喷水，如图 8—7a 所示。

2）径向往内喷，如图 8—7b 所示。径向内喷又分为 4 种方式，如图 8—8a、b、c、d 所示。

3）水膜供水，如图 8—7c 所示。

4）气流引水，如图 8—7 d 所示。

5）径向往外喷，如图 8—9 所示。

6）溢流供水

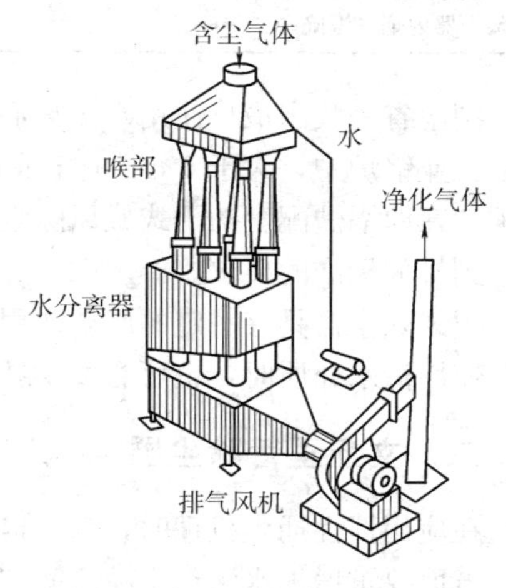

图 8—6　多管文丘里管

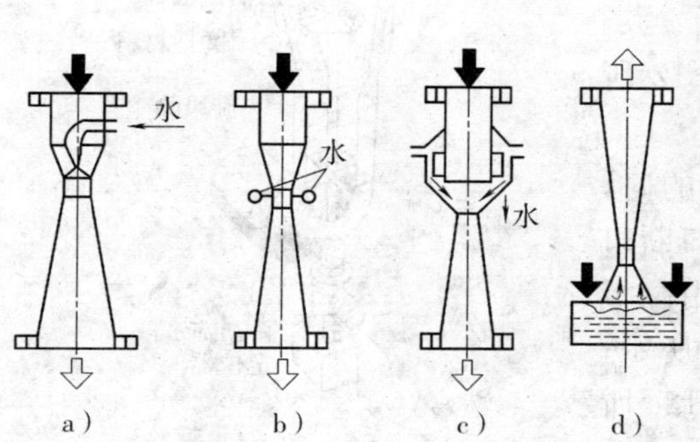

图 8—7　文丘里管除尘器的供水方式

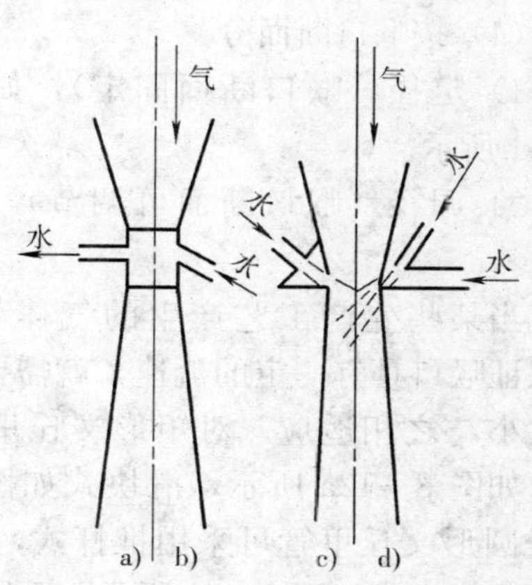

图 8—8　径向内喷方式

①溢流槽型，如图 8—10 所示。

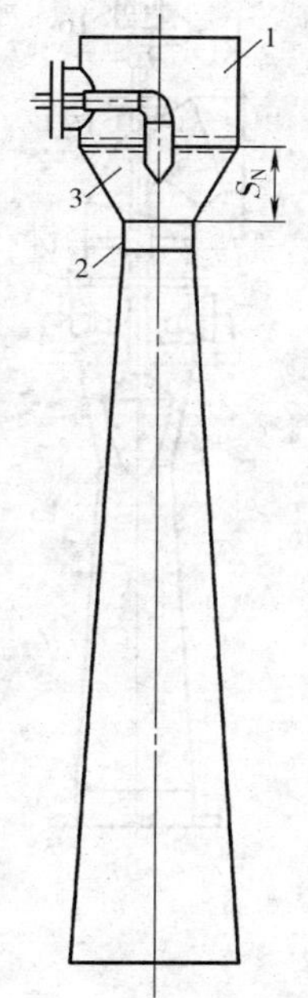

图 8—9　定径圆形径向往外喷文丘里管

1—直管　2—短颈文丘里管

3—辐射内喷喷嘴（炮弹形）

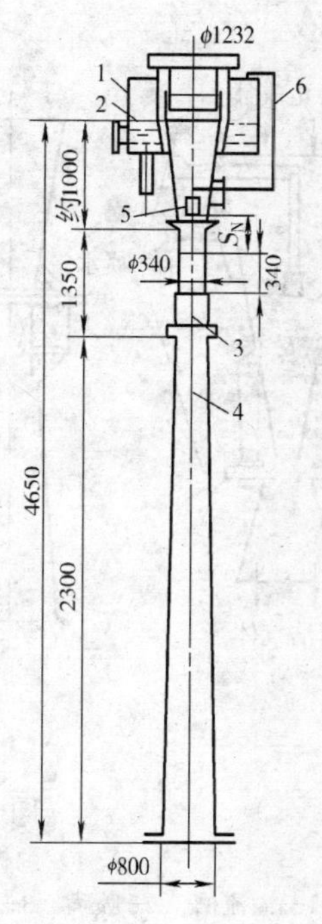

图 8—10　定径圆形溢流槽型文丘里管

1—溢流水封　2—收缩管　3—腰鼓形喉管（铸件）

4—扩散管　5—碗形喷嘴（内喷）　6—溢流供水管

②溢流盘型，如图 8—11 所示。

(4) 按喉口断面分

1) 定径 (喉口断面固定)，如图 8—10 和图 8—11 所示。

2) 调径 (喉口断面可调节)，如图 8—12 所示。

当某些生产工艺产生的气体量是变化的时，为保证喉口具有一定的流速，就需要调节喉口断口的大小与之相适应。对矩形文丘里管可采用翻板式，如图 8—12a 所示，滑块式如图 8—12b 所示；对于圆形文丘里管可采用推杆式，如图 8—12c 所示，溢流盘式如图 8—11 所示，重铊式如图 8—12d 所示。

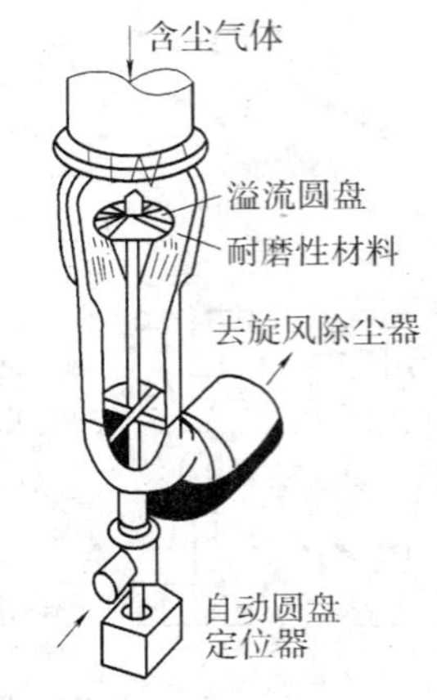

图 8—11　溢流圆盘型文丘里管

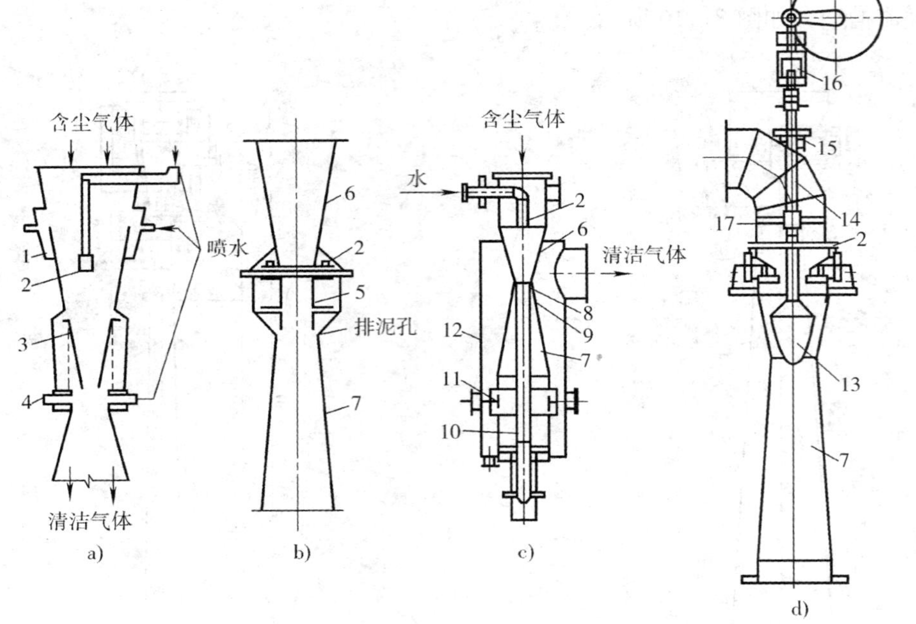

图 8—12　喉口断面可调式文丘里管

a) 翻板式　b) 滑块式　c) 推杆式　d) 重铊式

1—溢流槽　2—喷嘴　3—调节翻板　4—下层喷嘴　5—滑块　6—渐缩管　7—渐扩管　8—喉管　9—调节锥　10—导向杆　11—离心脱水器　12—筒体　13—重铊　14—拉杆　15—密封圈　16—连接环　17—弯管

由于文丘里管除尘器的除尘效率在极大程度上取决于喉管中的流速，因此当由于工艺的缘故，烟气量是变化的时，喉管的断面大小也应相应改变。

采用多管组合式文丘里管除尘器，当烟气量变化时，可以关闭一部分小文丘里管。

3. 文丘里管除尘器的阻力

文丘里管除尘器的阻力包括文丘里管的阻力和脱水器的阻力，后者在总阻力中所占的比例较小，可根据其具体形式按相应的除尘器计算。对于文丘里管除尘器，阻力主要来自文丘里管，其中包括水滴在喉管中的加速和粉碎水滴消耗的能量。

4. 文丘里管除尘器的效率

文丘里管除尘器的效率主要取决于以下因素：

（1）喉管中的气流速度。高效文丘里管除尘器的喉管流速高达 60～120 m/s，对小于 1.0 μm 的粉尘捕集效率可达 99%～99.9%，但阻力也高达 5 000～10 000 Pa。当喉管流速为 40～60 m/s，效率为 90%～95%，阻力为 600～5 000 Pa。对于烟气量变化的除尘系统（如炼钢转炉）则要求随烟气量的变化而改变喉口大小（称为变径文丘里管），以保持设计流速。

（2）雾化情况。在文丘里管除尘器中，水雾的形成主要依靠喉管中的高速气流将水滴粉碎成细小的水雾。喷雾的方式有中心轴向喷水、周边径向内喷等。

（3）喷水量或水气比。喷水量通常用 L/m^3 表示，也是决定除尘器性能的重要参数。一般来说，水气比增加，除尘效率增加，阻力也增加。

文丘里管除尘器是一种高效除尘器，对于小于 1 μm 的粉尘仍有很高的除尘效率。它适用于高温、高湿和有爆炸危险的气体。它的最大缺点是阻力很高。目前主要用于冶金、化工等行业的高温烟气净化，如吹氧炼钢转炉烟气。烟气温度可达 1 600～1 700℃，含尘浓度为 25～60 g/m^3，粒径大部分在 1 μm 以下。

第六节　湿式除尘器的运行维护

湿式除尘器的性能不仅受粉尘和烟气性质的影响，而且运转时维护管理的质量也会极大地影响其性能的发挥。因此，有必要建立健全运行、维护规程，重视除尘器的运行、维护、管理。以下以燃煤供热锅炉为例，简要介绍湿式除尘器的运行维护。

一、启动

1. 启动前的检查

（1）引风机、输灰系统的电动机和其他所有转动部分的润滑冷却情况。

（2）除尘器本体及烟道连接的引风机、调节阀门或挡板、排灰装置及人孔、手孔等的气密性是否良好。

（3）对于水浴式与水膜式除尘器，要保证液位控制系统的准确。

（4）对于喷淋洗涤器，要求喷淋均匀无死角，液滴细密，耗水量少。

（5）文丘里管洗涤除尘器雾化后的液滴要保证布满整个喉部截面。

（6）在运行中应十分注意烟气离开冷却装置的温度，先供给洗涤水，然后通入烟气开始运转。

2. 风量调整

由于启动时的烟气密度较大，为使引风机不超载，应先关小挡板的开度再启动，然后逐渐开大挡板的开度到工况负荷风量。

二、维护管理

湿式除尘器在运行过程中，须随时注意定期检查，系统若有异常，应及时分析和排除故障。在运行中应经常注意观察以下几点：

1. 锅炉的出力。

2. 烟色。

3. 烟气的压力损失。

4. 收尘量。

5. 进出口烟气温度。

6. 一切用水设备的耗水量、水压、水温和废水的 pH 值。

7. 在运行过程中，除注意烟尘的性质和烟气温度外，还应以合适的液气比运转和注意压力损失。

8. 文丘里管洗涤除尘器装置的供水压力一旦发生变化，则单位耗水量就会有所增减。当单位耗水量小于最佳值时，除尘效率下降；当单位耗水量大于最佳值时，虽然由于喉管速度的增加在一定程度上对提高雾化有利，但是，在烟气流量一定的条件下，压力损失和净化后烟气含湿量也随单位耗水量的增加而增加，因此，对供水系统的稳压装置，必须经常注意检查。

9. 各部位供水水压要稳定，水源要可靠，必要时除尘、冲灰水系统分开，避免互相干扰、互相影响。

10. 及时发现并尽快消除漏风现象。

11. 定期检查（检修）内衬、排灰器等设备情况，及时消除缺陷。

三、停止运转与检修

1. 由于烟气中往往含有腐蚀性气体和其他有害气体，在锅炉停炉后至少在 10～15 min 内，应使除尘器装置继续运行，直至除尘器装置内的烟尘或废水全部排出，烟气被热空气充分置换为止。先停风后停水。

2. 确认所有电源均已切断并安全接地后，检查除尘装置本体、烟道、引风机、出灰装置等内部烟尘堵塞情况以及设备的磨损及腐蚀情况。若长期停止运转时，应尽可能把积灰清扫干净，更换或修理损坏的部件。

3. 检查电动机、旋转机械和各种电气设备的动作，如有异常，必须及时修理。

4. 检查系统的气密情况，对于长期使用后的手孔、人孔应更换新的垫片或填料。

5. 应检查和校正压力、温度和其他自动测量仪表的精确度。

6. 严格检查装置的磨损和腐蚀情况，对磨损和腐蚀部位及部件进行修补或更换。

7. 检查文丘里管洗涤器的喉管直径，当磨损严重时，必须更换。

8. 对所有喷嘴进行检查和清洗并更换磨损较为严重的喷嘴。

参考文献

1. 胡满银，赵毅，刘忠．除尘技术．北京：化学工业出版社环境·能源出版中心，2006

2. 谭天佑，梁凤珍．工业通风除尘技术．北京：中国建筑工业出版社，1984

3. 吴忠标，杨明珍，闫静．燃煤锅炉烟气除尘脱硫设施运行与管理．北京：北京出版社，2007

4. 余云进，彭丽娟，陈朝东．除尘技术问答．北京：化学工业出版社环境·能源出版中心，2006

5. 张殿印，王纯．除尘器手册．北京：化学工业出版社，2005

第九章　工业防尘测试技术

工业通风除尘测试技术涉及许多基本的量。有关粉尘性质方面的有密度、黏性、分散度、比电阻、浸润性等。有关气体性质方面的有温度、湿度、压力、流速、流量以及气体中的含尘量等。本章主要介绍通风除尘中某些特定量的测定方法。

第一节　粉尘基本物性的测定

一、粉尘样品的分取

测定粉尘的各种物理特性，必须以具体的粉尘为对象。从尘源处收集来的粉尘，要经过随机分取处理，以使所测的粉尘具有良好的代表性。分取样品的方法一般有圆锥四分法、流动切断法和回转分取法等。

1. 圆锥四分法

圆锥四分法（见图 9—1）是将粉尘经漏斗下落到水平板上堆积成圆锥体，再将圆锥垂直四等分为 a、b、c、d，舍去对角上两份（a、c），而取其另一对角上的两份（b、d）。混合后重新堆成圆锥再分成四份进行取舍。如此依次重复 2～3 次，最后取其任意对角两份作为测试用粉尘样品。

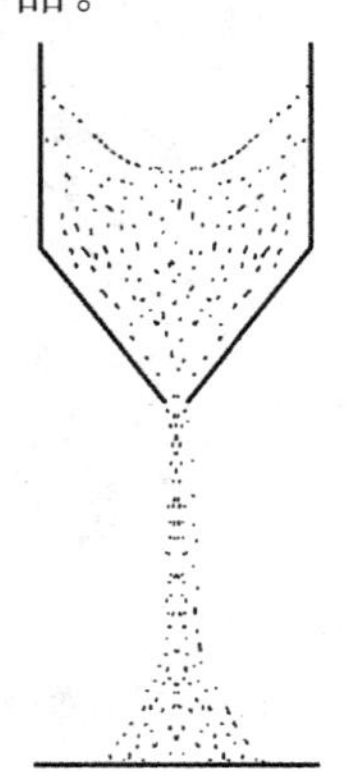

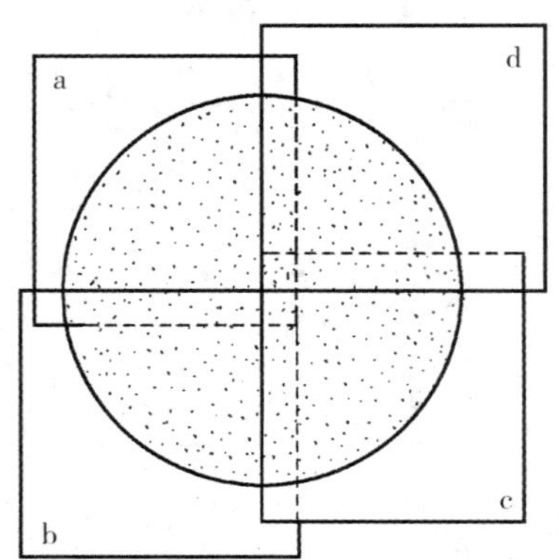

图 9—1　圆锥四分法取样

2. 流动切断法

流动切断法（见图 9—2）是在从现场取回的试料比较少的情况下采用的。把试料放入固定的漏斗中，使其从漏斗小孔中流出。用容器在漏斗下部左右移动，随机接取一定量的粉料作为分析用样品（见图 9—2a）。此外，也可以将装有粉尘的漏斗左右移动，使粉尘漏入并在一起的容器内，然后取其中一个（舍去另一个）。将试料重复分缩几次，直至所取试料的数量满足分析用样为止（见图 9—2b）。

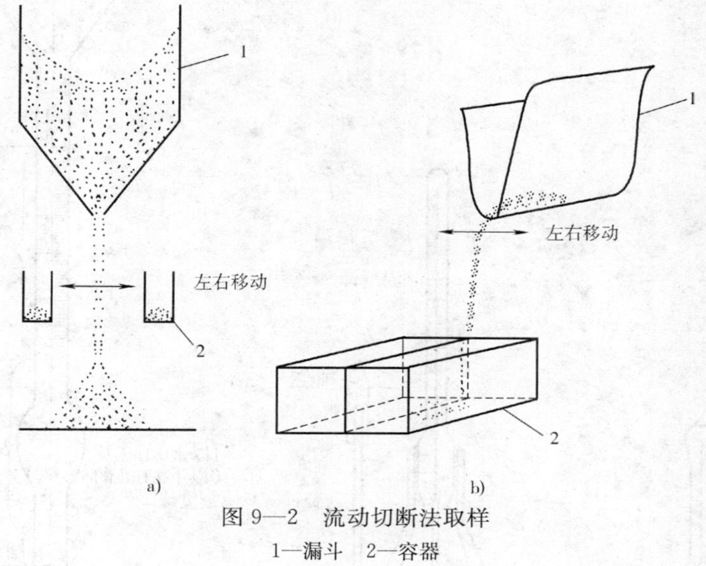

图 9—2　流动切断法取样

1—漏斗　2—容器

3. 回转分取法

回转分取法（见图 9—3）是使粉尘从固定的漏斗中流出，漏斗下部设有移动的分隔成八个部分的圆盘。粉尘均匀地落到圆盘上的各部分，取其中的一部分作为分析测定用料。有时为了简化设备，也可使圆盘固定而将漏斗作回转运动，使粉尘均匀落入圆盘各部分中。

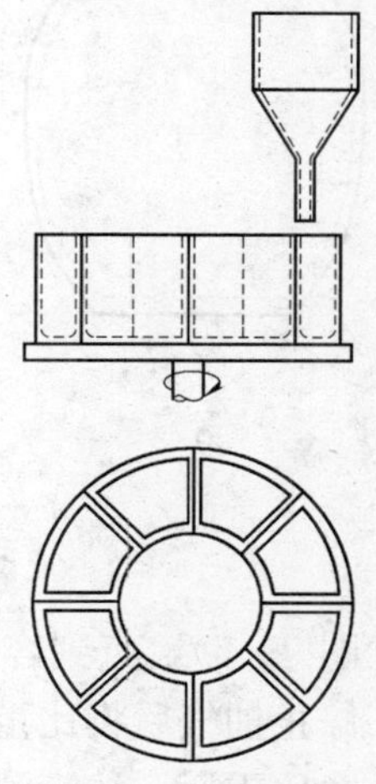

图 9—3　回转分取法

二、粉尘密度的测定

1. 粉尘真密度的测定

为了测得粉尘的真密度，首先需要准确测出不包括粉尘之间空隙的粉尘自身所占据的体积。为此可以采用多种方法，比较普遍的是液相置换法，此外也有采用气相加压法的。

（1）液相置换法。这种方法在于选取某种液体注入粉尘中，排除粉尘之间的气体以得到粉尘的体积，然后根据称得的粉尘质量计算粉尘的密度。为了能将气体尽可能彻底排出，通常还需要煮沸排气或抽真空排气。所选择的浸液要易于渗入粉尘之间，浸润性好，但又不使粉尘溶解、膨胀和产生化学变化。一般可用蒸馏水、酒精、苯等。

液相置换法可采用比重瓶进行测定。普通比重瓶的容量为 25～100 mL，并带有瓶塞（见图 9—4a）。先称出比重瓶的质量 m_0，加入粉尘（约占比重瓶体积的 1/3），称出其质量 m_s（尘＋瓶），将浸液注入比重瓶内（至比重瓶约 2/3 容积处），然后置于密闭容器中抽真

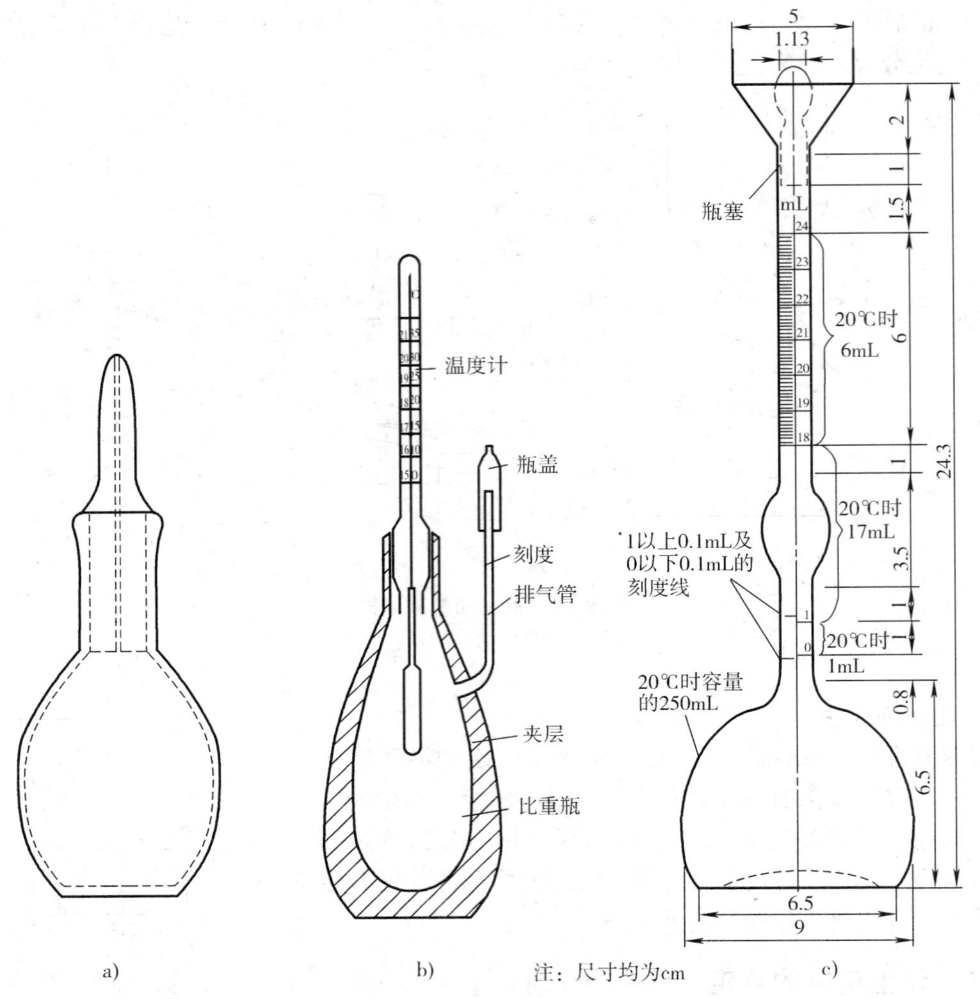

图 9—4　比重瓶

a）普通比重瓶　b）Booth 比重瓶　c）Chatelier 比重瓶

空（见图 9—5），直到容器中的真空度使瓶中的浸液开始呈沸腾状态，瓶中的气体充分排出为止。停止抽气后将比重瓶取出并注满浸液，称得其质量 m_{sL}（尘＋液＋瓶）。

洗净比重瓶，注满浸液，称得其质量为 m_L（液＋瓶）。

粉尘密度 ρ_p 可由式（9—1）求得：

$$\rho_p = \frac{m_s - m_0}{\dfrac{(m_s - m_0) + m_L - m_{sL}}{\rho_L}} \quad g/cm^3 \tag{9—1}$$

式中　ρ_L——浸液在测定温度下的密度，g/cm^3。

通常在测定时需选取平行样品，两者的误差应小于 1%。否则应重新测定，直到满足精度要求。此时粉尘的真密度取两个平行样品的平均值。测定中保持浸液的温度稳定很重要，因为温度的变化是误差的主要原因。为此通常要将比重瓶置于恒温槽中恒温 0.5 h 再读取温度。

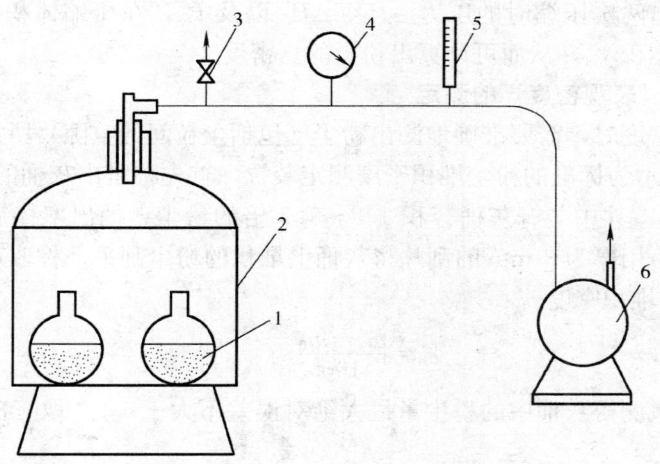

图 9—5　液体置换法测粉尘真比重

1—比重瓶　2—真空干燥器　3—三通开关　4—真空计　5—温度计　6—真空泵

（2）气相加压法。气相加压法测定粉尘真密度的原理图如图 9—6 所示。当容器内未加粉尘时，活塞由位置 A 压缩到位置 B。这时气体的体积由 $V+V_0$ 变化到 V，而压力则由 P_d 变化到 $P_d+\Delta P_1$，按波义耳—马略特定律：

$$P_d(V+V_0)=(P_d+\Delta P_1)V$$

由此可得出：

$$V=V_0\left(\frac{P_d}{\Delta P_1}\right) \tag{9—2}$$

当容器内加入体积为 V_s 的粉尘后，活塞仍然由 A 位置压缩到 B 位置，即压缩相同的体积 V_0。这时，气体体积的变化由（$V+V_0-V_s$）变到 $V-V_s$，而压力变化则由 P_d 变到 $P_d+\Delta P_2$。

同样可写出：

$$(V-V_s)=V_0\frac{P_d}{\Delta P_2} \tag{9—3}$$

将 V 代入，得：

$$V_s=V_0\left(\frac{P_d}{\Delta P_1}-\frac{P_d}{\Delta P_2}\right) \tag{9—4}$$

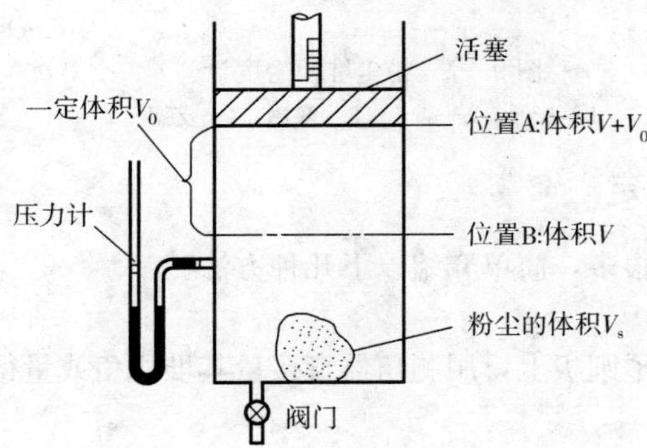

图 9—6　气相加压法原理示意

由压力计精密测出两次压缩时的压力 ΔP_1、ΔP_2 以及 P_d，在压缩体积 V_0 一定的情况下，即可得出粉尘的体积 V_s，从而可计算出粉尘的真密度。

2. 粉尘堆积密度（表观密度）的测定

测定粉尘的堆积密度时，需要准确地测出粉尘（包括尘粒间的空隙）所占据的体积及粉尘的质量。图 9—7 所示为标准的粉尘堆积密度测定装置。首先称量出灰桶的质量 m_0，灰桶容积规定为 100 cm^3。漏斗中装有灰桶容积 1.2～1.5 倍的粉尘。抽出塞棒后，粉尘由一定的高度落入灰桶，然后用厚为 3 mm 的刮片将灰桶上堆积的粉尘刮平。称取灰桶加粉尘的质量 m_s 即可求得粉尘的堆积密度 ρ_B：

$$\rho_B=\frac{m_s-m_0}{100} \tag{9—5}$$

其精度要求为三次测得灰桶中的粉尘量最大绝对误差不大于 1 g。取三次样品的平均值进行密度计算。

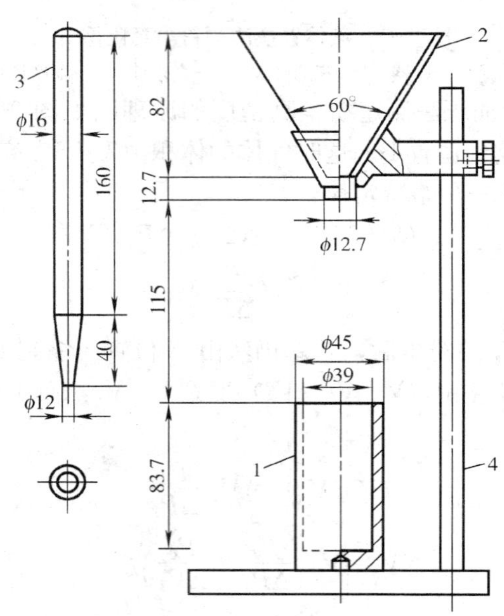

图 9—7　粉尘堆积密度计

1—灰桶　2—漏斗　3—塞棒　4—支架

三、粉尘安息角的测定

粉尘安息角的测定方法很多，简单介绍以下几种方法。

1. 注入法（见图 9—8a）

粉尘自漏斗流出落到水平圆板上，用测角器直接量其堆积角或量得粉尘锥体高度求其堆积角：

$$\tan\alpha=\frac{H}{R} \tag{9—6}$$

式中　H——粉尘的锥体高度，cm；

R——底板半径，cm，一般为 40 cm；

α——粉尘安息角，°。

2. 排出法（见图 9—8b）

粉尘从容器的底部圆孔排出，测量粉尘流出后在容器内的堆积斜面与容器底部水平面的夹角。装粉尘的容器可以是带有刻度的透明圆筒。粉尘安息角为：

$$\tan\alpha=\frac{H}{R-r} \tag{9—7}$$

式中　H——粉尘斜面高，cm，可由圆筒刻度上直接读出；

R——圆筒半径，cm；

r——流出孔半径，cm。

3. 斜箱法（见图 9—8c）

在水平放置的箱内装满粉尘，然后提高箱子的一端，使箱子倾斜，测量粉尘开始流动时粉尘表面与水平面的夹角。

4. 回转圆筒法（见图 9—8d）

粉尘装入透明圆筒中（粉尘体积占筒体体积的 1/2）。然后将筒水平滚动，测量粉尘开始流动时的粉尘表面与水平面的夹角。

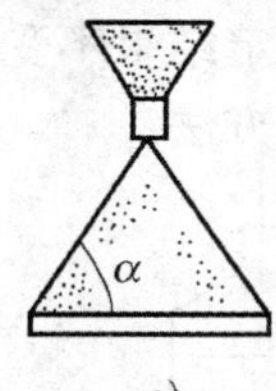

a）

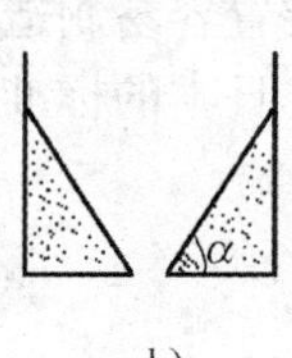

b）

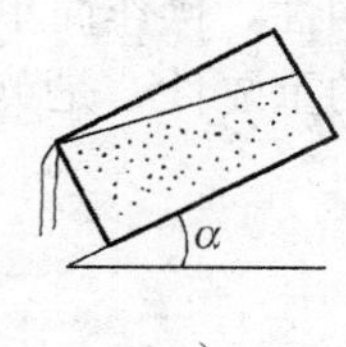

c）

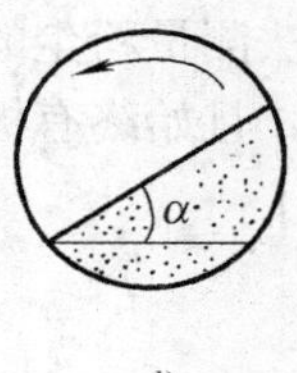

d）

图 9—8　粉尘安息角测定装置示意

a）注入法　b）排出法　c）斜箱法　d）回转圆筒法

四、粉尘黏性的测定

粉尘黏性（黏附力）的测量方法适用于不同的测量目的。例如，在粉尘造球、陶瓷成型工艺中，主要用压力破断法；而在除尘技术、环境工程中则多采用拉伸断裂法。此外还有剪切法等。本文仅对拉伸断裂法作一简要介绍。

将粉尘用振动充填或压实充填的方法装填入分开成两部分的容器中，然后对粉尘进行拉伸，直至断裂，用测力计测量粉尘层的断裂应力，这种方法称为拉伸断裂法。其拉伸方向有水平状态和垂直状态两种。

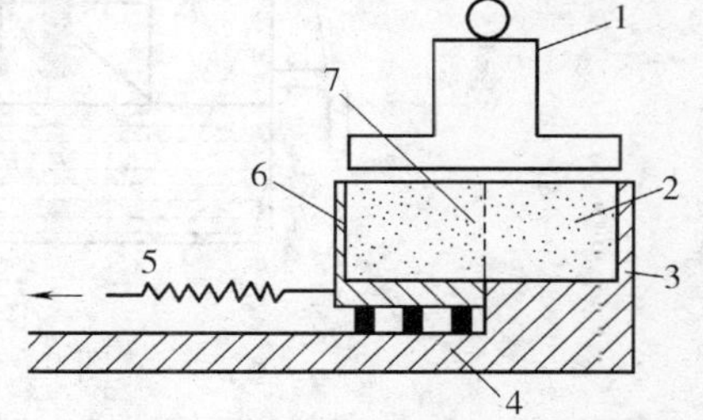

图 9—9　水平拉断法黏性测试仪示意

1—压块　2—粉尘　3—固定盒　4—滚轮
5—弹簧测力计　6—活动盒　7—粉尘断裂面

图 9—9 所示为水平拉断测量装置。粉尘填充于由左右两部分组成的容器中。容器的一部分固定，另一部分系于弹簧测力器上，然后给弹簧一

定的拉力。当拉力等于粉尘层破断面的断裂应力和滚动轮的摩擦阻力时，粉尘层断裂。

为了使粉尘在测定时有较高的充填率，粉尘层应有一定的强度，通常采用机械振动法将粉尘充填于容器中。

五、粉尘浸润性的测定

粉尘浸润性测定装置如图 9—10 所示，它由试管、水槽和供水箱等组成。试管是一内径为 5 mm（或 7 mm）从上至下带有刻度（从 0～240 mm）的玻璃管。水槽可以用瓷盘也可以用其他金属盘制成，在水槽的适当高度有与试管相通的小孔，并有支架支持试管垂直放置。水箱可以供水。水槽的溢流口与试管底部都应在同一水平高度，以保持水面与粉尘接触。测定时将试管底端用滤纸封住，装入粉尘并同时用小木棒敲打，将粉尘捣实至稳定的填充率（即粉尘高度稳定），然后放置到水槽支架上。水与试管底部滤纸接触后，逐渐浸润粉尘，测取浸润时间及浸液在对应时间内上升的高度，便可计算出水对粉尘的浸润速度。在一般情况下，浸润时间 t 取 20 min，其浸润速度为：

$$v_{20}=\frac{L_{20}}{20} \quad (9—8)$$

式中 v_{20}——浸润时间为 20 min 时的浸润速度，mm/min；

L_{20}——浸润 20 min 时液体上升高度，mm。

用这种方法测量粉尘的浸润性，操作简单，装置容易制造。测定结果不受外界因素或操作技巧的影响，且始终有极好的重复性，是英国、日本的标准测定方法。

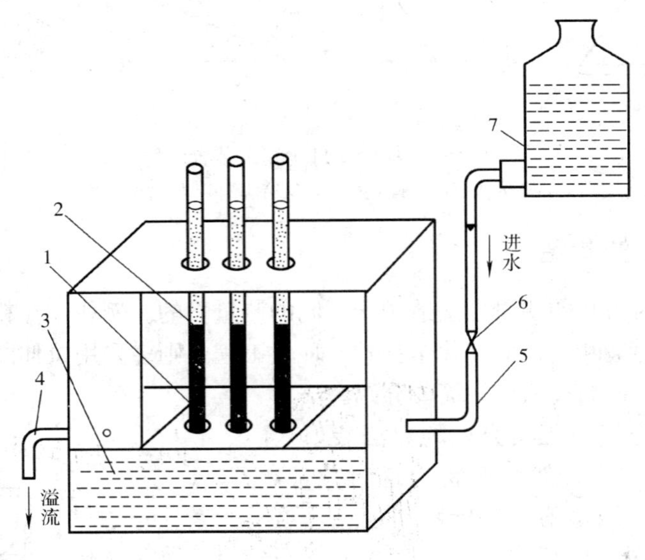

图 9—10 粉尘浸润性测定装置

1—试管 2—试粉 3—水槽 4—溢流管 5—进水管 6—阀门 7—水箱

六、粉尘磨损性测定

粉尘的磨损性目前还没有一个统一的定量表示方法。

七、粉尘爆炸性的测定

粉尘的爆炸性应根据国家标准 GB/T 16425—1996《粉尘云爆炸下限浓度测定方法》和 GB/T 16426—1996《粉尘云最大爆炸压力和最大压力上升速率测定方法》进行测定。

第二节　粉尘比电阻的测定

粉尘比电阻对于电除尘器具有特殊的意义，因而粉尘比电阻的测定显得十分重要。测定粉尘的比电阻不同于测定一般材料的电阻。这里有三个主要要求：第一，模拟在电除尘器中粉尘的沉积状态，即粉尘层的形成是在电场作用下荷电粉尘逐一堆积而成；第二，模拟在电除尘器中的气体状态（气体的温度、湿度、气体成分等）；第三，模拟电除尘器的电气条件，即测定高压电场中的电压和电晕电流。

现在的各种测定方法，一般都不能同时满足以上几个要求，而是各有侧重，因而对同一种粉尘用不同的方法所测得的比电阻值往往相差较大，有的甚至达到 1～2 个数量级。

在现有的各种方法中，大致可分为实验室测定方法和现场比电阻测定方法，这两种方法各有特点。实验室测定方法可以调节测定条件（温度、湿度等），适用于研究工作，但不可能与现场烟气条件完全一致，例如烟气的成分就很难模拟。

在高温下（180～230℃），实验室测定结果与现场测定结果相差不大，但烟气温度低时，实验室的测定数据经常大大高于现场的数据。

有的比电阻测定仪可以用于现场，也可用于实验室。

粉尘比电阻是间接进行测定的，即先测出通过粉尘层的电流、电压及粉尘层的几何尺寸，然后按式（9—9）计算粉尘的比电阻：

$$\rho=\frac{A}{\delta}\cdot\frac{U}{I}=\frac{A}{\delta}R=KR \tag{9—9}$$

式中　ρ——粉尘比电阻，Ω·cm；

R——电阻，Ω；

A——粉尘层面积，cm^2；

δ——粉尘层厚度，cm；

I——通过粉尘层的电流，A；

U——施加于粉尘层上的电压，V；

K——测定仪的几何参数，cm。

用做测定的尘样的几何形状可以为圆形、矩形、薄层或圆筒状，层厚为 0.5～5 mm，根据所采用的方法（现场或实验室）及试验仪器而定。

影响粉尘比电阻测定的主要因素如下：

一、粉尘层的形成方法及孔隙率

用于测定的粉尘层的形成方法不同会造成粉尘层的密实程度不同，即空隙率不同。Bickelhanpt 用空隙率为 70%及 50%的尘样进行的试验表明，在其他条件相同的情况下，各种温度下的高空隙率的比电阻比低空隙率的高。由于空隙率不同，可使比电阻的值相差 5 倍，而 Cohen 和 Dickinson 的研究表明，比电阻值甚至可相差 10 倍。

在电除尘器中粉尘是在库仑力作用下沉积的，这时随着粉尘层的沉积，粉尘多少是有规则排列的。在某些粉尘比电阻测定装置中，粉尘的取样模拟电除尘器中粉尘沉积的过程。但另一些测定装置中，则采取其他方法使粉尘沉积。在实验室的测定中，粉尘大多是用机械的方法使其铺设在测定盘中。

粉尘层的形成方式对孔隙率的影响尚无定量的数据，但从观测看，通过电的作用使粉尘沉积比自由沉降形成的粉尘层要密实。为了使粉尘自由沉降形成的粉尘层的密实度一致，可以考虑采用振动或其他方法使粉尘落入测定盘中。在有些装置中采用质量一定的圆板，施加在粉尘层的表面上，使粉尘受到的压力一定。

二、粉尘的粒径大小和孔隙率

粉尘的粒径分布与孔隙率密切相关，两者都将影响比电阻的大小。R. E. Bickelhanpt 在同等条件下对两种飞灰的比电阻进行了测试：一种中位径为 40 μm，孔隙率为 54%；另一种中位径为 2.7 μm，孔隙率为 75%。测试结果表明两者的比电阻与温度的关系曲线相互交叉。中位径小的尘样，在低温时的比电阻低，而中位径高的尘样，在高温时的比电阻低。这种情况主要是由于中位径小的尘样比表面积大，表面导电起主要作用，而中位径大时，孔隙率低，体积导电起主要作用。

为了使粉尘的粒度能代表气流中粉尘的实际粒径分布，采样时，应采取等速采样，但是由于比电阻测定时要求的尘量较大，往往达不到等速采样，即使在等速采样的情况下，由于采样过滤器对不同大小颗粒的粉尘的效率不同，所得尘样的粒径分布也有所不同。尽管如此，作为比电阻测定的尘样，最好由气流中等速直接采样，而不推荐从灰斗中取灰。

三、外加电压及电场强度

通常固体材料的电阻是符合欧姆定律的，即在外加电压升高时，电流成比例增加，而电阻保持为一定值。然而粉尘的电气性能不同于固体材料，由于其间存在孔隙，粉尘与气体接触表面积也大为增加，电压电流的关系不再符合欧姆定律。随着外加电压的增加，电流增长很快，电阻值减小。因此，为了模拟在电除尘器中的工作条件，需要测定在击穿前的伏安特性。在有的测定装置中采用逐步升压，记录各次电压电流的读数，一直到击穿。显然不同的粉尘击穿电压是不同的。然后取刚好击穿前的电压电流数据计算比电阻值。在另一些比电阻测定装置中采用固定场强对不同粉尘进行测定，一般采用的场强较低，约 1 kV/cm。这两种方法所测出的比电阻值是不相同的。

四、电流

当电压开始施加到粉尘层上时，电流较高，随后电流下降，开始下降得很快，随后逐渐减缓。初始电流高的原因是粉尘层作为电容而释放大量电荷，以后电流的减少是由于电荷载体减少或因粉尘和电极交界面上的极化而造成的。因此在施加电压较长时间后读取的电流要比刚加电压时读取的电流要低。

由于目前还没有比电阻测定的统一方法，而各种方法所得的数据相差较大，因此在给出粉尘比电阻的同时，必须说明所采用的方法。

第三节 粉尘粒径的测定

粉尘的粒径大小与除尘技术有极密切的关系，因而粒径的测定成为通风除尘测试技术中重要的组成部分。粉尘粒径的许多测定方法是基于测定粉尘的某种特性（光学特性、惯性、电性等）。由于各种测定方法所依据的基本原理不同，所测出的粒径的含义也不同，例如采用显微镜法测得的粉尘粒径是指投影径（定向径、长径、短径等），而用电导法测得的是等体积径，沉降法测得的是粉尘的空气动力径等。一般来说，由于多数粉尘为非球体，不同的方法之间是没有可比性的，因此，在给出粒径分布的同时，应说明所采用的分析方法。

粉尘粒径的测定方法可分为两大类：现场测定方法和实验室测定方法。现场测定是直接从气流中抽取部分气流进行分析；而实验室测定则要从现场采集粉尘样品，然后在实验室分析。

实验室测定粉尘的粒径时，除了测定方法本身的精度外，更重要的还与现场采样有关。现场采样有两方面的问题：一是如何使采得的尘样有代表性，尽管可以采用等速采样，但由于从气流中分离粉尘的装置对不同粒径的捕集效率不同，仍会影响尘样的代表性。二是采集的尘样在一定程度上会凝聚，实验室测定时，要重新将其分散到原始尘粒的状况是比较困难的。因此测定粉尘的粒度最好是在现场直接采样测定。目前现场采样使用最多的方法是利用惯性分离作用的冲击器或串联旋风子。其他一些仪器，如利用电迁移率及扩散等作用的仪器，虽然可以测定很微细（达 0.01 μm 以下）的粉尘，但由于结构复杂，应用还不普遍。在多数情况下，现场粒径测定方法可同时进行浓度测定。

液体介质沉降法是利用不同大小的粉尘在液体介质中的沉降速度不同，测得粉尘的粒径分布。

气体介质中离心沉降法是利用粉尘在气体介质中的沉降、悬浮的原理对其进行分级的方法。

惯性冲击法是根据粉尘的惯性力作用而对粉尘粒径进行分级。

电导法是根据尘粒随电解液通过小孔时产生的电压脉冲来测定尘粒大小和数目。

粉尘粒径测定方法见表 9—1。

表 9—1　　粉尘粒径测定方法　　μm

<table>
<tr><th>类别</th><th colspan="2">测定方法</th><th>测定范围</th><th>粒径表示</th><th>分布基准</th><th>适用场合</th><th>仪器举例</th></tr>
<tr><td rowspan="2">显微镜法</td><td colspan="2">电子显微镜</td><td>0.001～0.5</td><td>d_J</td><td>面积或个数</td><td>实验室</td><td>Stereoscan（英）
DX201（国产）</td></tr>
<tr><td colspan="2">光学显微镜</td><td>0.5～100</td><td>d_J</td><td>面积或个数</td><td>实验室</td><td>MC—D（美）</td></tr>
<tr><td rowspan="2">细孔通过法</td><td colspan="2">电导法</td><td>0.3～500</td><td>d_V</td><td>体积</td><td>实验室</td><td>Coulter Counter（英）
KF—9 颗粒分析仪（国产）</td></tr>
<tr><td colspan="2">光散射法</td><td>0.5～10
2～9000</td><td>d_V</td><td>个数</td><td>现场</td><td>Rcyco（美）
DLJ—8（国产）</td></tr>
<tr><td>筛分法</td><td colspan="2">筛分</td><td>40～60</td><td>d_A</td><td>计重</td><td>实验室</td><td></td></tr>
<tr><td rowspan="7">沉降法</td><td rowspan="4">液体介质</td><td>粒径计法</td><td><100</td><td>d_{st}</td><td>计重</td><td>实验室</td><td></td></tr>
<tr><td>移液法</td><td>0.5～60</td><td>d_{st}</td><td>计重</td><td>实验室</td><td>三管移液瓶（国产）
Andersen 瓶</td></tr>
<tr><td>沉降天平法</td><td>0.5～60</td><td>d_{st}</td><td>计重</td><td>实验室</td><td>KCT—1（国产）
SA—Ⅱ（日）
Bach mann（联邦德国）</td></tr>
<tr><td>光透过法</td><td>0.5～60</td><td>d_{st}</td><td>面积</td><td>实验室</td><td>SPA—Ⅱ（日）
WID—C301（国产）</td></tr>
<tr><td rowspan="3">气体介质</td><td>重力</td><td>1～100</td><td>d_{st}</td><td>计重</td><td>实验室</td><td></td></tr>
<tr><td>离心力</td><td>1～70</td><td>d_{st}</td><td>计重</td><td>实验室
现场</td><td>YFG（国产），Bahco（法）
串联旋风（苏、美）</td></tr>
<tr><td>惯性力</td><td>0.3～20</td><td>d_{st}</td><td>计重</td><td>现场</td><td>Cascade impactor（美、苏）
CGC—Ⅰ（国产）</td></tr>
<tr><td rowspan="2">超细粉尘分级</td><td colspan="2">扩散法</td><td>0.01～2.0</td><td>d_{st}</td><td>个数</td><td>现场</td><td>矩形通道
圆形通道
网状通道</td></tr>
<tr><td colspan="2">电迁移率法</td><td>0.0032～1.0</td><td>d_{st}</td><td>计重</td><td>现场</td><td>EAA3030（美）</td></tr>
</table>

注：d_J—投影面积径；d_V—等体积径；d_{st}—斯托克斯径；d_A—筛分径。

在通风除尘技术中有时需要测定超细尘粒的粒径分布，例如在高效除尘器（袋式除尘器、电除尘器等）的出口，粉尘小至 0.01 μm。在这种情况下，可以利用粉尘的扩散特性和静电特性等来测定粉尘的粒径。

测定微细粉尘粒径的采样方法不同于常规的采样，同时采样气体的状况控制要求也更严格。

采样过程中，对于微细粉尘惯性不起主要作用，因此可以不等速采样，然而微细粉尘由于扩散在采样管中的损失较大，这种损失在采用管外采样时是无法避免的，但可以减轻，其方法是：第一，采样管尽可能短，流速尽可能高；第二，进行稀释，再取稀释后的气体进行分析。

第四节　工业防尘系统风压、风速、风量的测定

工业防尘系统测试主要包括系统风压、风速、风量的测定，局部排风罩风量的测定，除尘器性能的测定等。其中局部排风罩风量的测定参见“企业职业卫生技术丛书”《工业通风与空气调节》相关章节，本节仅对除尘系统风压、风速、风量的测定及除尘器性能的测定作一个简要介绍。

一、测试项目及要求

1. 测试项目

（1）除尘器进出口管道内气体的静压、动压、全压。

（2）除尘器进出口管道内气体的温度。

（3）除尘器进出口管道内气体的湿度。

（4）除尘器进出口管道内气体的流速、流量。

（5）除尘器进出口管道内气体的含尘浓度。

2. 测试要求

应在除尘器处于正常运行工况时进行测试。袋式除尘器应在设计指定的清灰强度和清灰周期条件下进行。

二、测试方法

1. 测点位置、测试采样孔和测点数的规定

（1）测点位置。测点位置应选择在气流平稳的直线管道内，距弯头、变径管等干扰源下游方向大于 6 倍当量直径，上游方向大于 3 倍当量直径。位置选择时应优先考虑垂直管段，当条件受限不能满足上述要求时，应尽可能选择气流稳定的断面，并适当增加测点数量和测试频次。测点前直管段的长度必须大于测点后直管段的长度。

（2）测孔

1）静压测孔的构造如图 9—11 所示，孔的轴线应与管道垂直，孔径为 2 mm，周边不得有毛刺。静压接头为内径 6 mm，长 30 mm 的管嘴，与管壁的焊缝不得漏气。

2）风量和粉尘浓度测孔的构造如图 9—12 所示。

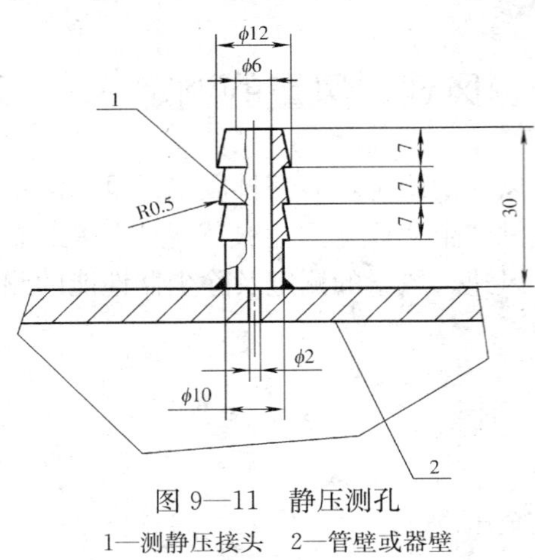

图 9—11　静压测孔
1—测静压接头　2—管壁或器壁

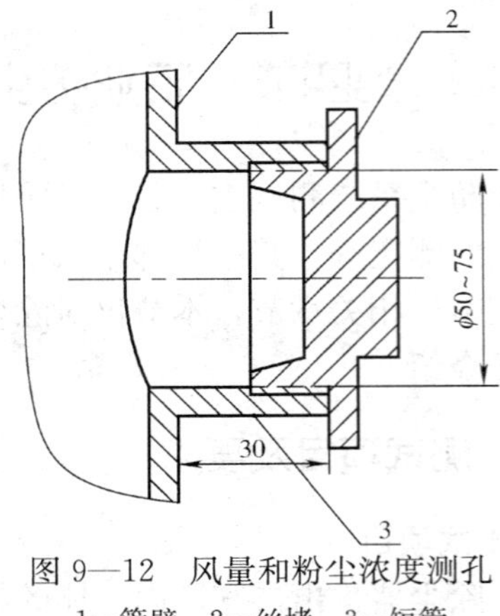

图 9—12　风量和粉尘浓度测孔
1—管壁　2—丝堵　3—短管

（3）测点数

1）圆形管道测点。在选定的测试断面上，设置互相垂直的两个测孔，同时把管道断面分成一定数量的等面积同心圆环，通过测孔沿该断面的直径方向，在各等面积圆环上各取 4 个点作为测点，如图 9—13 所示。测点数量按表 9—2 确定，原则上测点数不超过 20 个。需要注意的是，各相关测试标准中关于管道分环和采样点设置的规定不尽相同，本文以《袋式除尘器技术要求》为例对此进行说明。

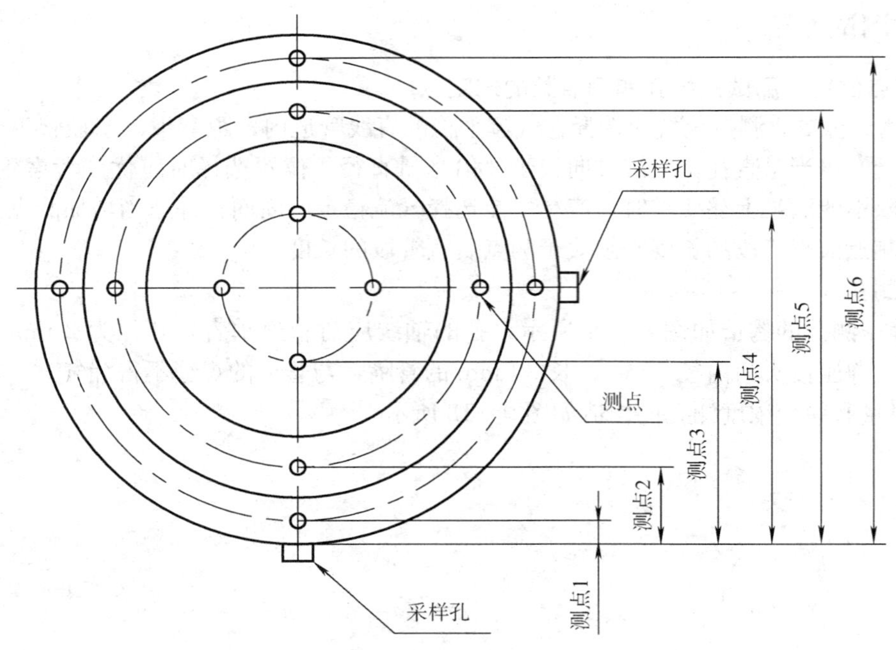

图 9—13　圆形管道测点

表 9—2　　圆形管道等面积圆环和测点数

管道直径/m	分环数	测点数（两孔共计）
<0.2	—	1
0.2～0.6	1～2	2～8
0.6～1.0	2～3	8～12
1.0～2.0	3～4	12～16
2.0～4.0	4～5	16～20
>4.0	5	20

注：对管道直径小于 0.2 m，管道内流速分布均匀的小管道，可取管道中心作为测点。

测点的位置可用测点距管道内壁距离表示，采样孔入口端至各测点管道直径的倍数见表 9—3。当测点距管道内壁距离小于 25 mm 时，取 25 mm。

表 9—3　　圆形截面管道测点距管道内壁的距离（以管道直径倍数计）

测点号	环数				
	1	2	3	4	5
1	0.146	0.067	0.044	0.033	0.022
2	0.854	0.250	0.146	0.105	0.082
3		0.750	0.294	0.195	0.145
4		0.933	0.706	0.321	0.227
5			0.854	0.679	0.344
6			0.956	0.805	0.656
7				0.895	0.773
8				0.967	0.855
9					0.918
10					0.978

2）矩形管道测点。将管道断面分成若干个等面积小矩形，使小矩形相邻两边之比接近 1，每个小矩形的中心即为测点。如图 9—14 所示。测点数量按表 9—4 确定，原则上测点数不超过 20 个。

表 9—4　　矩形管道的分块及测点数

管道断面面积/m^2	等面积小块长边长度/m	测点数
<0.1	<0.32	1
0.1～0.5	<0.36	1～4
0.5～1.0	<0.50	4～6
1.0～4.0	<0.57	6～9
4.0～9.0	<0.75	9～16
>9.0	<1.0	≤20

注：管道断面面积小于 0.1 m^2，流速分布比较均匀时，可取断面中心作为测点。

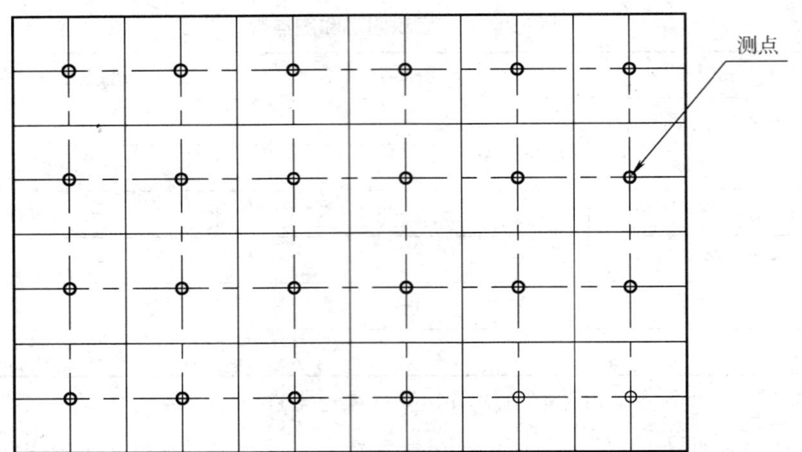

图 9—14 矩形管道测点位置

2. 管道内气体温度

对常温气体，可使用玻璃水银温度计测量（需防止测孔漏风）。一般只需测管道中央部位的温度；当管道当量直径大于 500 mm 时，插入深度不应小于 200 mm。温度计插入管道后 5 min 方可读数，且不可将玻璃温度计抽出管道外读数。

对高温气体，一般使用热电偶温度计测量。当温度场比较均匀，管道中高低温度之差不大于 10℃时，可只测管道中央部分的温度，否则应至少测定一条轴线上各测点的温度，取其算术平均值。

3. 管道内气体湿度

（1）对物料煅烧（湿法或半干法）、物料烘干、燃煤锅炉、垃圾焚烧以及含水物料的磨机、混合设备等气体含湿量大的除尘系统，应进行含尘气体湿度测定。

（2）气体温度在 100℃以下时，可使用干湿球温度计测定气体湿度。气体中水蒸气含量的体积分数按式（9—10）计算：

$$X_w=\frac{P_v-0.000\,66\,(t_d-t_w)\,(B_a+p_b)}{B_a+\overline{p_s}}\times 100\% \qquad (9—10)$$

式中 X_w——气体中所含水蒸气的体积分数，%；

P_v——温度为 t_w 时的饱和水蒸气压力，kPa；

t_d——干球温度，℃；

t_w——湿球温度，℃；

B_a——当地当时大气压力，kPa；

p_b——通过湿球表面的气体静压，kPa；

$\overline{p_s}$——管道内的气体平均静压（各测点静压的算术平均值），kPa。

（3）气体在 100℃以上时，可采用冷凝法测定湿度。

（4）气体的湿度也可以使用湿度计直接测出。

4. 管道内气体压力

（1）管道内静压。使用皮托管测定各测点静压，取其算术平均值。如用 S 形皮托管测定，应以其校正系数修正。

(2) 管道内全压。使用皮托管测定各测点全压，取其算术平均值。如用S形皮托管测定，应以其校正系数修正。

5. 管道内气体流量

(1) 气体流速的计算。使用皮托管测量各测点的动压，然后按式（9—11）计算各测点的气体流速：

对于较清洁的排气管道，可使用标准皮托管测量动压；对于含尘管道，应使用S形皮托管测量动压。

$$V_i = K_v\sqrt{\frac{2p_d}{\rho}} \quad (9—11)$$

式中 V_i——各测点的气体流速，m/s；

K_v——S形皮托管的风速校正系数；

p_d——测点的气体动压读数，Pa；

ρ——测点的气体密度，kg/m³。

$$\rho = 2.695\rho_N\frac{B_a + p_s}{273 + t_s} \quad (9—12)$$

ρ_N——标准状态下的测点气体密度，kg/m³；

B_a——当地当时大气压力，kPa；

p_s——测点的气体静压，kPa；

t_s——测点的气体温度，℃。

标准状态下气体密度的通用计算式为：

$$\rho_N = \frac{1}{22.4}\left[(m_1X_1 + m_2X_2 + \cdots + m_nX_n)(1 - X_w) + 18X_w\right] \quad (9—13)$$

式中 m_1、$m_2 \cdots m_n$——气体中各种成分的相对分子质量；

X_1、$X_2 \cdots X_n$——干气体中各种成分的体积分数，%；

X_w——气体中的水蒸气体积分数，%。

对一般除尘系统，可忽略气体含湿量的影响，取 $\rho_N = 1.293$ kg/m³，则可按式（9—14）计算气体密度：

$$\rho = 3.485\frac{B_a + p_s}{273 + t_s} \quad (9—14)$$

对高湿系统，应测出气体湿度，由式（9—5）求出 ρ 值：

$$\rho = 2.695\left[\rho_{Nd}(1 - X_w) + 0.804X_w\right]\frac{B_a + p_s}{273 + t_s} \quad (9—15)$$

式中 ρ_{Nd}——标准状态下干气体密度，kg/m³。

(2) 气体的流速可直接用风速计测出。

(3) 气体的平均流速。气体的平均流速为各测点流速的算术平均值，按式（9—16）计算：

$$\bar{v}=\frac{\sum_{i=1}^{n} v_i}{n} \tag{9—16}$$

式中 v_i——各测点的气流速度，m/s；

$\bar{v}$——管道内气流平均速度，m/s；

n——管道内测点数量，个。

（4）气体流量的计算。根据管道内气体的平均流速，由式（9—17）和式（9—18）求出气体流量：

$$Q_N=9\ 700F\left(\frac{B_a+\bar{p}_s}{273+\bar{t}_s}\right)\bar{v} \tag{9—17}$$

$$Q'_N=Q_N(1-X_w) \tag{9—18}$$

式中 Q_N——气体流量，m^3/h；

Q'_N——干气体流量，m^3/h；

F——测定截面积，m^2；

$\bar{p}_s$——测定截面气体平均静压，kPa；

$\bar{t}_s$——测定截面气体平均温度，℃；

$\bar{v}$——各测点流速的算术平均值，m/s。

6. 管道内气体含尘浓度

（1）除尘器入口与出口管道内的粉尘浓度采用滤膜（筒）过滤计重法测定，测除尘效率时必须同时在这两处采样。测孔位置和测点数按有关规定确定。在除尘器出口管道内存在气流严重扰动的情况下，没有稳定流速的平直段时，可在通风机出口管道上设测孔。

（2）遵守等速采样原则，以移动采样方法用一个滤膜（筒）在各测点上采样。各测点的采样时间应相同。

（3）滤膜（筒）测尘采样规则

1）必须对采样系统进行检漏后方能采样。

2）滤膜（筒）的准备和称重，执行 GB 5748 的规定。

3）采样方法有预测流速法等速采样、动压平衡法等速采样、静压平衡法等速采样、皮托管平行测速等速采样等。采样时一般用移动采样法在各测点以相同的采样时间进行等速采样。当不可能使用移动采样法时，可使用代表点采样法。即根据在各测点测定的气流速度，求出平均流速，然后选定其速度接近平均流速的测点作为采样代表点，进行粉尘采样。采样时仍应遵守等速采样的原则。

4）采样时，采样嘴轴线与管内气流方向的偏差应不大于±5°。

（4）对湿度不大的除尘系统进行等速采样的抽气流率与采样体积

1）等速采样时通过转子流量计的实际流率及流量计应指示的读数，按式（9—19）计算：

$$q_m=0.035\ 7d^2K_p\sqrt{\frac{p_d(B_a+p_s)}{273+t_s}}\times\frac{273+t_m}{B_a+p_m} \tag{9—19}$$

$$q'_{m}=0.060\,7d^{2}K_{p}\sqrt{\frac{p_{d}\ (B_{a}+p_{s})}{273+t_{s}}}\times\sqrt{\frac{273+t_{m}}{B_{a}+p_{m}}} \tag{9—20}$$

式中　q_m——测定状态下通过转子流量计的实际流速，L/min；

q'_m——当标定流量计的介质为20℃、101.3 kPa、湿度不大的空气时，根据实际流率 q_m 修正的流量计应指示读数，L/min；

d——采样嘴入口直径，mm；

K_p——皮托管校正系数；

p_d——采样点的气体动压，Pa；

B_a——当地当时大气压力，kPa；

p_s——采样点的气体静压，kPa；

t_s——采样点的气体温度，℃；

p_m——流量计入口处气体静压，kPa；

t_m——流量计入口处气体温度，℃。

2）采样体积按式（9—21）计算：

$$Q_{s}=\sum_{i=1}^{n}q_{i}T_{i}\times10^{-3} \tag{9—21}$$

$$q_{i}=0.0471d^{2}v \tag{9—22}$$

$$q_{iN}=0.126\,9d^{2}v\ (\frac{B_{a}+p_{s}}{273+t_{s}}) \tag{9—23}$$

$$Q_{sN}=\sum_{i=1}^{n}q_{iN}T_{i}\times10^{-3} \tag{9—24}$$

式中　Q_s——工况采样体积，m^3；

Q_{sN}——标准状态采样体积，m^3；

q_i——各采样点达到的工况采样流率，L/min；

q_{iN}——各采样点达到的标准状态采样流率，L/min；

T_i——各采样点的采样时间，min；

d——采样嘴入口直径，mm；

v——采样点的气体速度，m/s；

B_a——当地当时大气压力，kPa；

p_s——采样点的气体静压，kPa；

t_s——采样点的气体温度，℃。

（5）高湿系统的采样装置如图9—15所示。在进行等速采样时，可先利用采样系统中的冷凝干燥装置进行湿度测定，求出气体中的水蒸气体积分数，其方法是：

1）取任一流量计读数 Q'_c（一般可取10～20 L/min），采样10余分钟或更长一些时间，量出冷凝器中产生的冷凝水量和冷凝器出口温度（℃）。

2）从相关手册中查出与 t_v 相对应的饱和水蒸气压力 p_v（kPa）值，用式（9—25）求出所采气体的含湿量：

$$G_{sw}=910\frac{g_w}{Q'_c}\sqrt{\frac{R_m(273+t_m)}{B_a+p_m}+\frac{1\,000(R_m/R_w)p_v}{B_a+p_m-p_v}} \tag{9—25}$$

如果通过流量计的气体分子量和空气的相差不大，则：

$$G_{sw}=488\frac{g_w}{Q'_c}\sqrt{\frac{273+t_m}{B_a+p_m}+\frac{622p_m}{B_a+p_m-p_v}} \tag{9—26}$$

式中 G_{sw}——气体含湿量，g/kg；

g_w——每单位采样时间的凝结水量，g/min；

R_m——采样时通过流量计的气体的气体常数，kJ/（kg·K）；

R_w——水蒸气的气体常数，kJ/（kg·K）；

t_m——流量计入口的气体温度，℃；

p_m——流量计入口的气体静压，kPa；

B_a——当地当时大气压力，kPa。

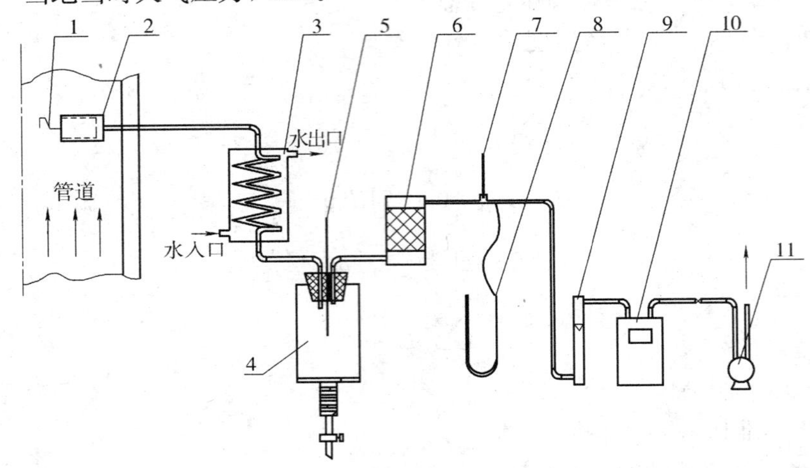

图 9—15　高湿系统采样装置

1—采样嘴　2—滤筒　3—冷凝器　4—冷凝水瓶　5—温度计　6—干燥器　7—温度计　8—压力计　9—转子流量计　10—累积流量计　11—抽气泵

气体中所含水蒸气的体积分数 X_w（%）可用式（9—27）计算：

$$X_w=\frac{G_{sw}}{1000(R_m/R_w)+G_{sw}}\times 100\% \tag{9—27}$$

如果通过流量计的气体分子量和空气的相差不大，则

$$X_w=\frac{G_{sw}}{622+G_{sw}}\times 100\% \tag{9—28}$$

求出 X_w 后，即可用式（9—29）、式（9—30）求等速采样的抽气实际流率和转子流量计应指示的读数：

$$q_m=0.047\,1d^2v(1-X_w)\frac{B_a+p_s}{B_a+p_m}\times\frac{273+t_m}{273+t_s} \tag{9—29}$$

$$q'_m=0.042\,8d^2v(1-X_w)\frac{B_a+p_s}{273+t_s}\sqrt{\frac{273+t_m}{(B_a+p_m)R_m}} \tag{9—30}$$

如果通过流量计的气体分子量与空气的相差不大，则：

$$q'_m = 0.0799 d^2 v (1 - X_w) \frac{B_a + p_s}{273 + t_s} \sqrt{\frac{273 + t_m}{B_a + p_m}} \tag{9—31}$$

式中　q_m——测定状态下通过转子流量计的实际流率，L/min；

q'_m——当标定流量计的介质为20℃、101.3 kPa、湿度不大的空气时，根据实际流速 q_m 修正的流量计应指示读数，L/min；

d——采样嘴入口直径，mm；

v——管道中采样点的气流速度，m/s；

t_s——采样点的气体的温度，℃；

p_s——采样点的气体静压，kPa。

其余符号意义同前。

（6）标准状态下的采样体积（干气体）可按累积流量计在结束抽气时的读数之差用式（9—32）计算：

$$Q_{SN} = 2.695 (Q_{S2} - Q_{S1}) \frac{B_a + p_m}{273 + t_m} \tag{9—32}$$

式中　Q_{SN}——标准状态下的采样体积，m^3；

Q_{S2}——累积流量计终读数，m^3；

Q_{S1}——累积流量计初读数，m^3；

B_a——当地当时大气压力，kPa；

p_m——累积流量计入口处的气体静压，kPa；

t_m——累积流量计入口处的气体温度，℃。

当采样系统不接入累积流量计时，可由式（9—33）求出标准状态下的采样体积：

$$q_{Nd} = 0.1269 d^2 v \left(\frac{B_a + p_s}{273 + t_s}\right) (1 - X_w) \tag{9—33}$$

$$Q_{SN} = \sum_{i=1}^{n} q_{Nd} T_i \times 10^{-3} \tag{9—34}$$

式中　q_{Nd}——各采样点达到的标准状态干气体采样流率，L/min；

d——采样嘴入口直径，mm；

v——采样点的气流速度，m/s；

B_a——当地当时大气压力，kPa；

p_s——采样点的气体静压，kPa；

t_s——采样点的气体温度，℃；

X_w——气体中所含水蒸气的体积分数，%；

T_i——各采样点的采样时间，min。

（7）干含尘气体中的粉尘浓度用式（9—35）计算：

$$C' = \frac{\Delta W}{Q_{SN}} \tag{9—35}$$

式中　C'——干含尘气体中的粉尘浓度，g/m^3；

ΔW——采样后的滤筒增重，g；

Q_{SN}——标准状态下的采样体积，m^3。

（8）测试仪器。根据等速采样的方法不同，测试仪器有普通型烟尘测试仪、动压平衡型烟尘测试仪、静压平衡型烟尘测试仪、皮托管平行烟尘采样仪等。近年来，自动烟尘测试仪得到广泛应用。

7. 过滤速度、设备阻力、除尘效率、漏风率

（1）过滤速度按式（9—36）计算：

$$v_f = \frac{Q_i}{60F} \tag{9—36}$$

式中 v_f——过滤速度，m/min；

Q_i——除尘器入口风量，m^3/h；

F——除尘器滤袋的总有效过滤面积，m^2。

（2）除尘设备阻力按式（9—37）计算：

$$\Delta P = \Delta p' - \sum \Delta h + p_h \tag{9—37}$$

式中 ΔP——除尘器总阻力，Pa；

$\Delta p'$——除尘器前后两测定截面的气体平均全压差，Pa；

$\sum \Delta h$——自除尘器前后两测定截面至除尘器入口及出口法兰之间的管道阻力之和，Pa；

p_h——气体的浮力校正值，Pa。

$$\Delta p' = p_i - p_o \tag{9—38}$$

式中 $\Delta p'$——除尘器前后两测定截面的气体平均全压差，Pa；

p——除尘器测定截面的气体平均全压，Pa；

其中下角标 i、o 分别代表除尘器前后测定截面。

$$p = \frac{p_1 v_1 + p_2 v_2 + \cdots + p_n v_n}{v_1 + v_2 \cdots + v_n} \tag{9—39}$$

式中 p_1、$p_2 \cdots p_n$——除尘器前后各测定截面的气体全压，Pa；

v_1、$v_2 \cdots v_n$——除尘器前后各测定截面的气流速度，m/s。

$$p_n = (\rho_a - \rho_g) gh \tag{9—40}$$

式中 ρ_a——测定处的大气密度，kg/m^3；

ρ_g——管道内气体密度，kg/m^3；

g——重力加速度，9.8 m/s^2；

h——除尘器前后管道内测定位置的高度差，m。

（3）除尘效率

1）吸入式除尘器的除尘效率按式（9—41）计算：

$$\eta = \left(1 - \frac{c'_0 Q'_{0N}}{c'_1 Q'_{1N}}\right) \times 100\% \tag{9—41}$$

式中 η——除尘效率，%；

c'_0——除尘器出口的气体含尘浓度，g/m^3；

Q'_{0N}——除尘器出口的干气体流量，m^3/h；

c'_1——除尘器入口的气体含尘浓度，g/m^3；

Q'_{1N}——除尘器入口的干气体流量，m^3/h。

2）压入式除尘器的除尘效率按式（9—42）计算：

$$\eta=\frac{Q'_{0N}}{Q'_{1N}}\left(1-\frac{c'_0}{c'_1}\right)\times100\% \tag{9—42}$$

（4）漏风率在除尘器正常工作条件下（不清灰）按式（9—43）计算：

$$\alpha=\frac{Q'_{0N}-Q'_{1N}}{Q'_{1N}}\times100\% \tag{9—43}$$

式中　α——漏风率，%；

Q'_{0N}——除尘器出口的干气体流量，m^3/h；

Q'_{1N}——除尘器入口的干气体流量，m^3/h。

8. 除尘器现场使用性能测定次数一般为两次，必要时可增加。

参考文献

1. 谭天祐，梁凤珍．工业通风除尘技术．北京：中国建筑工业出版社，1984

2. GB/T 6719—2009《袋式除尘器技术要求》

3. GB/T 15187—2005《湿式除尘器性能测试方法》

4. GB/T 13931—2002《电除尘器性能测试方法》

第十章　设 计 实 例

第一节　袋式除尘器设备选型设计计算案例

某钢铁企业需要对现有的一个转运站除尘系统进行改造完善。该转运站由 4 条传送带机输送两种不同的常温物料，拟将现有的旁插扁袋除尘器改为长袋低压脉冲袋式除尘器，同时重新设计密闭罩和管道系统，并利用现有的风机和电动机，以及风机出口管道和烟囱。要求烟囱排放的粉尘浓度不大于 50 mg/m^3，作业区岗位粉尘浓度不大于 10 mg/m^3。

该通风除尘系统由 4 个尘源点组成，传送带机的规格、受料点的物料落差见表 10—1，除尘系统如图 10—1 所示。

表 10—1　　袋式除尘系统各尘源点情况表

岗位名称	主要生产设备	传送带机规格/mm	物料落差/m
No. 1 转运站	1＃传送带机头	ϕ1 000，B=1 200	—
No. 1 转运站	3＃传送带机尾	ϕ1 000，B=1 200	3
No. 2 转运站	5＃传送带机头	ϕ630，B=800	—
No. 2 转运站	7＃传送带机尾	ϕ630，B=800	2.5

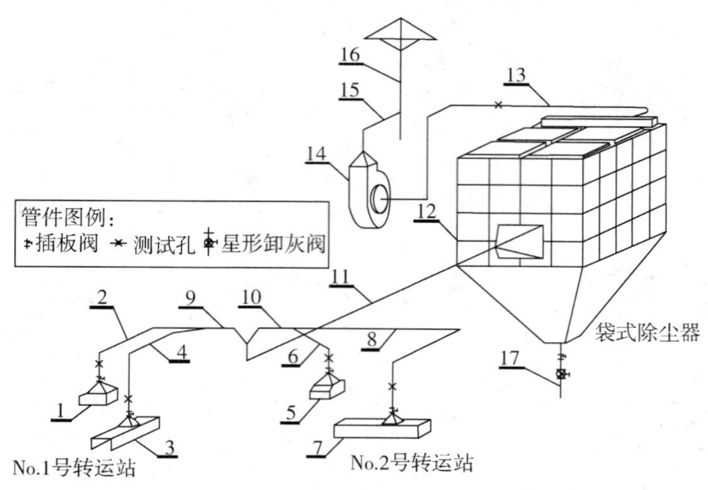

图 10—1　袋式除尘系统示意图

1—1＃传送带机机头密闭罩　2，4，6，8，9，10，11，13，15—各种规格的管件　3—3＃传送带机机尾密闭罩　5—5＃传送带机机头密闭罩　7—7＃传送带机机尾密闭罩　12—袋式除尘器　14—风机　16—烟囱

请根据上述已知条件，重新设计除尘系统。

一、设计分析

由前文可知，除尘系统由吸尘罩、排尘风道、除尘器、风机等组成，根据生产工艺、设备布置、排风量大小和生产厂房条件，除尘系统分为就地除尘、分散除尘和集中除尘三种形式。

在本设计案例中，除尘系统只处理一个转运站内四个产尘点（又称尘源点）的粉尘，排尘风管基本上布置在转运站内，袋式除尘器紧邻厂房，因此，本除尘系统形式为分散除尘。

设计的主要内容就是确定吸尘罩的形式和抽风量、排尘风管的布置方式和各管道的风量、袋式除尘器的选型设计以及重新核算利旧风机的参数是否能满足新系统的要求。

由于转运站输送的物料品种单一，能长期稳定运行，因此，除尘系统设计时可以不考虑负荷的波动。

二、主要设计步骤

1. 确定密闭罩的形式

为了达到岗位粉尘浓度不大于 10 mg/m^3 的要求，必须合理设计各产尘点的密闭罩。其中根据现场情况适当加大机头密闭罩的尺寸，增加遮尘帘；将机尾密闭罩改造成双层加长结构，且加大抽风点与受料点的距离，两点沿着传送带机物料运动方向的距离为 2～3 m，由此保证现有风机在最佳状态下工作的同时，有效地控制粉尘外逸。

2. 确定各尘源点的抽风量

可以通过查阅有关设计手册，确定尘源点的抽风量。

一般传送带机机头的抽风量小于机尾的抽风量。影响机尾抽风量的因素较多，其中受料点的物料落差高度、卸料溜槽的布置方式、受料传送带机的宽度、物料的粒径分布等物理性质以及密闭罩的结构都对机尾的抽风量有较大的影响。

根据有关手册确定的各尘源点抽风量分配见表 10—2。

表 10—2　　袋式除尘系统各尘源点抽风量分配

序号	岗位名称	主要生产设备	尘源点数	抽风量/（m^3/h）
1	No. 1 转运站	1＃传送带机头	1	4 000
2	No. 1 转运站	3＃传送带机尾	1	5 500
3	No. 2 转运站	5＃传送带机头	1	4 000
4	No. 2 转运站	7＃传送带机尾	1	5 000
合计			4	18 500

3. 确定各管段的规格和设计参数

可根据尘源点的抽风量、管内风速以及配套控制阀门的通用性确定各管段的规格。其中含尘管道风速的选值既要考虑避免粉尘在管内沉积，又要考虑粉尘对管壁的磨损和对系统阻力的影响，一般取 16～22 m/s。除尘器后的净气管道风速可有所降低，以降低系统长期运行的能耗。为便于系统调试，各尘源点连接管道均设有测试孔。测试孔的位置应尽量满足国家有关技术规范，并便于安全操作。

根据 HJ/T 328—2006，袋式除尘器的漏风率不大于 4%，故烟囱的排放风量为系统的 1.04 倍。

本案例中各管段的设计参数见表 10—3。

表 10—3 **袋式除尘系统管路系统设计参数**

编号	名称	规格/mm	风量/（m^3/h）	风速/（m/s）
1	1#机头密闭罩		4 000	
2	2#管段	ϕ300×4，L=10 m	4 000	16.6
3	3#机尾密闭罩		5 500	
4	4#管段	ϕ340×4，L=5 m	5 500	17.7
5	5#机头密闭罩		4 000	
6	6#管段	ϕ300×4，L=3 m	4 000	16.6
7	7#机尾密闭罩		5 000	
8	8#管段	ϕ340×4，L=4 m	5 000	16.1
9	9#管段	ϕ450×4，L=15 m	9 500	17.2
10	10#管段	ϕ450×4，L=22 m	9 000	16.3
11	11#管段	ϕ640×5，L=4 m	18 500	16.5
12	袋式除尘器		19 240	
13	13#管段	ϕ720×6，L=10 m	19 240	13.58
14	风机（利旧）			
15	15#管段（利旧）	ϕ720×6，L=8 m	19 240	13.58
16	烟囱（利旧）			

4. 计算系统阻力（略）

根据有关手册计算最不利管路的阻力。其中袋式除尘器的阻力按 1 500 Pa 计算。经核算，现有风机的风量和风压能够满足系统的要求。

5. 袋式除尘器的选型设计

本案例的袋式除尘系统的处理风量为 18 500 m^3/h（工况），长袋低压脉冲袋式除尘器的设计风量为 19 240 m^3/h（工况），入口含尘浓度为 5 g/m^3，入口含尘气流温度小于等于 50℃，除尘器排放浓度小于等于 50 mg/m^3，滤袋规格为 ϕ120 mm×6 000 mm，滤料为一般针刺毡，采取在线脉冲喷吹清灰方式。

袋式除尘器过滤风速的大小取决于粉尘的性质、滤料的种类、除尘效率、清灰方式，一般在 0.3～2.5 m/min。具体选取可查有关设计手册和除尘器样本推荐的数据。本案例中过

滤风速 v_0 取 1.48 m/min。

选型设计计算如下：

（1）总计算过滤面积 A_0

$A_0 = Q/（60v_0）$

$=19\ 240/（60\times1.48）=217（m^2）$

（2）单条滤袋的过滤面积 A_d

A_d =3.14×滤袋直径×滤袋长度

$=3.14\times0.12\times6=2.26（m^2）$

（3）滤袋数量计算值 n_0

$n_0 = A_0/A_d$

$=217/2.26=96$（条）

（4）除尘效率 η

由于除尘器进出口风量变化不大，忽略进出口风压的影响，除尘效率的简化计算为：

$\eta=（1-C_2/C_1）\times100\%$

$=（1-50/5\ 000）\times100\%=99.00\%$

当仅考虑风量的变化，除尘效率为：

$\eta=（1-Q_2C_2/Q_1C_1）\times100\%$

$=[1-（19\ 240\times50）/（18\ 500\times5\ 000）]\times100\%=98.96\%$

三、袋式除尘器选型设计结果

本案例的袋式除尘器选型设计结果见表 10—4。

表 10—4　　袋式除尘器设备参数

项目	选型参数
除尘器类型	长袋低压脉冲袋式除尘器
处理烟气量	19 500 m^3/h
入口气体温度	≤50℃
入口含尘浓度	5 g/m^3
粉尘排放浓度	≤50 mg/m^3
除尘效率	99%
滤料材质	一般针刺毡
滤袋规格	ϕ120 mm×6 000 mm
袋数	96 条
过滤面积	217 m^2
过滤风速	1.48 m/min

第二节　电除尘器设备选型设计计算案例

某钢铁企业新上马 4 个转运站，每个转运站有两条带式输送机转运常温原料。要求由一台电除尘器集中处理含尘气体，烟囱排放的粉尘浓度不大于 80 mg/m^3，作业区岗位粉尘浓度不大于 10 mg/m^3，除尘器入口最大含尘浓度为 5 g/m^3。

该通风除尘系统由 8 个尘源点组成，带式输送机的规格、受料点的物料落差见表 10—5，除尘系统如图 10—2 所示。

表 10—5　　**静电除尘系统各尘源点情况表**

岗位名称	主要生产设备	带式输送机规格/mm	物料落差/m
No. 3 转运站	1＃机头	ϕ630，B=800	—
No. 3 转运站	3＃机尾	ϕ500，B=800	3.5
No. 4 转运站	8＃机头	ϕ800，B=800	—
No. 4 转运站	10＃机尾	ϕ500，B=800	3.5
No. 5 转运站	13＃机头	ϕ800，B=800	—
No. 5 转运站	15＃机尾	ϕ500，B=800	3.5
No. 6 转运站	19＃机头	ϕ800，B=1 000	—
No. 6 转运站	21＃机尾	ϕ800，B=1 000	3

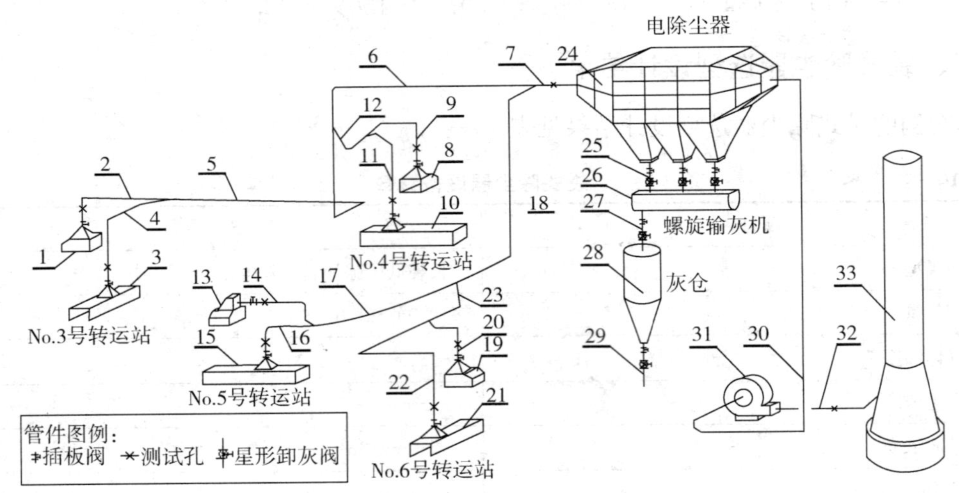

图 10—2　电除尘器除尘系统示意图

1—1# 传送带机机头密闭罩　3—3# 传送带机机尾密闭罩　8—8# 传送带机机头密闭罩　10—10# 传送带机机尾密闭罩　13—13# 传送带机机头密闭罩　15—15# 传送带机机尾密闭罩　19—19# 传送带机机头密闭罩　21—21# 传送带机机尾密闭罩　24—三电场电除尘器　25—电除尘器灰斗卸灰阀组　26—螺旋输灰机　27—螺旋输灰阀组　28—中间储灰仓　29—灰仓卸灰阀组　31—风机　33—烟囱　2，4，5，6，7，9，11，12，14，16，17，18，20，22，23，30，32—各种规格的管件

请根据上述已知条件，新设计除尘系统。

一、设计分析

在本设计案例中，除尘系统需要处理四个转运站内 8 个产尘点（又称尘源点）的粉尘，每个转运站内只有 2 个尘源点，转运站与转运站之间的距离较远，如采用分散形式的除尘系统，则需要配备 4 套小风量的除尘系统。既不经济，也不便于集中管理。因此，本除尘系统形式设计为集中除尘。

设计的主要内容就是确定吸尘罩的形式和抽风量、排尘风管的布置方式和各管道的风量、电除尘器的选型设计以及配套风机的选型设计。

由于转运站之间的距离较远，因此，设计时应该仔细计算各管网的阻力，必要时增设阻力调节装置。在系统调试时，必须进行认真测试，保证管内风速在合理范围内，避免因风量不平衡导致的管道快速磨损和管内粉尘沉降堵塞。

二、主要设计步骤

1. 确定密闭罩的形式

为了达到岗位粉尘浓度不大于 10 mg/m^3 的要求，必须合理设计各产尘点的密闭罩。其中根据现场情况设计附有遮尘帘的加大机头密闭罩，以及双层加长结构的机尾密闭罩，且抽风点与受料点之间的距离为 2～3 m，由此保证在有效地控制粉尘外逸的同时，系统处理风量较小，节省一次投资和长期运行费用。

2. 确定各尘源点的抽风量

可以通过查阅有关设计手册，确定尘源点的抽风量。

一般带式输送机机头的抽风量小于机尾的抽风量。影响机尾抽风量的因素较多，其中受料点的物料落差高度、卸料溜槽的布置方式、受料传动带机的宽度、物料的粒径分布等物理性质以及密闭罩的结构都对机尾的抽风量有较大的影响。

根据 HJ/T 322—2006，电除尘器本体的漏风率小于 5%，故烟囱的排放风量为系统的 1.05 倍。

根据有关手册确定的各尘源点抽风量见表 10—6。

表 10—6　　电除尘系统各尘源点抽风量分配表

序号	岗位名称	主要生产设备	尘源点数	抽风量/（m^3/h）
1	No. 3 转运站	1＃机头	1	4 000
2	No. 3 转运站	3＃机尾	1	6 000
3	No. 4 转运站	8＃机头	1	4 000
4	No. 4 转运站	10＃机尾	1	6 000
5	No. 5 转运站	13＃机头	1	4 000
6	No. 5 转运站	15＃机尾	1	6 000
7	No. 6 转运站	19＃机头	1	4 000
8	No. 6 转运站	21＃机尾	1	6 000
合计			8	40 000

3. 确定各管段的规格和设计参数

可根据尘源点的抽风量、管内风速以及配套控制阀门的通用性确定各管段的规格。其中含尘管道风速的选值既要考虑避免粉尘在管内沉积，又要考虑粉尘对管壁的磨损和对系统阻力的影响，一般取 16～22 m/s。除尘器后的净气管道风速可有所降低，以降低系统长期运行的能耗。为便于系统调试，各尘源点连接管道均有测试孔。测试孔的位置应尽量满足国家有关技术规范，并便于安全操作。

本案例中各管段的设计参数见表 10—7。

表 10—7　　电除尘管路系统设计参数

编号	名称	规格/mm	风量/（m^3/h）	风速/（m/s）
1	1#机头密闭罩	—	4 000	—
2	2#管段	ϕ300×4，L=4 m	4 000	16.6
3	3#机尾密闭罩	—	6 000	—
4	4#管段	ϕ360×4，L=8 m	6 000	17.1
5	5#管段	ϕ470×4，L=72 m	10 000	16.6
6	6#管段	ϕ660×5，L=6 m	20 000	16.8
7	7#管段	ϕ950×6，L=20 m	40 000	16.1
8	8#机头密闭罩	—	4 000	—
9	9#管段	ϕ300×4，L=4.5 m	4 000	16.6
10	10#机尾密闭罩	—	6 000	—
11	11#管段	ϕ360×4，L=3 m	6 000	17.1
12	12#管段	ϕ470×4，L=3 m	10 000	16.6
13	13#机头密闭罩	—	4 000	—
14	14#管段	ϕ300×4，L=5 m	4 000	16.6
15	15#机尾密闭罩	—	6 000	—
16	16#管段	ϕ360×4，L=2 m	6 000	17.1
17	17#管段	ϕ470×4，L=50 m	10 000	16.6
18	18#管段	ϕ660×5，L=26 m	20 000	16.8
19	19#机头密闭罩	—	4 000	—
20	20#管段	ϕ300×4，L=4 m	4 000	16.6
21	21#机尾密闭罩	—	6 000	—
22	22#管段	ϕ360×4，L=5 m	6 000	17.1
23	23#管段	ϕ470×4，L=3 m	10 000	16.6

续表

编号	名称	规格/mm	风量/（m^3/h）	风速/（m/s）
24	电除尘器	3个电场	42 000（设）	—
25	灰斗卸灰阀组	—	—	—
26	螺旋输灰机	—	—	—
27	螺旋输灰阀组	—	—	—
28	储灰仓	—	—	—
29	灰仓卸灰阀组	—	—	—
30	30＃管段	ϕ1 020×8，L=24 m	42 000	14.7
31	风机	—	—	—
32	32＃管段	ϕ1 020×8，L=6 m	42 000	14.7
33	烟囱	ϕ2 000，h=26 m	—	—

4. 计算系统阻力（略）

根据有关手册计算最不利管路的阻力。其中电除尘器的阻力按 300 Pa 计算。经核算，选择的配套风机为 G4－73－11No12D，风量为 47 000 m^3/h，风压为 2 020 Pa，电动机功率为 37 kW。

5. 电除尘器的选型设计

本案例的电除尘系统处理风量为 40 000 m^3/h（工况）。电除尘器的设计风量为 42 000 m^3/h（工况），入口最大含尘浓度为 5 g/m^3，烟气温度小于等于 50℃，除尘器排放浓度小于等于 80 mg/m^3，粉尘比电阻为 10^6～10^{12} Ω·cm。假定电场断面风速 v_0 为 1 m/s，极间距为 200 cm，收尘极采用 C480 型极板，极板展开长度 l 为 500 mm。

（1）简化计算除尘效率 η

η＝（$1-C_2/C_1$）×100％

＝（1－80/5000）×100％＝98.4％

（2）烟气量换算

Q＝42000 m^3/h

＝42000/3600＝11.67 m^3/s

（3）选取有效驱进速度。铁矿烧结粉尘的有效驱进速度一般为 0.05～0.2 m/s，本案例的有效驱进速度取 0.08 m/s。

（4）收尘极板计算面积 A_0

$$\eta=1-e^{\left(-\frac{\omega A}{Q}\right)}\times 100\%$$

则 $A_0=\dfrac{Q}{\omega}\ln\left(\dfrac{1}{1-\eta}\right)$

$$A_0=\frac{11.67}{0.08}\ln\left(\frac{1}{1-0.984}\right)=603\ \text{m}^2$$

（5）计算电场通道数量 n

电场的断面风速 $v_0=Q/F$

F=电场宽度（$2nb$）×电场高度（h）

通常电场的宽高比不大于 1∶1.4，即 $2nb:h\leqslant 1:1.4$，本案例的宽高比取 1∶1.2。则

$$F=2nbh$$

$$F=1.2\times(2nb)^2$$

$$v=\frac{Q}{1.2\times(2nb)^2}$$

$$n=\frac{\sqrt{(Q/1.2)}}{2b}$$

$n=7.8$ 取整 $n=8$

（6）计算电场宽度

$2nb=2\times8\times0.2=3.2$ m

（7）计算电场高度 h

$h=1.2\times3.2=3.84$ m 取整 $h=4$ m

（8）电场断面面积 F

$$F=2nbh$$

$$F=3.2\times4=12.8\ \text{m}^2$$

（9）计算电场总长度 L

$A_0=2nhL_0$

$$L_0=\frac{A_0}{2nh}$$

$$=\frac{603}{2\times8\times4}\approx9.42\ \text{m}，取整\ L=9\ \text{m}$$

（10）计算收尘极极板数量 N

$$N=\frac{(n+1)\times L}{l}$$

$$=\frac{(8+1)\times9}{0.5}=162\ 块$$

收尘极极板实际面积 A

$$A=2nhL$$

$$=2\times8\times4\times9=576\ \text{m}^2$$

电场断面风速 v

$$v=\frac{Q}{F}=\frac{11.67}{12.8}\approx0.91\ \text{m/s}$$

三、电除尘器选型设计计算结果

本案例电除尘器选型设计计算结果见表 10—8。

表 10—8　　电除尘器设备参数

项　目	选 型 参 数
除尘器类型	静电除尘器
处理烟气量	42 000 m^3/h
烟气温度	≤50℃
入口含尘浓度	5 g/m^3
粉尘排放浓度	≤80 mg/m^3
粉尘比电阻	10^6～10^{12} Ω·cm
除尘效率	≥98.4%
极板形状	C480
极间距	200 mm
电场收尘面积	576 m^2
电场断面积	12.8 m^2
电场断面风速	0.91 m/s
电场通道数	8 个
电场高×宽	4 m×3.2 m
电场长度	3 m×3 个电场
收尘极极板数	162 块

附录 1　典型除尘设备运行操作规程

附录 1—1　袋式除尘器运行操作规程

一、大气反吹布袋除尘器岗位技术操作规程

1. 技术操作标准

（1）除尘设备与系统设备同步开机。

（2）除尘管道畅通无堵塞。

（3）随时检查各室布袋破损情况，烟囱冒烟情况，发现布袋破损、脱落或烟囱冒烟，要及时汇报、解决。

（4）灰斗下灰位（从卸灰阀上口法兰算起）不低于 500 mm，上灰位必须低于进风管下沿 100～150 mm。

（5）除尘器净化效率 99％，净化后废气排放浓度指标符合相应除尘器标准。

2. 技术操作方法

（1）接到开机指令后，要先开启除尘风机，待除尘风机运转正常后，打开风机进风阀门，再通知系统设备开机。

（2）开除尘器反吹清灰机构，并按照技术操作标准规定的阻力值进行操作。

（3）如自动连锁系统发生故障时，采取手动反吹，要一室、一室反吹操作。

（4）检查除尘器总阻力及各室阻力是否符合规程规定的范围。

（5）检查烟囱是否冒烟。

（6）接到停机指令后，应先停系统设备，待系统设备停止运转后，关闭风机进风阀门，再停除尘风机。

3. 防止事故发生的注意事项

（1）设备运行中发生故障要立即停机、汇报，及时找维修检查人员处理，故障处理好后方可开机。

（2）运行中检查各项仪表是否正常，反吹汽缸工作是否正常。

（3）发现粉尘排放浓度明显异常，要立即汇报，采取措施，检查处理。

二、低压脉冲布袋除尘器岗位技术操作规程

1. 技术操作标准

（1）除尘设备与系统设备同步开机。

(2) 除尘管道畅通无堵塞，吸尘罩、管道、阀门完好无损坏，无漏风。

(3) 随时检查各室布袋破损情况，烟囱冒烟情况，发现布袋破损、脱落或烟囱冒烟，要及时汇报、解决。

(4) 灰斗下灰位（从卸灰阀上口法兰算起）不低于 500 mm，上灰位必须低于进风管下沿。

(5) 除尘器总阻力值及各室阻力值应掌握在 1 200～1 800 Pa，小于 1 200 Pa 停止反吹，大于 1 800 Pa 开始反吹。

(6) 除尘器净化效率 99%，净化后废气排放浓度指标小于等于 30 mg/m^3。

2. 技术操作方法

(1) 接到开机指令后，要先开启除尘风机，待除尘风机运转正常后，打开风机进风阀门，再通知系统设备开机。

(2) 开反吹清灰控制仪，数码显示，根据灰量大小调整喷吹时间和脉冲间隔。

(3) 检查数码显示和脉冲阀工作是否正常，喷吹是否有力，脉冲阀若不能动作或动作不够，则无声或声音小。

(4) 检查烟囱是否冒烟。

(5) 灰量较小时应断续运行螺旋机，以防跑风，但要检查灰斗灰量，不得堵塞进风管道。

(6) 接到停机指令后，应先停系统设备，待系统设备停止运转后，关闭风机进风阀门，再停除尘风机。

(7) 关闭反吹清灰和卸灰控制仪。

3. 防止事故发生的注意事项

(1) 设备运行中发生故障要立即停机、汇报，及时找维修检查人员处理，故障处理好后方可开机。

(2) 运行中检查各项仪表是否正常，脉冲阀工作是否正常。

(3) 发现粉尘排放浓度明显异常，要立即汇报，采取措施，检查处理。

三、布袋除尘器除尘卸灰技术操作规程

1. 技术操作标准

(1) 灰斗下灰位（从卸灰阀上口法兰算起）不低于 500 mm，上灰位必须低于进风管下沿。

(2) 放灰加水要均匀一致，随时调整加水阀门。

(3) 螺旋机卸灰时灰量不能超过螺旋机吊瓦。

(4) 在一条螺旋机或埋刮板机工作时只能同时开 1～2 个卸灰阀。

(5) 放灰应适量，避免地面撒灰，造成二次扬尘。

(6) 有斗提机的岗位应及时查看斗提机运行情况，不得将多台螺旋机中的灰同时卸入斗提机，以防压死斗提机。

2. 技术操作方法

（1）开机前的检查

1）运灰车是否对准卸灰口。

2）卸灰设备有无损坏。

3）运转设备周围有无杂物。

（2）卸灰操作

1）卸灰

①开斗提机（指有斗提机的设备）。

②开主螺旋机或埋刮板机，再开分螺旋机或埋刮板机。

③开灰斗卸灰阀。

2）停止卸灰

①停灰斗卸灰阀。

②停分螺旋机或埋刮板机，再停主螺旋机或埋刮板机。

③停止斗提机运行（指有斗提机的设备）。

3）向汽车卸灰

①开加湿机。

②开储灰罐卸灰阀，开始卸灰。

3. 防止事故发生的注意事项

（1）处理设备故障时，必须拉闸、挂牌后才能处理。

（2）确保螺旋机或埋刮板机密封状态良好。

（3）卸灰时不得长时间开振动器。

（4）合理调节灰、水比例，做到不扬尘、不和稀泥。

（5）发生下灰不畅时，应先将插板阀关到适当位置，防止处理时突然卸灰过猛造成二次扬尘。

（6）冬季加湿机、螺旋机要排尽除尘灰。

四、袋式除尘器投入运行前的检查

1. 新安装或大修后的袋式除尘器在投入运行前，必须对下列各项进行检查：

（1）风机的旋向、转速、轴承振动和温度。

（2）管道的状况、系统的配套设备（如冷却装置、喷粉机构等）、除尘器本体是否漏气以及供水系统和供气系统等。

（3）处理风量和各点的压力与温度是否与设计相符。

（4）测试仪表的指示及记录是否正确。

2. 要反复校验并确认所有安全装置都正常工作

大气反吹式、机械振动式（内滤式）和脉冲式操作相同。

滤袋的张力在安装之初虽已调好，但在运行几天后，还必须检查滤袋的张力及漏泄情况，因为由于温度和压力的变化、安装的问题以及反复的清灰，可能使某些滤袋脱落和发生松弛现象。必须检查滤袋是否有相关问题。

附录 1—2　电除尘器运行操作规程

一、电除尘器岗位技术操作规程

1. 技术操作标准

（1）工作电流、工作电压要控制在电场允许的范围之内。

（2）随时观察电除尘器和仪表工作状况，及时进行调整，使电除尘器保持在最佳工作状态。保证粉尘外排不超标。

（3）随系统设备进行开停机。

（4）按规定进行振打清灰。

2. 技术操作方法

（1）开机前的检查与准备

1）开机前检查电除尘器内确无杂物，各人孔均已关闭。操作牌及运行牌齐全。

2）振打装置运行良好。

3）检查控制柜仪表、信号正常。

（2）开、停机操作

1）接到开机通知确认无误后，先开启电除尘器，待各运行参数正常后，再通知除尘风机开机。

2）接到停机通知确认无误后，先通知除尘风机停机，待风机转子停稳，完全静止后，再停电除尘器，关闭风门，然后开启振打机组，进行振打。

3）电除尘器运行中，除尘风机需临时关闸门，除尘器不准停电，电场继续保持供电。

4）正常运行时，使用自动振打，当自动振打出现故障时，改为手动振打（每半小时按振打程序倒换一次）。

5）停机时将选择开关打到“零”位。

3. 防止事故发生的注意事项

（1）设备运行中发生故障要立即停机、汇报，及时找维修检查人员处理，故障处理好后方可开机。

（2）运行中严禁打开电场检修门及整流变压器门。

（3）严禁在设备工作中转动高压开关，以免损坏设备。

（4）发现粉尘排放浓度明显异常，要立即汇报，采取措施，检查处理。

二、电除尘器卸灰技术操作规程

1. 技术操作标准

（1）灰斗下灰位（从卸灰阀上口法兰算起）不低于 500 mm，上灰位必须低于进风管下沿。

（2）放灰加水要均匀一致，随时调整加水阀门。

（3）螺旋机卸灰时灰量不能超过螺旋机吊瓦。

（4）在一条螺旋机或埋刮板机工作时只能同时开 1～2 个卸灰阀。

（5）放灰应适量，避免地面撒灰，造成二次扬尘。

（6）有斗提机的岗位应及时查看斗提机运行情况，不得将多台螺旋机中的灰同时卸入斗提机，以防压死斗提机。

2. 技术操作方法

（1）开机前的检查

1）运灰车是否对准卸灰口。

2）卸灰设备有无损坏。

3）运转设备周围有无杂物。

（2）卸灰操作

1）卸灰

①开斗提机（指有斗提机的设备）。

②开主螺旋机或埋刮板机，再开分螺旋机或埋刮板机。

③开灰斗卸灰阀。

2）停止卸灰

①停灰斗卸灰阀。

②停分螺旋机或埋刮板机，再停主螺旋机或埋刮板机。

③停止斗提机运行（指有斗提机的设备）。

3）向汽车卸灰

①开加湿机。

②开储灰罐卸灰阀，开始卸灰。

3. 防止事故发生的注意事项

（1）处理设备故障时，必须拉闸、挂牌后才能处理。

（2）确保螺旋机或埋刮板机密封状态良好。

（3）卸灰时不得长时间开振动器。

（4）合理调节灰、水比例，做到不扬尘、不和稀泥。

（5）发生下灰不畅时，应先将插板阀关到适当位置，防止处理时突然卸灰过猛造成二次扬尘。

（6）冬季加湿机、螺旋机要排尽除尘灰。

三、电除尘器投入运行前的检查

新安装或大修后的电除尘器，在投入运行前电除尘器值班员应对下列项目进行仔细、认真地检查，并将检查结果汇报班长、单元长。

1. 所有检修工作票必须全部收回，检修所设的安全措施全部拆除，常设遮栏、标志牌等恢复正常。

2. 所有设备、部件齐全，标志清楚、正确，各接合面严密无漏，保温完整，照明充足，现场卫生符合文明生产的有关规定。

3. 电除尘器内的空间应无任何杂物，如检修后的焊条、铁丝等。

4. 检查异极距应符合图样要求的良好状态，电气元件外观检查无损伤和裂纹，做电气试验时无闪络击穿现象。

5. 检查是否按规定可靠接地，关闭人孔门前，应拆除电场内的各个接地构件，并确认内部无人后，方可关闭人孔门并上锁，上锁后，应集中所有的钥匙投入安全连锁系统。

6. 阴阳极振打装置、卸灰插板、卸灰机等转动设备及其减速机油质合格，油位正常，转动灵活。

7. 电动机均已接线，地线牢固接好，安全罩装好，与转动部分无接触。

8. 灰斗插板抽出，导向板位置正确，冲灰器、灰沟及灰沟喷嘴均畅通无阻，灰沟盖齐全。

9. 新安装或大修后的电除尘器，投入运行前应测量接地绝缘电阻（冷态下不低于1 000 Ω）。

10. 所有仪表、电源开关、保护装置、调节装置、温度巡测装置、报警信号及指示灯等完整、齐全、正常。

11. 试投入的高压绝缘套管室（包括大梁）电加热装置，其电流、电压、温度应符合要求。投入蒸气加热装置时，气流、气压应符合要求。

12. 高压整流装置间隔内清洁无杂物，绝缘瓷件清洁，整流变压器无渗漏油，油质合格，油位正常，温度计完好，温度保护正确，各部件引线接触良好，调整按钮或把手完整，油压正确。

13. 高压隔离闸应接触良好，操作机构灵活，无卡涩并可靠接地，闸均应在接地位置。

14. 高压电缆引入室应清洁无杂物，引线接触良好，阻尼电阻完整无损。

15. 所有高压间隔室、箱等门的闭锁装置或机械锁完整良好，处于闭锁位置或上好锁。

16. 低压配电盘内所有开关、闸应完好，所有电源及操作保险完好。

17. 在确认晶闸管自控盘、集控盘、除灰、卸灰系统加热振打装置等开关均在断开位置后，方可给设备供电。

18. 电除尘器因故障停运或利用停炉处理缺陷时，一般只对故障检修部分进行检查及必要的试验和除灰系统的检查，确认正常后，方可投入运行。

附录 1—3　电袋复合式除尘器运行规程

（燃煤电厂 串联式电袋复合式除尘器）

一、运行前的准备工作

1. 对除尘器内部进行全面检查，在前级电场内部和布袋除尘器滤袋之间不得有任何杂物粘挂，尤其应检查电场两极之间是否有短路隐患。

2. 检查前级电场所有绝缘件表面是否清洁、结露或损坏，有破损则及时更换。

3. 接地装置及其他安全设施必须安全可靠；检查阴阳极振打电动机、减速机是否转动灵活和润滑情况，检查灰斗投入运行是否正常。

4. 除灰机构和输灰机构（输灰系统）必须正常运行。

5. 要求场地清理干净，道路畅通，各操作平台、通道扶手完整，照明充足，各转动机构外面有护罩或挡板。

6. 滤袋投入运行前必须具备预涂灰条件，系统风机、烟道能启动，且畅通。

7. 检查完除尘器本体后关闭并锁紧所有人孔门。

8. 压缩空气系统工作必须正常，清灰系统各开关位置正确，压力表、压差计显示正常。

9. 检查清灰系统的气路密封性，必须无泄漏，检查脉冲阀动作情况，必须动作均匀灵活，旁通阀密封良好，并处于关闭状态。

10. 预涂灰必须在确定锅炉点火的当天完成。当滤袋预涂灰后锅炉又出现一时无法点火时，必须开启清灰系统，把滤袋中的灰层清除，在下次锅炉点火前再预涂灰，以防止滤袋表面灰层糊袋。

二、启、停操作过程

1. 启动操作步骤

（1）锅炉点火前 12 h，分别给低压电源、投入绝缘室、灰斗、顶部大梁等加热装置供电。

（2）锅炉点火前，滤袋预涂灰已结束。

（3）旁通阀处于打开状态，提升阀全部处于关闭位置。

（4）在锅炉点火前 1 h 投入各除灰、振打装置，投入灰斗汽化风机，按照值长命令的除灰方式投入除灰系统。

（5）锅炉停止投油助燃升温，进入正常燃煤运行后开启各室提升阀，关闭旁通阀，开启清灰系统。

2. 停运操作过程

（1）主机停止后，按电除尘器停止运行操作步骤关闭电场高压供电。

（2）保持电除尘器的阴阳极振打和后级清灰系统运行，连续清灰 10～20 个周期。

（3）汇报值长切断主回路电源。

（4）停炉热备用，8 h 后停止各处加热、振打。确认无灰后关闭系统风机。

（5）如停炉后检修，除尘器停止全部加热装置，根据要求辅机停电。

（6）需开引风机冷却炉膛而除尘器没有工作时，应投入除尘器振打和除灰系统。

（7）停炉后 8 h 内应监视电袋除尘出入口烟温，发现异常升高，及时汇报值长，防止锅炉尾部和电袋除尘再燃烧。

3. 设备使用注意事项

（1）在开始预涂灰、锅炉喷油助燃点火期间到锅炉升到正常炉温燃煤之前，禁止运行布袋除尘的清灰系统，以防止涂灰层剥落，失去防低温结露的保护作用。

（2）当锅炉喷油助燃点火时间过程超过 2 h 时，应连续少量预涂灰。

（3）保证滤袋压差在允许范围尽量延长清灰周期。

（4）预热器后和进口喇叭等处的测温元件，要在故障（或磨损）后及时更换。

（5）提升阀与旁通阀切换时严禁同时关闭。

（6）严格按除尘器的操作顺序启停设备。

（7）严格监视前级电场运行的二次电压电流情况，以低火花率、稳定的二次电压电流的运行状态为依据调整运行参数，并保持前级电场不掉电。

（8）根据除尘器进口烟气工况调整阴阳极振打周期时间，当进口烟气浓度大，二次电压高、二次电流小时，适当缩短振打周期，反之则延长。

（9）严格按电袋复合式除尘器参数控制运行。

（10）严格按以下顺序优先选择清灰方式：

1）在线清灰为优选方式。

2）不推荐使用离线清灰，只有在烟气粉尘出现异常细黏，且滤袋阻力大于正常范围时选用。

3）定时清灰为优选方式。

4）定时＋定压清灰。

（11）严格按以下设定旁路烟道的工作温度点：

1）当除尘器入口烟气温度小于等于 170℃时为正常状态，旁路烟道关闭，保护气路开通。

2）当除尘器入口烟气温度大于 170℃时，烟温将对滤袋造成危害，控制系统打开旁路阀，关闭袋区提升阀。此时烟气将直接排到除尘器出口。

3）除尘器入口烟气温度恢复到低于 160℃时，控制系统打开袋区提升阀，关闭旁通阀。此时烟气进入除尘器为正常状态。

4）除尘器入口烟气温度大于等于 280℃时，电袋复合除尘器的袋区停止运行。

三、设备运行中的维护

1. 严格监视供电装置的一次电压、一次电流、二次电压、二次电流和闪络频率。一般每小时应记录一次。

2. 严格监视锅炉预热器出口温度、除尘器进出口压力、清灰压力、提升阀工作压力、脉冲间隔、清灰周期、除尘器进出口温度和各室压差，一般每小时应记录一次。

3. 每小时应了解一次排灰系统工作情况。

4. 正常运行期间除尘器及辅助设备发生故障或误动作，运行人员接到报警通知应立即前往确认故障点，分析原因，联系处理。

5. 每班应对电袋复合式除尘器的设备进行全面检查，以及做好本岗管辖范围内的各项工作，详细记录本班运行中所发生的异常情况及设备缺陷，做好交接班工作。

6. 所有电动机、减速机、轴承及外部各运转零部件每班均应检查一遍，各润滑点应定期检查润滑情况，必要时应增加润滑油。

7. 定期工作

（1）储气罐每 6 h 疏水一次。

（2）喷吹气包每周疏水一次。

附录 2　工业防尘相关标准目录

序号	标准名称	标准编号	实施时间
一	大气污染物排放标准		
1	电镀污染物排放标准	GB 21900—2008	2008－8－1
2	合成革与人造革工业污染物排放标准	GB 21902—2008	2008－8－1
3	储油库大气污染物排放标准	GB 20950—2007	2007－8－1
4	加油站大气污染物排放标准	GB 20952—2007	2007－8－1
5	煤炭工业污染物排放标准	GB 20426—2006	2006－10－1
6	水泥工业大气污染物排放标准	GB 4915—2004	2005－1－1
7	火电厂大气污染物排放标准	GB 13223—2003	2004－1－1
8	锅炉大气污染物排放标准	GB 13271—2001	2002－1－1
9	工业炉窑大气污染物排放标准	GB 9078—1996	1997－1－1
10	炼焦炉大气污染物排放标准	GB 16171—1996	1997－1－1
11	大气污染物综合排放标准	GB 16297—1996	1997－1－1
12	恶臭污染物排放标准	GB 14554—93	1994－1－15
二	相关监测规范、方法标准		
1	固定污染源烟气排放连续监测技术规范（试行）	HJ/T 75—2007	2007－8－1
2	固定污染源烟气排放连续监测系统技术要求及检测方法（试行）	HJ/T 76—2007	2007－8－1
3	固定污染源监测质量保证与质量控制技术规范（试行）	HJ/T 373—2007	2008－1－1
4	固定源废气监测技术规范	HJ/T 397—2007	2008－3－1
5	固定污染源排放烟气黑度的测定林格曼烟气黑度图法	HJ/T 398—2007	2008－3－1
6	大气污染物无组织排放监测技术导则	HJ/T 55—2000	2001－3－1
7	固定污染源排气中颗粒物测定与气态污染物采样方法	GB/T 16157—1996	1996－3－6
8	锅炉烟尘测定方法	GB 5468—91	1992－8－1
三	环保验收技术规范		
1	储油库、加油站大气污染治理项目验收检测技术规范	HJ/T 431—2008	2008－5－1
2	建设项目竣工环境保护验收技术规范　电解铝	HJ/T 254—2006	2006－5－1
3	建设项目竣工环境保护验收技术规范　火力发电厂	HJ/T 255—2006	2006－5－1
4	建设项目竣工环境保护验收技术规范　水泥制造	HJ/T 256—2006	2006－5－1
5	建设项目竣工环境保护验收技术规范　黑色金属冶炼及压延加工	HJ/T 404—2007	2008－4－1

续表

序号	标准名称	标准编号	实施时间
6	建设项目竣工环境保护验收技术规范　石油炼制	HJ/T 405—2007	2008－4－1
7	建设项目竣工环境保护验收技术规范　乙烯工程	HJ/T 406—2007	2008－4－1
8	建设项目竣工环境保护验收技术规范　造纸工业	HJ/T 408—2007	2008－4－1
四	环境保护产品技术要求		
1	环境保护产品技术要求　工业废气吸附净化装置	HJ/T 386—2007	2008－3－1
2	环境保护产品技术要求　工业废气吸收净化装置	HJ/T 387—2007	2008－3－1
3	环境保护产品技术要求　湿法漆雾过滤净化装置	HJ/T 388—2007	2008－3－1
4	环境保护产品技术要求　工业有机废气催化净化装置	HJ/T 389—2007	2008－3－1
5	环境保护产品技术要求　袋式除尘器用电磁脉冲阀	HJ/T 284—2006	2006－9－15
6	环境保护产品技术要求　工业粉尘湿式除尘装置	HJ/T 285—2006	2006－9－15
7	环境保护产品技术要求　工业锅炉多管旋风除尘器	HJ/T 286—2006	2006－9－15
8	环境保护产品技术要求　中小型燃油、燃气锅炉	HJ/T 287—2006	2006－9－15
9	环境保护产品技术要求　湿式烟气脱硫除尘装置	HJ/T 288—2006	2006－9－15
10	环境保护产品技术要求　花岗石类湿式烟气脱硫除尘装置	HJ/T 319—2006	2007－2－1
11	环境保护产品技术要求　电除尘器高压整流电源	HJ/T 320—2006	2007－2－1
12	环境保护产品技术要求　电除尘器低压控制电源	HJ/T 321—2006	2007－2－1
13	环境保护产品技术要求　电除尘器	HJ/T 322—2006	2007－2－1
14	环境保护产品技术要求　电除雾器	HJ/T 323—2006	2007－2－1
15	环境保护产品技术要求　袋式除尘器用滤料	HJ/T 324—2006	2007－2－1
16	环境保护产品技术要求　袋式除尘器　滤袋框架	HJ/T 325—2006	2007－2－1
17	环境保护产品技术要求　袋式除尘器用覆膜滤料	HJ/T 326—2006	2007－2－1
18	环境保护产品技术要求　袋式除尘器　滤袋	HJ/T 327—2006	2007－2－1
19	环境保护产品技术要求　脉冲喷吹类袋式除尘器	HJ/T 328—2006	2007－2－1
20	环境保护产品技术要求　回转反吹袋式除尘器	HJ/T 329—2006	2007－2－1
21	环境保护产品技术要求　分室反吹类袋式除尘器	HJ/T 330—2006	2007－2－1
五	环境保护工程技术规范		
1	水泥工业除尘工程技术规范	HJ 434—2008	2008－9－1
2	钢铁工业除尘工程技术规范	HJ 435—2008	2008－9－1
3	危险废物集中焚烧处置工程建设技术规范	HJ/T 176—2005	2005－5－24
4	医疗废物集中焚烧处置工程技术规范	HJ/T 177—2005	2005－5－24
5	危险废物安全填埋处置工程建设技术要求	环发［2004］75 号	2004－4－30
六	其他环保标准		
1	环境工程技术分类与命名	HJ 496—2009	2009－12－1
2	环境保护设备分类与命名	HJ/T 11—1996	1996－7－1

续表

序号	标准名称	标准编号	实施时间
3	环境保护仪器分类与命名	HJ/T 12—1996	1996－7－1
七	其他部门制定的环保标准		
1	水泥工业用电除尘器　型式与基本参数	JC/T 358.1—2007	2007－11－01
2	水泥工业用电除尘器　技术条件	JC/T 358.2—2007	2007－11－01
3	水泥工业用旋风式选粉机	JC/T 360—2007	2007－11－01
4	建材工业用分室高压脉冲袋式除尘器	JC/T 530—2007	2007－11－01
5	水泥工业用 CXBC 系列袋式除尘器	JC/T 819—2007	2007－11－01
6	燃煤电厂锅炉烟气袋式除尘工程技术规范	DL/T 1121—2009	2009－12－01

应注意追踪标准的现行有效。